영 상 예 술 에 숨 은 수 학 이 야 기

√ **시네마 수학**

영 상 예 술 에 숨 은 수 학 이 야 기

√ 시네마 수학

이광연 · 김봉석 지음

ToBe
BOOKS
투비북스

최근에 본 영화(드라마)는 외계인과의 접촉을 그린 〈삼체〉이다. 우리 책에 실린 〈콘택트〉가 무한한 우주에 있는 미지의 존재에 대한 동경을 그렸다면, 〈삼체〉는 그 우주와 외계 문명이 만만치 않음을 보여준다. 〈콘택트〉나 〈삼체〉는 우주에 인간 이외의 다른 문명이 존재한다는 인간의 상상력에서 시작된 영화이다. 하지만 이것은 상상으로 끝나지 않는다. 현재도 많은 과학자는 이 넓은 우주에 분명히 문명을 지닌 외계 생명체가 있으리라 확신한다.

이처럼 영화는 인간 상상력의 발현이자 미래에 있을 수 있는 다양한 상황을 미리 체험하게 해준다. 또 영화는 예전에 있었던 이야기를 전해주는 역사가이기도 하며, 인간의 감성을 자극하여 맑은 영혼을 지닐 수 있도록 도와주는 영혼 정수기의 역할도 한다.

한편 늘 그렇듯이, 수학이라고 하면 진저리를 치는 사람이 많다. 이들의 고통을 줄여줄 수 있는 좋은 방법 중 하나가 바로 영화를 통하여 수학을 은근히 소개하는 것이다. 영화라는 매체를 통하여 재미와 흥미 그리고 상상의 나래를 펼칠 수 있게 하고 그 사이사이에 수학을 추가하는 것이다. 마치 당면과 각종 야채 그리고 약간의 고기를 섞어 만드는 고소한 잡채와도 같다고 할까? 그래서 필자는 한 젓가락으로 다양한 맛을 느낄 수 있는 잡채와 같이 영화와 수학을 잘 버무리는 스토리텔러가 되고 싶다.

새롭고 흥미로운 영화가 지천이고, 지금 이 순간에도 우리의 관심을 끄는 새로운 영화가 계속 나오고 있다. 또 영상 예술을 보는 방법도 영화관의 스크린뿐만 아니라 OTT(Over The Top) 플랫폼까지 폭넓어졌다. 수학도 마찬가지이다. 기존의 이론이 과학기술에 이용되는 동안 새로운 이론 또한 계속해서 나오고 있다. 〈시네마 수학〉 개정판을 내게 된 이유 중의 하나라 할 수 있다.

처음 책을 출판하고 10년이 지나 개정판을 내게 되었는데 그 사이에 나온 영화도 엄청나게 많다. 새로 나온 영화들 중에서 선별해 바꿔 실었고, 폭넓어진 영상 예술 전달 방식에 맞춰 OTT 플랫폼의 시리즈 〈삼체〉도 추가했다. 영화뿐만 아니라 수학 내용도 수정하고 보완하였다.

더 많은 영화와 수학을 소개하지 못한 아쉬움이 있지만 콘텐츠가 홍수처럼 쏟아지는 속에서 선별되어 책으로 엮인 영화와 수학 이야기에 독자의 관심을 바란다.

끝으로 개정판이 나오기까지 고생하신 투비북스 편집진에 감사를 드린다.

2024년 5월 이광연

영화가 품은
수학적 아이디어를 풀어내다

흔히 영화를 종합 예술이라 한다. 한 편의 영화엔 이야기, 음악, 미술, 연극… 등 다양한 장르의 예술적 요소는 물론 인간이 성취해 낸 기술적 성과까지 녹아 있다. 또한 아주 많은 영화들이 직간접적으로 수학적 아이디어를 품고 있다. 수학이 영화의 서사 구조에서 중심이 되거나 수학적 맥락을 이해하면 영화를 훨씬 재미있고 풍부하게 감상할 수 있다거나 하는 식으로 영화는 수학을 담고 있다.

그래서인지 수학자는 마치 숨은 그림 찾기를 하듯이 영화에 숨어 있는 수학 찾기의 즐거움에 빠지게 된다. 필자는 수학과는 별개로 영화 자체를 매우 즐기는 편이다. 시간이 날 때마다 영화관을 가기도 하고, 집에서 텔레비전으로 보기도 하고, 컴퓨터를 켜고 DVD로 보기도 한다. 그런데 직업이 수학자여서 그런지 영화를 볼 때마다 '이 장면은 방정식과 관련이 있네.' '이 내용은 기하학적으로 풀면 더 재미있겠는데…' 하는 생각들이 절로 들었다.

처음엔 무의식적으로 그런 것들을 하나씩 적어 두었는데 재미있고 감동적인 영화를 통해 수학적 아이디어를 찾고 해석하는 것이 수학을 즐겁게 배우는 또 하나의 유익한 방식이 될 수 있다는 것을 알았다. 수학이 무미건조하고 난해한 식들의 나열이라고 여기며 힘겨워하고 멀리하는 학생들과 이런 방식의 묘미와 즐거움을 함께하고 싶었다. 그래서 어느덧 책 한 권의 분량이 된 메모를 토대로 김봉석 영화 평론가와 공동 작업을 벌였다. 영화에 대한 정보와 지식을 더욱 풍성하게 하고, 수학과 영화가 자연스럽게 융화될 수 있도록 하기 위해서였다.

'아는 만큼 보인다.'라는 말이 있다. 영화 속에 숨어 있는 수학적 내용을 좀 더 잘 이해하고 영화를 감상한다면 감독의 의도에 더욱 가깝게 다가갈 뿐만 아니라 훨씬 재미있게 볼 수 있을 것이다. 또 반대로 종이 위에 문자와 식으로만 나열되어 있던 추상적 수학이 영상 화면으로 형상화되어 다가올 때 수학은 훨씬 생생하고 구체적인 힘을 가질 것이다.

이 책은 영화를 사랑하고 수학을 좋아하는 독자들을 위해 영화 평론가와 수학자가 함께 머리를 맞대고 논의한 최초의 책이다. 그만큼 영화와 수학 양쪽 모두를 이해할 수 있도록 노력하였다. 영화에 등장하는 수학적 아이디어에 대한 상세한 해설과 영화에 대한 다양한 정보는 수학에 대한 이해를 도움과 동시에 영화를 풍성하고 다각도로 감상하는데 도움을 주리라 생각한다.

독자 여러분은 이 책을 읽으면서 영화에 숨은 수학을 발견하고 즐거워하는 수학자의 기분을 함께 느껴보기 바란다.

2013. 7.

장마가 지나간 가야산 자락에서 저자를 대표해 이광연이 씀

차례

참고문헌

외계인과의 대화는 수학으로

콘택트

- 소수와 소인수분해
- 명제와 진리집합
- 오컴의 면도날

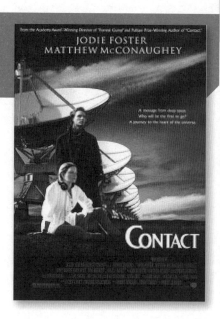

콘택트   미국, 1997년

감독
로버트 저메키스

출연
조디 포스터 (앨리너 박사 역)
매튜 매커너히 (팔머 조스 역)
제임스 우즈 (마이클 키츠 역)
톰 스커릿 (데이빗 드럼린 역)

● ● ● ●　　우주에 인간만 있다면 엄청난 공간이 낭비되는 것 아닐까

'아무도 없나요?'

사람들은 항상 누군가를 찾는다. 자신을 사랑해주거나 아니면 그저 자신이 존재함을 확인해주는 존재이기만 해도 된다. 인간이 외계인을 찾는 것도 이와 비슷하다. 〈콘택트〉는 외계인 찾기에 사활을 건 엘리가 주인공이다.

영화는 엘리와 아빠가 대화를 나누는 장면으로 시작한다. 엘리가 아빠에게 묻는다.

"다른 행성에도 누가 살까요?"

그러자 아빠가 대답했다.

"우주에서 우리 둘뿐이라면 엄청난 공간의 낭비겠지."

엘리와 아빠의 이 대화는 외계 생명체는 반드시 존재한다는, 영화 전체를 관통하는 메시지다.

어머니를 일찍 여읜 엘리는 아버지에게 무선통신을 배운다. 어머니를 그리워하며 쓸쓸해하던 엘리에게 다른 이를 느끼고, 또 소통하는 기쁨을 알려주려는 아버지의 배려에서였다. 아버지가 심장마비로 돌아가신 후 엘리는 더욱 광적으로 무선통신에 매달리게 되고, 누군가와 소통하고픈 욕망은 우주로 확대되어 갔으며, 절대적 진리는 과학에 있다고 믿게 된다.

수학과 과학에 천부적 재능을 보인 엘리는 일류 과학자가 되고 세티(SETI: Search for Extra Terrestrial Intelligence 지구 외 지적 생명체 탐사) 계획에 참

〈콘택트〉의 원작자 칼 세이건(Carl Edwad Sagan, 1934~1996)은 스티븐 호킹 이상으로 유명한 천문학자였다. 코넬 대학교의 행성연구소 소장, NASA의 자문역으로 미국 우주개발계획의 초창기부터 주역으로 참가했다. 우주의 신비를 쉽게 풀어쓴 〈코스모스〉는 전 세계에서 베스트셀러가 되었고, 에미상과 피버디상을 수상한 1980년의 텔레비전 다큐멘터리 시리즈 〈코스모스(Cosmos: A Personal Voyage)〉를 직접 만들고 출연했다.

외계 문명과 인간이 처음 접촉했을 때의 상황을 그린 〈콘택트〉는 1985년에 발표한, 칼 세이건의 유일한 소설이다. 재미있는 것은 과학자로서의 본분을 잃지 않고 철저히 논리적으로 외계인의 존재를 증명해가면서, 외계인과의 만남이 인류에게 주는 충격을 종교적, 철학적으로 분석한다는 점이다. 과학으로 시작해서 종교로 끝나는 듯한 느낌도 드는데 그럴 듯하고 설득력 있다. 과학은 가설과 검증, 그리고 믿음으로 이루어져 있는데 인간이 알고 있는 것은 언제나 유한하다. 하지만 우주는 무한하다. 무한한 존재 앞에서 인간은 종교적 성찰로 빠져들게 된다. 과학자인 칼 세이건은 '이 광활한 우주에 우리만이 존재한다는 것은 낭비다'라는 데서 시작해서 논증을 거듭하여 종교적인 묵상으로 독자를 인도하고 있다. 칼 세이건은 이 영화가 개봉하기 약 7개월 전인 1996년 12월 사망했는데 죽음 직전까지 시나리오 작업을 같이하며 영화가 지나치게 드라마로 기울지 않도록 견제했다. 그 결과 〈콘택트〉는 상상에 기초한 SF 영화임에도 불구하고 외계인 이야기가 아니라 지극히 현실적인, 우리 자신에 관한 이야기가 되었다.

여하여 외계의 전파를 수신하는 일에 몰두하게 된다. 우주 공간을 떠다니는 수많은 전파 속에서 자연의 전파는 걸러내고 문명의 증거로 생각되는 일관성 있는 전파를 가려내는 작업이다.

어느 날 엘리는 우주에서 날아오는 수수께끼의 '신호'를 포착한다.

● ● ● ●　**외계 생명체가 보낸 신호 – 소수와 에라토스테네스의 체**

직녀성 쪽에서 오는 그 전기 신호는 2번, 3번, 5번, 7번, 11번, 13번…이런 식이다. 모두 소수素數이다. 신호가 소수로 온다는 것은 그 신호가 지구에서 보낸 어떤 신호의 단순 반사가 아닐 뿐만 아니라 그 신호를 보내는 문명이 뛰어나다는 것을 보여준다.

엘리의 발견은 전 세계를 놀라게 한다. 드디어 국가 안보 담당자까지 엘리를 방문해서는 어쩌면 아주 당연한 질문을 한다.

"왜 단순한 수로 신호를 보내는 거지?"

엘리의 대답은 명쾌했다.

"수학만이 범우주적인 언어기 때문이다."

범우주적인 언어는 영어도 라틴어도 우리말도 아니고 바로 수학이었던 것이다. 그러면 소수가 과연 무엇이기에 외계 생명체는 소수로 신호를 보냈을까?

물리학에서는 어떤 물질을 이루는 기본 단위를 원자atom라 했는데, 원자는 '더 이상 나누거나 분해할 수 없는 물질'이라는 뜻이다. 현대 물리학에서는 물질을 원자보다 더 작은 성분으로 나눌 수 있다고 한다. 어떻든 물질에서 원자와 같은 개념을 수학에 적용한 것이 소수다.

소수prime number란 어떤 수를 분해할 때 '더 이상 분해할 수 없는 수'이다. 소수를 엄밀하게 정의하면 1과 자기 자신 이외의 다른 양의 정수로 나누어떨어지지 않는 1보다 큰 정수이다. 그런데 모든 수는 1로 나누어떨어지므로 소수인지 아닌지 판별하려면 1 이외에 어떤 수로 나누어떨어지는지만 살펴보면 된다. 즉, 1보다 큰 정수 a가 소수가 아니라면 a는 1보다 큰 어떤 수로 나누어떨어진다는 것이다. 그러면 a는 1보다 큰 수 d와 e의 곱 $a=de$로 나타낼 수 있고, 두 수 이상을 곱하여 얻을 수 있다는 의미로 a를 합성수composite number라고 한다. 예를 들어 2나 3은 두 수의 곱으로 나타낼 수 있는 방법이 $2=1\times2$, $3=1\times3$ 뿐이므로 소수이고, 6은 6＝2×3처럼 1보다 큰 수 2와 3의 곱으로 나타 낼 수 있으므로 합성수이다.

소수는 고대 그리스의 수학자 유클리드가 본격적으로 연구하기 시 작했다. 유클리드는 자신의 책 〈원론Elements〉에서 1 이외의 모든 자연 수는 소수의 곱으로 나타낼 수 있으며, 소수는 무수히 많다는 것을 설 명했다. 하지만 소수를 어떻게 찾아야 하는지는 설명하지 않았다. 약 50년 뒤에 또 다른 수학자 에라토스테네스가 소수를 찾는 일명 '에라 토스테네스의 체'라는 방법을 생각해 냈다. 에라토스테네스의 체로 1 부터 100 사이에 있는 소수를 찾아보자.

먼저 1부터 100까지의 수를 다음과 같이 차례로 쓰고 아래와 같은 순서로 수를 지워나가자.

① 1은 소수가 아니므로 지운다.

② 지워지지 않은 처음 수 2는 남기고, 2의 배수를 모두 지운다.

③ 지워지지 않은 처음 수 3은 남기고, 3의 배수를 모두 지운다.

④ 지워지지 않은 처음 수 5는 남기고, 5의 배수를 모두 지운다.

⑤ 지워지지 않은 처음 수 7은 남기고, 7의 배수를 모두 지운다.

이 과정을 계속하면 1부터 100까지 써 놓은 수 중에서 지워지지 않 은 수는 다음과 같다.

2, 3, 5, 7, 11, 13, 17, 19, 23, 29, 31, 37, 41, 43, 47, 53, 59, 61 ,67, 71, 73, 79, 83, 89, 91, 97

그리고 이 수들은 모두 1과 자기 자신으로만 나누어떨어지는 소수 이다. 마치 체로 친 것처럼 소수만 남게 되기 때문에 소수를 구하는 이 방법을 에라토스테네스의 체라고 하는 것이다.

1	2	3	4	5	6	7	8	9	10
11	12	13	14	15	16	17	18	19	20
21	22	23	24	25	26	27	28	29	30
31	32	33	34	35	36	37	38	39	40
41	42	43	44	45	46	47	48	49	50
51	52	53	54	55	56	57	58	59	60
61	62	63	64	65	66	67	68	69	70
71	72	73	74	75	76	77	78	79	80
81	82	83	84	85	86	87	88	89	90
91	92	93	94	95	96	97	98	99	100

● ● ● **모든 자연수는 소수의 곱으로 나타낼 수 있다 – 소인수분해**

소수를 찾는 방법에는 에라토스테네스의 체 외에도 그림을 이용하는 퍼즐 같은 방법도 있다. 우선 연필과 모눈종이를 준비하자. 모눈종이의 한 칸을 1이라고 하고, 주어진 각 수만큼 모눈종이에 직사각형들을 그려보고 몇 가지 방법이 나오는지 모두 찾는다. 이때 직사각형이 아닌 것은 제외한다.

그림에서 4의 경우에는 모눈종이 위에 그릴 수 있는 직사각형이 모두 세 가지이고, 6의 경우에는 네 가지이다. 그러나 2, 3, 5의 경우에는 모두 딱 두 가지뿐이다. 좀 더 많은 수를 그려보면 소수는 단 두 가지 모양만 나오고, 그 외의 수들은 세 가지 이상의 모양이 나온다는 흥미로운 사실을 알 수 있다. 즉, 소수는 모눈종이 위에 직사각형으로 나타냈을 때 모양이 오직 두 가지뿐인 수이다.

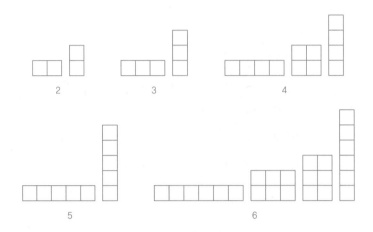

그림을 이용하여 소수를 찾는 위와 같은 방법은 모든 자연수는 소수의 곱으로 나타낼 수 있다는 사실도 덤으로 알 수 있다.

4의 두 번째 그림은 가로와 세로가 각각 2이므로 모눈종이 위에 그려진 작은 정사각형의 개수는 $4=2\times2$와 같이 나타낼 수 있다. 또 6의 두 번째 그림은 가로가 3, 세로가 2이므로 $6=3\times2$이고, 세 번째 그림은 가로가 2, 세로가 3이므로 $6=2\times3$으로 나타낼 수 있다.

6을 $6=2\times3$과 같이 나타냈을 때, 2와 3을 6의 약수 또는 인수라고 한다. 6의 경우는 곱해지는 두 수 2와 3이 모두 소수인 인수이다. 이와 같이 소수인 인수를 그 수의 소인수라고 한다. 예를 들면 12의 약수는 1, 2, 3, 4, 6, 12이고, 이 중에서 2와 3이 소수이므로 12의 소인수는 2와 3뿐이다. 그리고 $12=2\times2\times3=2^2\times3$과 같이 소인수들만의 곱으로 나타낼 수 있다. 이렇게 어떤 자연수를 소인수들만의 곱으로 나타내는 것을 '소인수분해'라고 한다. 소인수분해에는 다음과 같은 성질이 있다.

소수가 모든 정수의 기본이 되는 수라는 것을 설명해 주는 이 성질을 우리는 '정수론의 기본 정리'라고 한다. 예를 들어 $12 = 2 \times 2 \times 3 = 2 \times 3 \times 2 = 3 \times 2 \times 2$와 같이 나타낼 수 있지만, 이것은 모두 소인수 2와 3의 곱이기 때문에 같은 것이다. 따라서 12의 소인수분해는 $12 = 2^2 \times 3$뿐이다.

앞에서 그린 모눈종이 그림을 이용하면 어떤 수의 약수의 개수도 알아낼 수 있다. 예를 들어 4와 9의 약수는 각각 세 개임을 알 수 있고, 6과 8 그리고 10과 12 등은 약수의 개수가 4개 이상인 것을 알 수 있다.

그림으로 알 수 있는 수의 또 다른 특징은 바로 완전제곱수에 관한 것이다. 완전제곱수는 어떤 자연수를 제곱해서 얻어지는 수로 $4 = 2 \times 2$, $9 = 3 \times 3$, $16 = 4 \times 4$와 같은 수이고, 이들 중에서 소수의 제곱은 직사각형의 배열이 단 세 개만 있다.

지금까지 설명한 것처럼 소수는 특별한 성질을 갖기 때문에 지역이나 문명에 따라 이름은 비록 다르게 불렸지만 지구상의 모든 곳에서

다루어져왔다. 그런데 영화에서는 소수, 더 나아가 범지구적인 수학이
지구를 넘어 우주에서도 소통의 도구가 됨을 말하고 있다.

● ● ● ● 외계인의 메시지를 해독하는 열쇠 - 명제

수학이 범우주적인 언어가 될 수 있음은 분명하다. 하지만 그 언어
를 인간은 어떻게 판단해야 할까? 외계인이 보내 준 신호는 어떤 기
계의 설계도였다. 하지만 어떻게 확신한단 말인가. 혹시 인간을 멸망
시키는 무언가를 보내는 기계는 아닐까? 지구인들은 희망과 두려움
사이에서 혼란스럽다. 판단하기도 힘들고, 설계도 해독도 어려웠다.
〈콘택트〉에서는 그 문제를 해결할 실마리로 다시 수학이 등장한다.

외계 생명체는 범우주적인 언어인 수학을 이용하여 자신들이 보내
준 메시지를 해독할 수 있게 한다. 이때 사용된 것이 바로 '명제'다.

영화에서 외계 생명체의 언어를 이해하는 데 기초가 되었던 명제는
아래 그림이다.

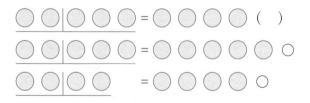

첫 번째 그림은 점 2개에 점 3개가 있고 등호 표시가 있은 후에
점 4개가 있고, 이에 대하여 기호 '( )'로 표시되어 있다. 이것은
$2+3=4$는 옳지 않다는 뜻이고, 나머지 두 개의 그림에서 $2+3=5$

엘리가 명제를 이용해 외계에서 온 메시지를 해독하고 있다. 〈콘택트〉 중에서.

와 2＋2＝4는 모두 옳다는 뜻이다. 따라서 첫 번째 명제는 거짓인 명제, 나머지 두 개는 참인 명제가 된다. 이와 같은 방법을 이용하여 외계 생명체는 지구인들에게 자신들의 언어에 사용된 기호의 의미를 전달하고 있다.

그렇다면 지구인들이 사용하는, 참과 거짓을 판별할 수 있는 명제에는 어떤 성질이 있는지 간단히 알아보자.

명제는 참, 거짓을 분명하게 구별할 수 있는 문장이나 식이다. 예를 들어 문장 '고래는 바다동물이다.'는 참인 명제고, '토끼는 바다동물이다.'는 거짓인 명제다. 또 '2＋3＝4'는 거짓인 명제이고 '2＋3＝5'는 참인 명제이다.

한편 'x는 바다 동물이다.'에서 x가 고등어면 '고등어는 바다동물이다.'가 되어 참인 명제가 되지만, x가 토끼면 '토끼는 바다동물이다.'는 거짓인 명제가 된다. 이와 같이 변수 x를 포함하는 문장이나 식이 x의 값에 따라 참, 거짓이 결정될 때, 이 문장이나 식을 '조건'이라고 한다. 명제나 조건은 보통 영어의 알파벳 p, q로 나타낸다.

명제와 조건에서 가장 많이 사용하는 것 중 하나는 부정이다. 어떤 명제 또는 조건 p에 대하여 'p가 아니다.'를 'p의 부정'이라고 하며 기호 $\sim p$로 나타내고, 명제 p가 참이면 p의 부정 $\sim p$는 거짓, 명제 p가 거짓이면 $\sim p$는 참이다.

그런데 명제의 부정은 조심해서 사용해야 한다. 예를 들어, 명제 '3은 소수이다.'의 부정은 '3은 소수가 아니다.'이다. 그러나 짝수가 아닌 수를 홀수라고 생각하고 있는 경우, '4는 짝수이다.'의 부정을 '4는 홀수이다.'라고 하면 잘못된 것이다. 이 명제의 부정은 '4는 짝수가 아니다.'이다. 그리고 짝수가 아닌 수에는 -1, $\frac{2}{3}$, 3 등과 같이 많은 수가 있다.

명제와 조건의 부정과 함께 많이 사용되는 것은 역이다. 두 조건

p : x는 2의 배수이다.

q : x는 4의 배수이다.

에 대하여 명제 '$p \rightarrow q$'는 'x가 2의 배수이면 x는 4의 배수이다.'이다. 이 명제에서 사용된 조건의 앞뒤를 바꾸면 'x가 4의 배수이면 x는 2의 배수이다.'이다. 이것은 원래 명제 '$p \rightarrow q$'에서 p와 q를 바꾼 것이므로 '$q \rightarrow p$'로 나타낼 수 있다. 이것을 원래 명제 '$p \rightarrow q$'의 역이라고 한다.

한편 조건 p, q의 부정 $\sim p$, $\sim q$는 각각

$\sim p$: x는 2의 배수가 아니다.

$\sim q$: x는 4의 배수가 아니다.

이다. 이로부터 다음과 같은 명제를 만들 수 있다.

$\sim q \rightarrow \sim p$: x가 4의 배수가 아니면 x는 2의 배수가 아니다.

여기서 $\sim q \rightarrow \sim p$를 $p \rightarrow q$의 대우라고 한다.

특히 명제 $p \rightarrow q$의 참, 거짓과 그 대우 $\sim q \rightarrow \sim p$의 참, 거짓은 일

치한다. 이를테면 '$p \rightarrow q$'가 'x가 2의 배수이면 x는 4의 배수이다.'는 거짓이다. 왜냐하면 6은 2의 배수이지만 4의 배수는 아니기 때문이다. 이 명제의 대우 $\sim q \rightarrow \sim p$는 '$x$가 4의 배수가 아니면 x는 2의 배수가 아니다.'이다. 6은 4의 배수가 아니지만 2의 배수는 되기 때문에 이 명제도 거짓이다. 즉, 주어진 명제의 참과 거짓은 그 명제의 대우와 같다. 그래서 어떤 명제가 참인지 거짓인지를 판별할 때 주로 그 명제의 대우를 활용하는 경우가 많다.

수학에서 사용되는 내용은 기본적으로 약속된 몇 가지 사실에서 출발해 추론과 연역으로 만들어진 것이다. 그런데 이런 것들 중에서 어떤 것은 참이고 어떤 것은 거짓일 수 있다. 수학에서는 참인 내용만을 다루고 공부하기 때문에 명제의 참, 거짓을 판별하는 방법을 이용해 주어진 내용이 가치가 있는지 없는지 판단한다. 그래서 명제는 모든 수학의 기본이 된다. 영화에서 외계 생명체는 이런 특성을 알고 있었기 때문에 설계도 해독의 힌트를 수학적 명제를 이용해 전해준 것이다.

● ● ● ● **외계인을 만났다는 엘리의 말을 믿을 수 있는가**
　　　　– 간명해야 해답이다, 오컴의 면도날

우여곡절 끝에 엘리는 우주선의 탑승자로 자원하여 외계인을 만나고 돌아왔지만 대부분 그 사실을 믿지 않는다. 그녀의 경험과 외계에서의 시간 개념이 달랐기 때문이다. 그래서 엘리는 청문회에 서게 된다. 그때 '오컴의 면도날Occam's Razor' 이론이 나온다. 주어진 상황이 똑

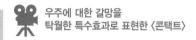
〈콘택트〉의 특수효과는 대단히 탁월하다. 영화가 시작되면 지구를 보여주던 카메라는 뒤로 빠지면서 태양계를 지나고, 수많은 은하계를 넘어 마침내 어린 시절 엘리의 눈으로 들어간다. 바깥의 우주와 마음의 우주가 연결되어 있다는 생각을 한순간에 표현해낸 장면이다. 마찬가지로 엘리가 우주선을 타고 직녀성으로 가는 여정 역시 지극히 환상적이면서도 사실적으로 표현된다. 광속 이상의 빠르기로 움직이는 우주선 속에서 투명하고 일그러진 모습으로 비쳐지는 사물과 바깥 풍경이 탄성을 자아낸다.

외계인과 엘리의 직접적인 만남은 다소 아쉽다. 기존의 〈솔라리스〉〈메모리스〉 등의 SF물에서 지구인과 만난 외계인은 우리 마음속에 있는 꿈이나 기억 같은 것을 끌어내서 보여준다. 〈콘택트〉 또한 그러해서 아버지와의 추억, 엘리가 그토록 원했던 꿈을 보여주는 식에 머문다. 그럼에도 〈콘택트〉는 인간이 외계에 대해 갖는 그리움과 열망이 무엇인지, 어떠한지 가장 절실하게 담아낸 영화라 할 수 있다.

같을 때 여러 가지 해답 가운데, 간단한 것이 정답이라는 것이다. '오컴의 면도날'은 엘리가 남자친구를 만나 대화를 할 때에도 인용된다.

오컴의 면도날은 흔히 '경제성의 원리', '사고 절약의 원리'라고도 하는데 14세기 영국의 프란체스코 수도회 철학자이자 신학자였던 윌리엄 오컴William of Ockham의 이름에서 따온 논리이다. 오컴은 자신의 책에서 '필요하지 않은, 많은 경우까지 가정하면 안 된다', '더 적은 수의 논리로 설명이 가능한 경우, 많은 수의 논리를 세우지 말라' 등을 제시했는데 이는 '같은 현상을 설명하는 두 개의 주장이 있다면, 간단한 쪽을 선택하라'(즉, 불필요한 가설은 면도날로 잘라내라)라는 뜻이다. 과학에서도 14세기 프랑스 물리학자 니콜 오렘이 사고의 경제법칙을 제기하며 가장 단순한 천체 가설을 옹호했다. 그 뒤에 다른 과학자들도 비슷한 단순화 법칙과 원리를 주장했다.

이런 오컴의 면도날이 가장 예리하게 적용되는 학문은 바로 수학이다. 어떤 문제에 대한 해결 방법은 여러 가지가 있다. 그러나 수학에서는 여러 해결 방법 가운데 가장 단순하며 명료한 것을 최고로 친다. 따라서 수학이야말로 오컴의 면도날이 가장 매섭게 적용되는 분야이다.

자신의 말을 반신반의하는 이들에게 엘리는 가장 간명한 답을 제시한다. '이 무한한 우주에 살아 있는 생명체가 인간뿐이라면, 그건 엄청난 공간의 낭비일 것이다'라고. 어린 시절 엘리의 아빠가 한 말을 연상케 하는데, 이 말은 영화의 기초가 된 칼 세이건의 원작 〈콘택트〉에도 들어 있다. 한편, 엘리는 청문회를 마치고 나오면서 마치 갈릴레오처럼 "내가 경험한 것은 사실이다."라고 중얼거린다.

다른 이들이 엘리의 말을 믿을 수 없었던 이유는 엘리가 기계를 통과할 때 걸린 시간이 지구 시간으로 불과 1초도 되지 않았기 때문이다. 그런데 나중에 그 1초가 18시간이라는 긴 시간의 분량으로 녹화되었음이 밝혀진다. 그 화면에는 무엇이 담겨 있을까?

1970년대 기록적인 관객을 동원한
국산 로봇 만화영화

로보트태권V

- 닮음과 닮음비
- 정폭도형인 원과 뢸로삼각형

로보트태권V 한국, 1976년

감독
김청기

출연
김영옥 (훈이 목소리역)
송도영 (영이 목소리역)
우문희 (철이 목소리역)

● ● ● ● 우리 기술로 만든(?) 거대 로봇

1970년대의 아이들은 누구나 마징가Z를 알고 있었다. '기운 센 천하장사 무쇠로 만든 사람'으로 시작하는 주제가는 수많은 학교와 스포츠 팀에서 응원가로 쓰일 정도였다. 그러니 〈마징가Z〉를 포함한 그랜다이저, 짱가, 메칸더V 등 모든 애니메이션이 일본 작품이란 것을 알았을 때의 실망감이란 이루 말할 수가 없었다. 그때 〈로보트태권V〉가 나왔다. 비록 기계 디자인은 어디선가 본 듯했지만 한국의 고유 무술인 태권도를 싸움의 기술로 사용하는 거대 로봇의 등장은 70년대 아이들에게 엄청난 인기를 끌었다.

당시로서는 기록적인 관객 수 18만 명을 동원한 〈로보트태권V〉는 〈우주작전〉 〈수중특공대〉 〈로보트태권V와 황금날개의 대결〉 〈슈퍼태권V〉 〈84 태권V〉까지 연이어 시리즈가 만들어졌고, 실사와 애니메이션을 합성하여 〈로보트태권V 90〉도 제작되었다. 또, 2004년엔 〈로보트태권V〉의 필름이 발견되어 디지털 복원 작업을 거쳐 2006년 재개봉도 이루어졌다. 과거의 추억을 되살리려는 어른들이 자녀와 함께 극장을 찾은 덕에 〈로보트태권V〉의 재상영은 대성공을 거두었고, 리메이크 작업도 여전히 진행되고 있다.

줄거리는 다음과 같다. 주인공 훈이는 세계 태권도 선수권 대회에 참가해 우승을 차지하는데 함께 대회에 참가했던 선수들이 납치되는 사건이 일어나고 아버지인 김 박사는 친구였던 카프 박사를 범인으로 의심한다. 이때 카프 박사의 딸이라고 하는 메리가 찾아오자 김 박사는 훈이에게 카프 박사의 오래전 이야기를 들려준다. 카프 박사는 뛰어난 두뇌에도 불구하고 못생긴 외모 때문에 세계 과학 심포지엄에서 공개적으로 망신을 당하자 복수를 다짐하고는 어디론가 사라져버린 것이다. 한편, 레슬링 경기장에서도 선수가 납치되자 국제연방 경찰에서 수사를 시작하고, 김 박사는 거대 로봇을 조종하는 범죄 조직인 붉은 제국의 두목이 카프 박사라고 생각하고 그들에게 대항할 수 있는 로봇 '태권V'를 꼭 완성시켜 내려고 한다.

● ● ● **태권V 같은 거대 로봇은 실제로 가능할까 – 닮음과 닮음비**

그러던 어느 날, 김 박사의 로봇 개발 연구소에 몰래 잠입하다 전기충격으로 쓰러진 메리가 인조인간임이 밝혀진다. 한편, 영희의 아버지 윤 박사는 김 박사에게 전화를 해 광자력빔 추출에 성공했다면서 이 광자력빔을 태권V에 설치하면 천하무적이 되어 평화를 지킬 수 있으리라고 한다. 기쁨도 잠시, 연구소를 탈출했던 메리가 로봇 병사들을 끌고 와 태권V의 설계도를 훔치고 김 박사를 살해한다. 오열하는 훈이에게 김 박사는 태권V가 완성되었음을 알려주고 세상을 떠난다.

여기서 메리가 훔쳐 간 설계도에 그려진 태권V의 크기에 대해 알아보자.

이 영화를 만든 김청기 감독에 의하면 두 발로 걷는 인간형 로봇인 태권V의 키는 56m라고 한다. 그렇다면 태권V의 몸무게를 다른 로봇과 비교해 구해보자. 최근에 우리나라의 한 연구소에서 키가 1.2m이고 몸무게가 55kg인 태권V와 닮은 인간형 로봇을 개발하였다. 이 로봇과 태권V를 비교하면 키가 1.2m인 로봇의 무게가 55kg이므로 56m인 태권브이의 무게를 x라 하면 다음과 같이 간단한 비례식을 세울 수 있다.

$$1.2 : 55 = 56 : x$$

이 식으로부터 태권V의 무게를 구하면 $1.2x = 55 \times 56$이므로 $x \fallingdotseq 2566.7$kg이다. 즉 약 2.6톤가량 된다. 그런데 전쟁 무기 중 육지의 왕자라고 하는 탱크 한 대의 무게가 대략 52톤이다. 즉, 태권V 20개가 탱크 한 대와 무게가 같다는 것이다. 하지만 영화에서 보듯이 태권V는 걸을 때마다 땅이 울리고 건물이 흔들리지만 탱크가 전진할 때는 아무런 변화가 없다. 즉, 태권V가 탱크보다 훨씬 무겁다는 것이다. 그럼 어디가 잘못된 것일까?

그것은 닮음비를 잘못 생각했기 때문인데, 정확한 태권V의 무게를 알려면 닮음에 대한 개념과 닮음비가 필요하다. 먼저 수학에서 닮음이 무엇인지부터 알아보자.

우리는 일상생활에서 자주 그림이나 사진을 확대 또는 축소한다. 한 도형을 확대하거나 축소하여 얻은 도형은 처음 도형과 크기는 다르지만 모양은 같다. 이와 같이 한 도형을 일정한 비율로 확대하거나 축소하여 얻게 된 도형이 다른 도형과 합동일 때, 이들 두 도형은 서로 '닮음'인 관계가 있다고 하며, 닮음인 관계가 있는 두 도형을 닮은 도형이라고 한다.

다음 그림에서 □ABCD와 □A′B′C′D′은 서로 닮은 도형이다.

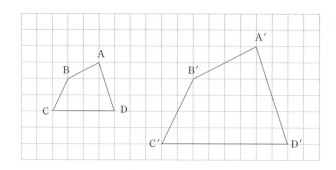

이때 꼭짓점 A와 A′, B와 B′, C와 C′, D와 D′은 각각 서로 대응하는 꼭짓점이고 $\overline{AB}$와 $\overline{A'B'}$, $\overline{BC}$와 $\overline{B'C'}$, $\overline{CD}$와 $\overline{C'D'}$, $\overline{DA}$와 $\overline{D'A'}$는 각각 서로 대응하는 변이다. 또 ∠A와 ∠A′, ∠B와 ∠B′, ∠C와 ∠C′, ∠D와 ∠D′은 각각 서로 대응하는 각이다.

한편 □ABCD와 □A′B′C′D′이 서로 닮은 도형임을 기호로 □ABCD∽□A′B′C′D′과 같이 나타낸다. 주의할 점은 닮은 도형을 기호로 나타낼 때에는 대응하는 꼭짓점을 순서대로 써야 한다는 것이다.

위의 그림에서 대응하는 변의 길이의 비는

$$\overline{AB} : \overline{A'B'} = \overline{BC} : \overline{B'C'} : \overline{CD} : \overline{C'D'} = \overline{DA} : \overline{D'A'} = 1 : 2$$

로 일정하고, 대응하는 각의 크기는

$$∠A = ∠A′, \ ∠B = ∠B′, \ ∠C = ∠C′, \ ∠D = ∠D′$$

으로 각각 같다. 이와 같이 두 도형이 닮았을 때, 두 닮은 도형에서 대응하는 변의 길이의 비를 '닮음비'라고 한다. 이를테면 앞의 두 닮은 사각형 ABCD와 A′B′C′D′에서 대응하는 변의 길이의 비가 1 : 2 이므로 닮음비는 1 : 2이다.

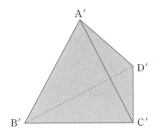

평면도형에서와 마찬가지로 입체도형에서도 닮음을 생각할 수 있다. 위의 그림은 사면체 $A-BCD$를 두 배로 확대하여 사면체 $A'-B'C'D'$을 그린 것이다. 이 그림에서 두 사면체의 크기는 다르지만 모양은 같다. 이와 같이 한 입체도형을 일정한 비율로 확대하거나 축소하여 얻게 된 입체도형이 다른 입체도형과 모양과 크기가 똑같을 때, 이들 두 입체도형은 서로 닮음인 관계가 있다고 한다.

이제 닮은 도형에서 닮음비와 넓이의 비 사이의 관계를 알아보자.

오른쪽 그림에서 $\triangle ABC$
와 $\triangle A'B'C'$의 닮음비
가 $1 : k$일 때 $\overline{AH}=h$,
$\overline{A'H'}=h'$, $\overline{BC}=a$,
$\overline{B'C'}=a'$ 라고 하자.

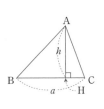
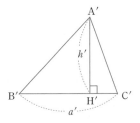

$\triangle ABC$와 $\triangle A'B'C'$의 닮음비가 $1 : k$이므로 $a'=ka$, $h'=kh$이다. 따라서

$$\triangle ABC=\frac{1}{2}ah \ , \ \triangle A'B'C'=\frac{1}{2}a'h'=\frac{1}{2}ahk^2$$

이므로 $\triangle \text{ABC} : \triangle \text{A}'\text{B}'\text{C}' = 1 : k^2$이다. 즉, 두 닮은 삼각형의 닮음비가 $1 : k$이면 넓이의 비는 $1 : k^2$임을 알 수 있다.

그렇다면 입체도형에서 닮음비와 부피의 비 사이에는 어떤 관계가 있을까?

오른쪽 그림에서 직육면체 ㈎와 ㈏의 닮음비가 1

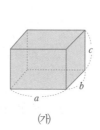
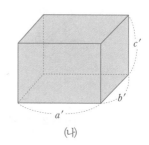

(가)   (나)

: k이면 $a' = ka$, $b' = kb$, $c' = kc$이므로 직육면체 ㈎의 부피 V와 ㈏의 부피 V'의 비는

$$\begin{aligned} V : V' &= abc : a'b'c' \\ &= abc : (ka)(kb)(kc) \\ &= abc : abck^3 \\ &= 1 : k^3 \end{aligned}$$

이다. 즉, 두 닮은 직육면체의 닮음비가 $1 : k$이면 부피의 비는 $1 : k^3$임을 알 수 있다.

이와 같은 입체도형의 닮음비를 이용하면 태권V를 입체도형으로 생각하고 정확한 무게를 계산할 수 있다.

키가 1.2m이고 몸무게가 55kg인 인간형 로봇과 태권V가 닮은 입체라고 생각하고 키가 56m인 태권V의 무게를 x라 하면 인간형 로봇보다 태권V의 키는 약 $56 \div 1.2 \fallingdotseq 46.7$배 더 크다.

즉 작은 로봇과 태권V의 닮음비가 1 : 46.7이므로 무게의 닮음비는 $1 : (46.7)^3 = 1 : 101847.563$이다. 결국 키 1.2m

인 로봇의 몸무게가 1kg이라면 태권V는 101847.563kg인데, 키가 1.2m인 로봇의 실제 무게는 55kg이므로 태권V의 무게는 101847.563×55=5601615.965kg이다. 이것을 톤으로 바꾸면 태권V의 무게는 약 5600톤이다.

그런데 이렇게 계산하면 태권V가 너무 무겁다. 로봇은 크기가 커질수록 에너지가 훨씬 더 많이 필요한데, 상대적으로 키나 무게에 비해 힘도 줄어들고 뼈대도 약해진다. 이를테면 개미는 자기 몸무게의 약 50배를 들 수 있지만, 개미보다 훨씬 큰 인간은 자기 몸무게의 고작 2~3배를 들 수 있다. 결국 현대 기술로 태권V를 만든다면 덩치는 크지만 힘은 약하고 움직임도 매우 둔한 쓸모없는 로봇이 되는 것이다.

그러나 미래에 첨단 소재가 개발되면 태권V의 무게를 $\frac{1}{4}$인 1400톤 가량으로 줄일 수 있다고 한다. 또 인간의 뼈와 근육을 이용한 인체 모방 구동기驅動器를 사용하면 태권V는 날렵하게 움직이면서 엄청난 힘을 발휘할 수 있다고 한다. 즉 먼 미래에는 태권V가 현실화될 수 있다고 결론 지을 수 있으므로 태권V가 아주 허무맹랑한 로봇은 아니라는 것이다.

● ● ● **출싹거리다 맨홀 뚜껑에 빠지는 깡통로봇 – 정폭도형**

메리는 태권V의 설계도를 훔쳐 달아나지만 김 박사는 숨을 거두기 전에 메리가 훔쳐간 설계도는 가짜라며 태권V로 세계 평화를 지키라고 말한다. 훈이는 영희와 함께 태권V의 조종 연습을 한다. 훈이의 태권도 실력이 태권V에 완벽하게 적용될 때 태권V는 비로소 천하무적이 되는 것이다. 붉은 제국은 로봇들을 동원해 도시를 파괴하고 이에 맞서 태권V가 마침내 출동한다. 붉은 제국은 납치한 스포츠 선수의 기술들을 두뇌 회로기를 이용해 로봇에 이식해 태권도로봇, 레슬링로봇, 검도로봇들을 만들어냈다. 태권V는 이 로봇들과 새로운 무술 대결을 펼치고, 훈이의 동생 철이가 만든 깡통로봇도 전투에 참가한다. 깡통로봇은 영화 내내 촐싹거리며 감초 역할을 톡톡히 해낸다. 깡통로봇의 주무기는 고춧가루를 뿜어대는 것인데 상대 로봇이 재채기를 하는 바람에 깡통로봇은 날려가 맨홀 뚜껑이 열린 하수구에 빠져버린다.

여기서 잠깐! 만화영화에 나오는 맨홀 뚜껑은 원 모양이다. 실제로도 도로의 맨홀 뚜껑은 간혹 정사각형 모양도 있지만 거의 대부분이 원 모양으로 동그랗다. 왜 맨홀 뚜껑은 동그랄까?

맨홀manhole은 땅속에 설치된 시설을 관리하기 위하여 사람이 드나드는 구멍이다. 이 구멍은 도로의 한복판 또는 인도에 뚫려 있어 그곳을 지나는 자동차나 사람이 빠지는 걸 막으려고 반드시 뚜껑을 설치한다. 그런데 맨홀 뚜껑이 직사각형 모양이면 뚜껑을 대각선 방향으로 세우면 맨홀로 빠지게 된다. 직사각형의 대각선 길이는 직사각형의 한 변 길이보다 길기 때문이다. 하지만 원 모양이라면 어느 방향으로 폭을 재도 지름의 길이가 일정하기 때문에 뚜껑은 맨홀로 빠지지 않는다. 그래서 맨홀 뚜껑은 거의 대부분이 원 모양이다.

원과 같이 어느 방향으로 폭을 재도 그 길이가 항상 일정한 도형을 정폭도형正幅圖形이라고 한다. 정폭도형을 다른 말로 표현하면 도형과 접하는 두 평행선 사이의 거리가 항상 일정한 도형으로, 이때 두 평행

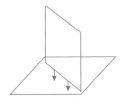

뚜껑을 구멍보다 약간 크게 해도
대각선 방향으로 넣으면 빠진다.

뚜껑을 구멍보다 약간만 크게 하면
어느 방향으로 넣어도 빠지지 않는다.

선 사이의 거리를 폭이라고 한다. 즉, 정폭도형은 폭의 거리가 항상 일정한 도형이다.

정폭도형의 특징은 도형을 바닥에 굴렸을 때 나타난다. 예를 들어 정삼각형이나 정사각형을 바닥에 굴리면 도형의 중심뿐만 아니라 폭이 들쭉날쭉하다. 그러나 정폭도형은 바닥에 굴려도 그 도형의 높이는 변하지 않고 일정하지만, 중심의 높이는 바뀔 수도 있다. 대표적인 정폭도형에는 원이나 뢸로 다각형 등이 있다. 특히 삼각형 모양의 정폭도형은 이를 처음 고안한 독일의 수학교사였던 뢸로의 이름을 따서 뢸로삼각형이라고 하는데, 반지름의 길이가 같은 원 세 개를 이용하여 그리는 경우와 주어진 정삼각형을 이용하여 그리는 경우가 있다.

먼저 반지름의 길이가 같은 세 개의 원을 이용해 그리는 방법을 알아보자. 정해진 반지름의 길이를 갖는 첫 번째 원을 그리고, 두 번째 원은 중심이 첫 번째 원의 원주 위에 오도록 그린다. 마지막으로 세 번째 원은 이미 그려진 두 원의 교점을 중심으로 하여 그린다. 이때 세 개의 원이 겹쳐서 만들어진 가운데 부분의 삼각형 모양이 바로 뢸로삼각형이다.

또 다른 방법으로는 정삼각형을 그리고 각 꼭짓점에서 변의 길이를 반지름의 길이로 하는 부채꼴을 그린다. 그러면 각 꼭짓점에서 둥근 변까지의 거리가 일정한 정폭도형인 뢸로삼각형이 만들어진다. 폭이 r인 뢸로삼각형의 둘레의 길이는 πr이 되는 것을 쉽게 확인할 수 있다. 특히 뢸로삼각형 드릴을 이용하면 정사각형 모양의 구멍을 뚫을 수 있다.

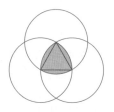 

한편, 정사각형의 한 꼭짓점에서 마주 보는 꼭짓점까지의 길이를 반지름으로 하는 부채꼴을 각각 그리면 부채꼴의 호의 시작점과 끝점이 정사각형의 꼭짓점과 일치하지 않는다. 즉, 그림과 같이 폭이 일정하지 않다.

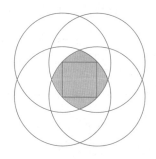 

폭이 일정하지 않다.

따라서 정사각형으로는 정폭도형을 그릴 수 없다. 사실 변의 수가 짝수인 다각형은 꼭짓점과 마주 보는 변이 없기에 정폭도형을 그릴 수 없다. 다음 그림과 같이 정사각형, 정육각형, 정팔각형은 각 꼭짓점에서 마주 보는 변이 없다. 하지만 정삼각형, 정오각형, 정칠각형, 정구각형 등은 각 꼭짓점에서 마주 보는 변이 있고, 그 변의 꼭짓점까지의 길이를 반지름으로 하는 원을 이용하여 정폭도형을 그릴 수 있다.

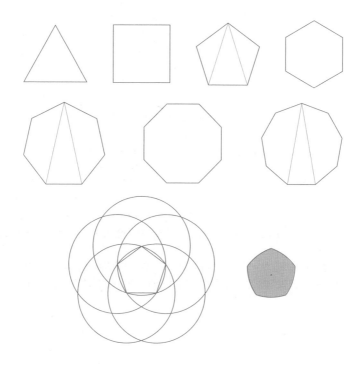

다시 영화로 돌아가자.

태권V는 메리로봇과 일대 격전을 치러 격파하지만 메리는 갑자기 나타난 비행기에 실려 사라지고, 그 사이 윤 박사도 붉은 제국에 납치당한다. 인간이 되고 싶은 메리가 윤 박사를 도와주고, 태권V는 두목 말콤이 조종하는 용로봇과 결전을 벌여 쓰러뜨린다. 그리고 훈과 직접 대결을 벌인 끝에 쓰러진 말콤은 예상대로 카프 박사였다.

🎥 거대 로봇과 리얼 로봇

태권V를 포함하여 마징가Z, 그랜다이저, 메칸더V 같은 로봇을 흔히 거대 로봇이라고 한다. 빌딩만 한 크기의 거대 로봇은 조종사가 다양한 방식으로 합체하여 조종하게 되지만 논리적으로 본다면 거대 로봇을 조종사 한 명이 자유자재로 조종한다는 것은 거의 불가능한 일이다. 거대 로봇 등장 초기에는 조종간 심지어 리모콘으로 조종하는 방식이었지만 점차 정신 조응의 형태로 많이 바뀌게 된다. 사람의 움직임을 기록하여 디지털 애니메이션을 만들어내는 것과 같이 인간이 몸을 움직이는 것처럼 생각하기만 하면 뇌파가 전달되어 로봇이 그대로 움직인다는 것이다. 비현실적이기는 하지만 그럴듯한 설정이다.

좀 더 현실적인 로봇에 대한 고민도 있었다. 1979년 시작된 〈기동전사 건담〉은 기존 애니메이션이 보여준 '거대 로봇'과는 다른 '리얼 로봇'의 개념을 만들어냈다. 〈기동전사 건담〉이 제안한 로봇은 일종의 병기로서의 로봇이다. 군인이 탱크를 조종하듯이 병기인 로봇을 조종하여 전쟁에 투입되는 것이다. 한 대 혹은 몇 대의 거대 로봇이 연합하여 싸우는 기존 방식과는 달리 〈기동전사 건담〉은 거대한 전쟁에서 병기로 쓰이는 로봇으로 탄생되었다. 조종이 수월하지는 않아 고난이도의 로봇을 조종하는 이들은 우주에서 태어난 새로운 인류라고 할 '뉴타입'만이 할 수 있었다. 하지만 조작이 단순한 로봇들 역시 존재했으니 똑같은 모양의 로봇들이 마치 기갑 전투를 벌이듯, 백병전을 벌이듯 싸우는 모습은 로봇 애니메이션의 새로운 지평을 열었다. 이후 로봇 애니메이션은 거대 로봇과 리얼 로봇의 두 가지 큰 흐름으로 전개되어 왔다.

리얼 로봇의 대표적인 예는 〈기동경찰 패트레이버〉이고 거대 로봇에는 〈에반게리온〉이 있다. 한편 리얼 로봇의 '리얼'한 예는 할리우드 영화 〈리얼 스틸〉을 보면 잘 알 수 있다.

죽도록 고생해 악당을 물리치는
액션영화의 걸작

다이 하드 3

- 물통 문제와 부정방정식
- 난센스와 중세의 수학 문제

다이 하드 3   미국, 1995년

감독
존 맥티어넌

출연
브루스 윌리스 (존 매클레인 역)
사무엘 L . 잭슨 (제우스 카버 역)
제레미 아이언스 (사이먼 피터 그루버 역)

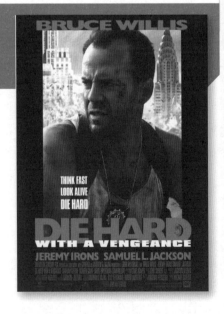

● ● ● 망가질 대로 망가진 매클레인 형사가 다시 불려가다

〈다이 하드〉 시리즈는 1988년에 시작되었다. 〈블루문 특급〉으로 인기를 조금 얻고 있던 브루스 윌리스를 액션 영웅으로 발탁한 존 맥티어넌 감독의 〈다이 하드〉는 액션 영화의 신기원을 연 영화로 평가받았다.

〈다이 하드〉의 스토리는 간단하다. 일본 회사 소유인 고층 빌딩에 테러리스트가 침입한다. 아무도 들어올 수 없고, 누구도 나갈 수 없는 고층 빌딩에 우연히 들어가 있던 형사 매클레인이 테러리스트 집단과 대결한다. 한정된 공간에서 액션이 벌어지는 상황은 극도의 긴장감을 유발한다. 매클레인은 무기라고는 권총 하나뿐인데다 급하게 도망치느라 맨발인데 테러리스트는 기관단총에 수류탄, 로켓포까지 가진 최첨단 악당들이다. 하지만 브루스 윌리스가 연기한, 수더분한 중년 아저씨처럼 생긴 매클레인은 어떤 상황에서도 유머 감각을 잃지 않고, 포기하지 않는 근성으로 관객을 사로잡았다.

1990년에 나온 〈다이 하드 2〉는 속편을 연출하지 않겠다며 떠난 존 맥티어넌 대신 레니 할린이 연출을 맡았다. 레니 할린의 주요 경력은 공포 영화 〈나이트메어 4〉를 감독한 정도였지만 〈다이 하드 2〉는 전편을 능가하는 액션을 보여줬다. 2편의 무대는 폭설로 운행이 중단된 공항이다. 고층 빌딩보다는 넓지만, 그래도 공항과 주변 시설 정도로 제한된 공간에서 홀로 싸우는 매클레인의 모습은 미국인들이 열광하는 고독한 카우보이, 바로 그것이었다. 〈다이 하드 2〉로 실력을 입증한 레니 할린은 실베스터 스탤론이 나오는 〈클리프 행어〉로 다시 한

번 빅 히트를 친다. 〈클리프 행어〉 역시 눈 덮인 산속에서 악당들과 싸우는 산악 구조대원 이야기라는 점을 보면 레니 할린의 특기는 폐쇄 공간에서의 액션인 듯하다.

〈다이 하드〉는 1, 2편 모두 대성공을 거두었기에 바로 3편을 제작하려 했지만 '폐쇄 공간'이어야 한다는 점이 문제였다. 대형 여객선을 무대로 준비를 했지만 비슷한 무대 설정인, 스티븐 시걸 주연의 〈언더 씨즈〉가 흥행에 성공하면서 폐기되었다. 그러다 존 맥티어넌이 돌아온 후에야 3편 제작에 박차를 가했다. 1995년에 개봉한 〈다이 하드 3〉의 무대는 조금 더 넓어진 뉴욕의 맨해튼이다. 1편에서 LA의 직장에 근무하는 아내를 찾아가고, 2편에서는 공항에서 아내를 기다리던 뉴욕 경찰 매클레인이 3편에서는 홀아비에 주정뱅이로 나온다. 시간이 흐르면서 이혼도 하고, 망나니 형사가 되어 버린 것이다. 2007년에 나온 〈다이 하드 4.0〉에서는 딸과 함께 사건을 해결하는 등 〈다이 하드〉 시리즈는 시간이 흐르면서 변하는 인물의 모습도 충실하게 그려 낸다.

〈다이 하드 3〉는 〈다이 하드 2〉에서 7년이 지난 후의 뉴욕이 무대다. 이른 아침의 출근길, 뉴욕 맨해튼에서 강력한 폭탄이 터진다. 사이먼이라고 밝힌 남자가 자신이 폭파 사건의 범인이라며 뉴욕 경찰서에 연락해온다. 더 큰 피해를 막으려면 자신과 '사이먼이 말하기를 Simon says'이라는 게임을 해야 하고, 상대는 반드시 정직停職 상태인 형사 매클레인이어야 한다고 조건을 건다. 술에 찌든 상태의 매클레인은 영문도 모른 채 불려나와 할렘가로 간다. 사이먼의 요구대로 흑인을 모욕하는 문구가 적힌 광고판을 걸치고 거리에 나간 매클레인이 집단

폭행을 당하려는 순간 제우스 카버라는 흑인이 매클레인을 구해준다. 사이먼은 이제 제우스도 함께 게임에 참여해야 한다고 요구해 사이먼 대 매클레인, 제우스의 게임이 시작된다.

● ● ● ● 물통 2개만으로 원하는 양을 만들어내라 – 부정방정식

매클레인과 제우스는 사이먼의 지시대로 정확하게 4갤런짜리 물통을 폭탄이 장치된 가방 위에 올려야 한다. 〈다이 하드 3〉 중에서.

사이먼이 매클레인과 제우스에게 낸 문제 하나는 '분수 옆에 있는 3갤런짜리 물통 하나와 5갤런짜리 물통 하나를 이용하여 정확하게 4갤런의 물을 폭탄이 장치되어 있는 가방 위에 올려라.'이다. 이를 그림으로 나타내면 위와 같다.

이 두 개의 통을 이용하여 영화에서 주인공들이 해결한 방법을 알아보자. 먼저 아래 그림과 같이 5갤런짜리 물통에 물을 가득 채운다.❶ 그리고 이 물을 3갤런짜리 물통에 붓는다.❷

그러면 5갤런짜리 물통에는 정확하게 2갤런의 물이 남게 된다.[3] 이제 3갤런짜리의 물통을 모두 비우고 5갤런짜리 물통에 들어 있는 2갤런의 물을 모두 3갤런 물통에 붓는다.[4] 그러면 3갤런의 물통에는 정확하게 2갤런의 물이 있고, 1갤런은 비어 있게 된다.[5]

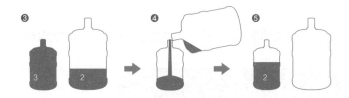

다시 5갤런짜리 물통에 물을 가득 채운 후[6] 3갤런짜리 물통에 5갤런짜리 물통을 가득 채운 물을 붓는다.[7] 그러면 3갤런짜리 물통에는 1갤런의 물을 더 부을 수 있기 때문에 5갤런짜리 물통에서 3갤런짜리 물통으로 부을 수 있는 물은 1갤런이다. 결과적으로 5갤런짜리 물통에는 정확하게 4갤런의 물이 남아 있게 된다.[8]

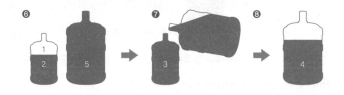

이 방법으로 주인공들은 정확하게 4갤런의 물을 폭탄이 장치된 가방의 저울 위에 올려놓을 수 있었다.

또 다른 방법도 있다.

먼저 3갤런짜리 물통에 물을 가득 채운 후[1] 이것을 5갤런짜리 물통에 부으면 5갤런짜리 물통에 3갤런의 물이 차게 된다.[2]

다시 3갤런짜리 물통에 물을 가득 채운 후 그 물을 5갤런짜리 물통
에 부으면[3] 이미 5갤런짜리 물통에는 3갤런의 물이 들어있기 때문에
물은 2갤런밖에 들어가지 않는다. 그리고 3갤런짜리 물통에는 1갤런
이 남게 된다.[4]

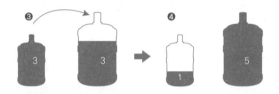

이제 5갤런짜리 물통을 비우고 3갤런짜리 물통에 들어있는 1갤런
의 물을 5갤런짜리 물통에 붓는다.[5] 그러면 5갤런짜리 물통에 1갤런
의 물이 차게 된다.[6] 거기에다 3갤런짜리 물통에 물을 가득 담아 5갤
런짜리 물통에 부으면[7] 5갤런짜리 물통에는 물이 4갤런이 된다.[8]

영화의 상황을 수식으로 나타내면 $3x + 5y = 4$이다. 즉, 3갤런짜
리 몇 번과 5갤런짜리 몇 번을 이용하여 4갤런을 만들 수 있느냐는 것
이다. 그런데 이 식을 만족하는 x, y의 순서쌍 (x, y)를 몇 개 구하면

$(-2,\ 2),\ (3,\ -1)$ 등이 있고, 이외에도 주어진 이 식을 만족하는 순서쌍 $(x,\ y)$는 무수히 많다. 즉, $3x+5y=4$를 만족하는 순서쌍 $(x,\ y)$가 하나로 정해져 있지 않다. 그래서 이런 식을 풀이가 정해져 있지 않다는 의미로 부정不定방정식이라고 한다. 하지만 아쉽게도 이 부정방정식의 해를 구하는 것과 영화에서 사이먼이 요구한 물통 문제를 해결하는 것은 별로 관계가 없다.

● ● ● ●   **난센스인가 수학문제인가 – 중세의 수학문제**

사이먼은 다시 이런 문제를 낸다.

'이브로 가는 길에 부인 7명을 둔 남자를 만났는데 부인들은 각각 가방 7개씩을 가지고 있고 각 가방에는 고양이가 7마리씩 들어 있고 각 고양이는 7마리의 새끼를 가지고 있다. 이브로 가는 것은 모두 몇인가?'

매클레인과 제우스는 처음엔 이 문제의 답으로 $7 \times 7 \times 7 \times 7 = 2401$이라고 생각했다. 그러나 좀 더 정확하게 따지면 그들이 틀렸다는 것을 알 수 있다. 그들이 계산한 2401은 마지막에 말한 새끼 고양이의 수다.

사실 이 문제는 독일의 저명한 수학자인 칸토어가 1907년에 제시한 7의 거듭제곱에 관한 문제이다. 원래 이 문제는 린드 파피루스에 있는 문제였으며, 칸토어는 이 문제를 중세에 유행했던 문제라고 생각했다. 실제로 중세의 뛰어난 수학자였던 피보나치가 자신의 책 〈산반서〉에 다음과 같은 형태로 이 문제를 기록했던 것이 원전이다.

'로마로 가는 길에 늙은 여자 7명이 있다. 여자들은 각각 노새를 7마리씩 갖고 있다. 각 노새는 부대 7개씩을 운반한다. 각 부대에는 빵 덩어리 7개씩이 담겨져 있다. 각 빵 덩어리에는 칼이 7개씩 함께 있다. 각 칼엔 칼집이 7개씩 있다. 여자, 노새, 부대, 빵 덩어리, 칼 그리고 칼집을 모두 합하면 얼마나 많은 것이 로마로 가는 길에 있느냐?'

이 문제를 풀어보자.

먼저 일곱 명의 늙은 여자가 있으므로 7명, 각 여자는 7마리의 노새를 가지고 있으므로 노새는 모두 $7 \times 7 = 49$마리이다. 각 노새는 7개의 부대를 운반하므로 부대는 모두 $7 \times 7 \times 7 = 343$개이고, 각 부대에는 7개의 빵 덩어리가 담겨져 있으므로 빵 덩어리는 모두 $7 \times 7 \times 7 \times 7 = 2401$개다. 또 각 빵 덩어리에는 7개의 칼이 있으므로 칼은 모두 $7 \times 7 \times 7 \times 7 \times 7 = 16807$이고, 각 칼은 7개의 칼집이 있으므로 칼집은 모두 $7 \times 7 \times 7 \times 7 \times 7 \times 7 = 117649$개다. 따라서 여자, 노새, 부대, 빵 덩어리, 칼 그리고 칼집을 모두 합하면 $7 + 49 + 343 + 2401 + 16807 + 117649 = 137250$이다.

영화에서도 이와 같은 방법으로 답을 구하면 이브로 가는 것은 모두 $7 + 49 + 343 + 2401 = 2800$이다. 따라서 만약 영화에서 매클레인과 제우스가 답이라고 생각했던 2401로 전화를 했으면 폭탄이 터졌을 것이다. 그런데 이 영화에서는 엉뚱하게도 이브로 가는 사람은 몇 명인가를 묻고 있다. 이것은 약간의 난센스와 같은 문제로 문제가 처음에 이브로 가는 한 남자에게로 시작하기 때문에 영화에서는 답을 1이라고 하여 범인의 전화번호가 555 - 0001임을 알게 된다.

위와 같은 문제가 만들어진 13세기 당시에는 영화에 나오는 난센스 비슷한 문제가 많이 만들어졌으며, 이런 문제들을 모두 수학이라는 이름으로 가르치고 배웠다. 여기서 잠깐, 중세 사람들이 배웠던 수학 가운데 13세기 유럽의 학교에서 가장 일반적으로 배우던 알퀸의 〈젊은 이의 명석한 지혜를 위한 명제〉라는 책에 있는 수수께끼 같은 몇 가지 문제를 알아보자.

'한 왕이 병사를 모집했다. 첫 번째 마을에서 1명을 모집하고, 두 번째 마을에서는 2명, 세 번째 마을에서는 4명, 네 번째 마을에서는 8명을 모집하는 방법으로 왕은 모두 30개의 마을에서 신병을 모집했다. 왕은 얼마나 많은 병사를 모집할 수 있을까?'

이 문제의 답은 1부터 시작하여 2의 1승, 2의 2승, 2의 3승과 같이 하여 2의 29승까지 모두 더하면 된다. 즉 $1 + 2 + 4 + \cdots + 2^{29} = 1073741823$명이다. 당시에는 보통 1천 명의 병사를 거느리면 대단히 큰 군대였으므로 이만한 병사 수는 어마어마한 숫자였다.

또 다른 문제를 보자.

'한 노인이 어떤 소년에게 이렇게 말했다. "애야. 너는 지금까지 산 만큼 더 살고, 다시 그만큼 더 살 것이다. 그리고 그 합의 3배를 더 살게 되고, 만일 신이 너에게 1년을 더 준다면 너는 100년을 사는 것이다." 이 소년의 나이는 얼마인가?'

이 책에 주어진 풀이에 의하면 100 − 1을 3으로 나누고 그것을 다시 3으로 나누면 된다. 그러므로 그 소년은 11살이다.

간혹 답이 없는 문제도 있었다. 다음에 소개하는 것이 그런 종류인데, 문제를 모두 소개하지 않고 도입 부분만 소개하면 이렇다.

'300마리의 돼지가 3일 연속해서 각각 홀수로 죽었다.'

그러나 세 홀수의 합으로는 짝수 300을 만들 수 없다. 이런 우화적인 이야기는 당시의 소년들을 자극하기 위한 것이었다. 〈젊은이의 명석한 지혜를 위한 명제〉의 저자인 알퀸은 이런 문제로 어떤 중요한 수학적 원리를 유도하려 하지는 않았다. 그것들을 체계적으로 배열하지도 않았으며, 수학자라기보다는 수수께끼를 내는 사람에 가까웠다.

그런데 영화에 등장하는 문제가 실린 〈산반서〉에는 수학 문제다운 문제가 많이 있다. 여기서 이야기가 흥미롭고, 풀이가 간단한 몇 가지를 알아보자. 각 문제의 제목과 풀이를 〈산반서〉에 있는 그대로 함께 달았으니 독자들은 문제의 답을 보지 말고 한번 도전해보기 바란다.

사자와 표범과 곰

사자 한 마리는 4시간에 양 1마리를 먹고 표범은 5시간에 1마리, 그리고 곰은 6시간에 1마리를 먹는다. 양 한 마리를 사자와 표범 그리고 곰이 함께 먹는데 걸리는 시간은 얼마인가?

풀이 사자는 1시간에 $\frac{1}{4}=\frac{16}{60}$ 마리, 표범은 $\frac{1}{5}=\frac{12}{60}$ 마리, 곰은 $\frac{1}{6}=\frac{10}{60}$ 마리의 양을 먹는다. 따라서 그들이 1시간에 먹을 수 있는 양은 $\frac{37}{60}$ 마리이다. 그러므로 1마리의 양을 함께 먹는 데 $\frac{60}{37}=1\frac{23}{37}$ 시간이 필요하다.

세 명과 빵 5덩어리와 동전 5개

각각 빵 3 덩어리와 2 덩어리를 가진 두 사람이 있다. 그들은 우물가에 앉아서 빵을 먹고 있었다. 그때 한 병사가 그들과 합석을 했고, 그들의 빵을 나누어 먹었다. 세 사람은 모두 똑같은 양을 먹었다. 병사는 빵을 모두 먹은 다음 자신의 식사비로 금화 5개를 남겨두고 떠났다. 첫 번째 사람은 빵이 3덩어리였으므로 그 금화 중에서 3개를 가졌고, 나머지 사람은 2덩어리의 빵이 있었으므로 금화 2개를 가졌다. 그들의 나누기는 공평한가?

풀이 공평하지 않다. 각 사람은 $\frac{5}{3}$ 의 빵을 먹었다. 처음 사람의 빵은 $3=\frac{9}{3}$ 였고, 두 번째 사람의 빵은 $2=\frac{6}{3}$ 이었다. 그러므로 그 병사는 두 번째 사람으로부터 $\frac{1}{3}$ 의 빵을, 첫 번째 사람으로부터 $\frac{4}{3}$ 의 빵을 얻어먹은 것이다. 따라서 첫 번째 사람은 금화 5개 중에서 4개를 두 번째 사람은 5개 중에서 1개를 가져야 한다.

추월한 개미

개미 두 마리가 100걸음 떨어진 간격으로 같은 길을 앞뒤로 왔다 갔다 한다. 첫 번째 개미는 하루에 $\frac{1}{3}$ 걸음 갔다가 $\frac{1}{4}$ 걸음 돌아온다. 다른 개미는 하루에 $\frac{1}{5}$ 걸음 갔다가 $\frac{1}{6}$ 걸음 돌아온다. 첫 번째 개미가 두 번째 개미를 추월하려면 며칠이 걸릴까?

풀이 60일 동안 처음 개미는 60보의 3분의 1인 20걸음 가고 60의 4분의 1인 15걸음 뒤로 간다. 그러면 결국 60일 동안 이 개미는 5걸음 간다. 다른 개미는 60의 5분의 1인 12걸음 앞으로 가고 6분의 1인 10걸음 뒤로 간다. 따라서 60일 동안 2걸음 간다. 그러므로 60일 동안 두 개미는 3걸음 가까워졌다. 얼마 만에 100걸음에 도달할 수 있는지를 계산하기 위하여 60의 3분의 1인 20에 100을 곱하면 2000일이 된다.

그런데 마지막 문제는 〈산반서〉에 있는 답이 틀렸다. 사실은 1999째 날에 추월하게 된다.

영화는 계속되고, 사이먼은 매클레인과 제우스에게 뉴욕 곳곳을 가로지르며 문제를 풀게 한다. 그중 하나는 72번가 지하철역에서 90블록이나 떨어진 월가 지하철역까지 30분 안에 오라는 것이다. 악명 높은 맨해튼의 교통 체증을 감안하면 절대 불가능한 조건이다. 하지만 전화를 받지 못하면 달리는 지하철에 장착된 폭탄이 역으로 들어가면서 터지게 된다. 매클레인은 미리 지하철에 올라타는 방법으로 겨우 폭탄을 발견하고 밖으로 내던지지만 피해를 완전히 없애지는 못했다. 그리고 밝혀진 범인의 정체는 전직 동독 특수부대 장교 출신으로 〈다이 하드〉에서 매클레인에게 죽은 한스 그루버의 형인 사이먼 피터 그루버였다. 계속해서 그루버가 게임을 내는 동안 매클레인은 그의 목적이 대체 무엇인지 고심한다. 단지 개인에 대한 복수심으로 뉴욕 전체를 엉망으로 만드는 것일까? 아니면 더 중요한 목적이 존재하는 것일까?

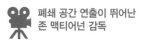

폐쇄 공간 연출이 뛰어난 존 맥티어넌 감독

〈다이 하드〉는 1980년대 이후 만들어진 할리우드 액션 영화의 최고봉으로 평가된다. 마이클 베이 감독의 〈더 록〉도 뛰어나지만, 액션만이 아니라 영화의 작품성까지 따져본다면 우열은 분명하다. 〈다이 하드〉는 폐쇄 공간을 무대로 탁월한 액션을 연출해낼 뿐만 아니라 영화 전체에서 미국인들의 마음을 제대로 그려낸다. 80년대의 불황기를 겪으면서 미국인은 자존심을 다쳤다. 전통 산업이라 할 자동차, 제철 등이 몰락하고 미국 경제는 초토화되었다. 일본과 유럽의 자본이 미국의 회사와 부동산을 마구 사들였다. 〈다이 하드〉의 무대는 일본 회사가 지은 최첨단의 고층 빌딩이다. 그 빌딩을 유럽의 테러리스트가 공격한다. 미국에서 일본과 유럽 사람들이 대판 붙고 있는데, 정작 미국인들은 끼어들지도 못한다. 이때 '액션 히어로' 존 매클레인이 등장한다. 맨발에 러닝셔츠 하나 걸친 매클레인은 농담을 날려가며 악당들을 하나둘 물리치고, 자존심을 회복한다. 그게 바로 미국인이 〈다이 하드〉를 보는 시선이었다.

1951년생인 존 맥티어넌은 1985년 판타지 호러영화인 〈유목민들〉을 만들어 주목을 받은 후, 1987년에 만든 〈프레데터〉로 대성공을 거둔다. 아놀드 슈워제네거가 주연을 맡은 〈프레데터〉는 남미의 밀림에 들어간 미군 특수부대가 임무 수행을 하던 중에 수수께끼의 존재에게 몰살을 당하는 이야기다. 전반부는 1980년대 스타일의 전형적인 액션 영화로 흐르다가 외계인이 등장하면서 영화는 밀림의 악몽으로 뒤바뀐다. 〈다이 하드〉의 성공 후 만든 〈붉은 10월〉은 잠수함을 배경으로, 존 맥티어넌의 장기가 '폐쇄 공간의 스릴'임을 잘 보여준다. 한편 CIA의 정보 분석관 잭 라이언이 주인공인 〈붉은 10월〉은 이후 시리즈로 이어지는데, 해리슨 포드가 잭 라이언 역을 맡은 〈패트리어트 게임〉과 〈긴급명령〉, 벤 에플렉의 〈썬 오브 올 피어스〉가 있다.

〈다이 하드 3〉까지는 이름값을 유지하던 존 맥티어넌 감독은 이후 기대작이었던 〈라스트 액션 히어로〉가 참패한 후 〈토마스 크라운 어페어〉〈베이직〉을 끝으로 영화계에서 사라져버린다.

미운 오리가 백조로 성장하는 마법 같은 영화

해리 포터와 마법사의 돌

- 공의 비밀
- 열쇠와 비둘기 집의 원리
- 순열

해리 포터와 마법사의 돌 영국, 2001년

감독
크리스 콜럼버스

출연
다니엘 래드클리프 (해리 포터 역)
루퍼트 그린트 (론 위즐리 역)
엠마 왓슨 (헤르미온느 그레인저 역)

● ● ● 천덕꾸러기 고아에서 마법사로

〈해리 포터와 마법사의 돌〉은 영국 작가 조앤 롤링의 판타지 소설 〈해리 포터〉 시리즈의 첫 번째 책 제목이다. 영국 블룸즈버리 출판사에서 1997년 6월에 발행된 이래 전 세계적으로 1억 700만 권 이상의 판매고를 올린 초베스트셀러 작품이다.

주인공 해리 포터는 군식구이다. 계단 아래 창고가 해리의 방이고 또래인 사촌 두들리는 늘 그를 두들겨 패고 식탁의 모든 음식을 탐욕스레 먹어치운다. 페투니아 이모는 코끝에 더러운 것이라도 묻은 양 늘 찡그린 표정이다. 그래도 갓난아이 때 부모를 불의의 사고로 잃은 해리가 있을 곳은 이 이모네 집뿐이다.

업신여김을 당하며 살아가는 해리에게도 생일은 돌아온다. 열한 살 생일을 맞은 해리 앞으로 편지 한 통이 배달되는데 사촌이 빼앗아버린다. 하지만 갖가지 요상한 방법으로 편지는 계속 배달된다. 이상하게 여긴 이모 내외가 편지를 뜯어 확인하고선 사색이 되어 편지가 올 수 없는 곳으로 전 가족을 피신시킨다.

하지만 운명은 피할 수 없다. 결국 거대한 사내가 해리 일행이 있는 곳으로 직접 찾아와 편지를 건네고는 말한다. "해리, 생일 축하한다. 너는 마법사야. 이제부터 집을 떠나 마법학교에 입학해야 해. 준비가 필요하니까 나를 따라오렴." 두들리와 페투니아 이모가 없는 곳으로 갈 수 있다니! 아니, 내가 마법사라니!

해리는 기쁜 마음으로 이모네를 떠나 런던으로 간다. 런던의 평범한 시내 뒷골목으로 들어가니 난생 처음 보는 풍경이 펼쳐진다. 보통 사람(머글)들은 알 수도, 들어올 수도 없는 그곳은 마법사에게 필요한 모든 물건들을 팔고 있는 거리이다. 거대한 사내, 아니 해그리드는 해리의 엄마와 아빠를 알고 있었다. 해리는 부모님이 남겨 주신 유산으로 마법학교 호그와트에 입학하기 위한 준비를 하러 분주히 돌아다니다 해리의 부모님을 아는 마법사는 비단 해그리드만이 아니라는 것도 알게 된다. 부모님은 악한 마법사와 싸우다 해리를 지키고 돌아가신 거였다. 해리의 이마에 난 번개 모양의 흉터는 부모님의 마지막 싸움에서 생긴 것이었다.

마법학교로 가기 위해 킹스 크로스 역에 도착한 해리는 의아해했다. 평범한 기차를 타고 마법학교 갈 수 있을까? 있었다. 킹스 크로스 역 9와 $\frac{3}{4}$ 승강장에 서 있을 수 있다면!

기차 안에서 해리는 호그와트 시절을 함께할 두 친구를 만난다. 마법사 집안의 아들 론과, 인간 사이에서 태어난 마법사 헤르미온느가 그들이다.

● ● ● **마법사들에게 퀴디치가 있다면 머글에겐 축구가 있다**
      – 공의 비밀

호그와트에 도착한 해리와 친구들은 기숙사를 배정받고 마법사가 되기 위한 수업을 본격적으로 받기 시작한다. 해리는 첫 수업부터 지각을 하고, 수업 시간에 딴짓을 하다 들키는 등 그리 성실한 학생은 아니었지만 '퀴디치'라는 경기에서 두각을 나타낸다. 퀴디치란 빗자루를 타고 날며 퀘이플과 블러저, 골든 스니치라는 세 가지 공을 다뤄 게임에서 승리하는, 마법사들의 인기 스포츠다. 퀘이플을 골대에 넣어 점수를 내고, 블러저로 상대팀을 공격하며, 골든 스니치를 먼저 잡는 팀이 승리하는 것이다. 마법 빗자루를 타는 비행 수업에서 발군의 기량을 보여준 해리는 골든 스니치를 찾아서 잡는 수색꾼 자리를 맡았는데, 알고 보니 해리의 아버지도 수색꾼 출신이었다.

퀴디치 경기에서 각 팀은 추격꾼, 파수꾼, 몰이꾼, 그리고 수색꾼으로 구성된다. 가장 중요한 수색꾼의 자리를 맡은 해리 포터가 재빠르게 날고 있다. 〈해리 포터와 마법사의 돌〉 중에서.

모든 마법사가 열광하는 경기인 퀴디치처럼 마법을 모르는 우리 같은 머글에게도 공을 사용하는 경기는 있다. 바로 축구다. 축구는 퀴디치처럼 공을 골대에 넣으면 이기는 경기이다. 퀴디치는 공이 세 종류지만 축구는 골대도 하나, 공도 하나인데 이 축구공엔 재미있는 수학이 숨어 있다.

축구공은 다양한 모양을 하고 있었는데, 모양과 규격이 지금 같은 정오각형 12개와 정육각형 20개로 이루어진 공이 처음 등장한 것은 1970년의 멕시코 월드컵 대회 때부터이다. 당시 이 공의 이름은 '텔스타'였고, 지금 우리가 알고 있는 축구공의 원형이다. 정오각형에는 검

은색을, 정육각형에는 하얀색을 칠한 텔스타
는 그 단순 명쾌한 모습으로 세계 축구인들의
마음을 단번에 사로잡았다.

피버노바 축구공

그 이후 1978년 아르헨티나 월드컵에서는
'탱고'라는 이름의 최첨단 패션 축구공이 소개
되지만 단지 표면 디자인만 달라졌을 뿐 기본
골격은 정오각형 12개, 정육각형 20개로 이루어진 텔스타와 같았다.
정오각형 주위를 하얀 원으로 감싸고 나머지 부분을 검게 칠한 탱고의
충격적인 모습은 그때 우승을 거머쥔 아르헨티나 선수들의 줄무늬 유
니폼과 함께 축구계에 라틴 바람을 몰고 왔다. 2002년 한일 월드컵 공
인구인 '피버노바'도 표면 디자인은 다르지만 기본 골격은 텔스타와 같
다.

그렇다면 왜 정오각형 12개와 정육각형 20개로 되어 있는 공이 지
금까지도 축구공의 대명사가 되었을까? 이유는 간단하다. 너무나도
아름다운 수학적 구조를 지니고 있기 때문이다. 완전한 구 모양이 가
장 완벽한 공이 되겠지만 실제로 그렇게 만들기란 쉽지 않다. 그래서
여러 다면체 중에서 구 모양에 가장 가까운 다면체를 만들어 내부에
공기를 불어넣는 것이다. 그리고 수학자들은 정다각형 모양의 조각들
을 꿰매어 다면체를 만들면 여러 사람이 쉬지 않고 발로 차고 머리로
들이받아도 안정된 구조를 유지할 것이라는 결론에 도달했다.

하지만 공을 만들려면 정육각형만 가지고서는 불가능하다. 정육각
형은 한 내각의 크기가 120°이므로 한 꼭짓점에 정육각형을 세 개만
모아 놓아도 360°가 되어 평면이 되기 때문이다. 그래서 세 개의 정육

각형 가운데 한 개를 빼는 대신에 정오각형으로 하나를 대치하는 것이 가장 최선의 방법이다. 다시 말해 각 꼭짓점마다 정육각형 두 개와 정오각형 한 개가 모여 있는 다면체를 만들면 바로 그 다면체가 완전한 구형에 가장 가까울 것이라는 얘기이다.

이렇게 만들어진 축구공에는 정육각형과 정오각형이 몇 개씩 들어 있는지 식을 통해 알아보자. 축구공에 들어있는 정오각형의 수를 x, 정육각형의 수를 y라고 하면 정오각형과 정육각형은 꼭짓점이 각각 5개와 6개이므로 우리가 만들려는 축구공 모양의 다면체의 꼭짓점 수는 $5x+6y$라고 추측할 수 있다.

그런데 이 다면체의 꼭짓점 하나에는 정오각형 한 개와 정육각형 두 개가 붙어 있으므로 이 식은 꼭짓점을 세 번씩 중복해서 센 것이다. 따라서 이 식을 3으로 나누어야 한다. 이 다면체의 꼭짓점의 개수를 v라 하면 $v=\dfrac{5x+6y}{3}$이다.

이번에는 모서리의 수를 알아보자. 정오각형과 정육각형의 모서리의 수는 각각 5개와 6개이므로 이 다면체의 모서리의 수도 $5x+6y$라고 생각할 수 있지만 각각의 모서리에는 두 개의 면이 붙어 있으므로 두 번씩 중복해서 센 것이 된다.

따라서 이 식을 2로 나누어 주어야 한다. 이 다면체의 모서리의 개수를 e라 하면 $e=\dfrac{5x+6y}{2}$이다. 그리고 이 다면체의 면의 수를 f라 하면 f는 정오각형과 정육각형의 개수를 합한 것이므로 $f=x+y$이다.

이제 정오각형의 수 x와 정육각형의 수 y 사이에 어떤 관계가 있는

지 알아보자. 다면체의 꼭짓점 하나에 정오각형 한 개와 정육각형 두 개가 붙어 있으므로 정오각형 주위에는 정육각형들만 붙어 있다. 또 정육각형 주위에는 정오각형과 정육각형이 교대로 세 개씩 붙어 있다. 따라서 정육각형의 개수는 정오각형의 개수의 5배로 생각할 수 있지만 사실은 정육각형 하나마다 정오각형이 세 개씩 붙어있으므로 세 번을 중복해서 센 것이 된다. 그래서 $y=\dfrac{5x}{3}$이다. 이 식을 v, e, f에 각각 대입하면 $v=5x$, $e=\dfrac{15x}{2}$, $f=\dfrac{8x}{3}$이다.

그런데 우리는 다면체에서 '꼭짓점의 수−모서리의 수+면의 수=2'라는 '오일러의 공식'을 알고 있다. 즉, $v-e+f=2$이고, 여기에 우리가 구한 식을 대입하면 다음과 같다.

$$v-e+f=5x-\dfrac{15x}{2}+\dfrac{8x}{8}=2$$

이 식으로부터 $x=12$임을 알 수 있고, $y=\dfrac{5x}{3}=20$도 구할 수 있다. 그러면 꼭짓점의 개수 $v=60$, 모서리의 개수 $e=90$, 면의 개수 $f=32$임도 알 수 있다.

그런데 이 다면체는 정이십면체를 이용하여 만들 수도 있다. 즉,

축구공을 만드는 과정

정 20면체

정 20면체의 꼭지점을 깍는 과정

꺽은 정20면체

그림과 같이 정이십면체의 각 꼭짓점을 일정한 모양으로 평평하게 깎으면 모두 정오각형 모양으로 깎인다. 결국 남은 부분은 정육각형이 되고 깎인 면은 정오각형이 된다. 그리고 정이십면체이므로 정육각형은 20개가 되고 정오각형은 12개가 되어 모두 32개의 면을 가진 축구공 모양의 다면체가 되는 것이다.

● ● ● 지하실 가득 공중을 날아다니는 열쇠들
– 열쇠와 비둘기 집의 원리

다시 영화로 돌아가자.

퀴디치 경기에서 해리가 속한 기숙사 그리핀도르가 승리했다. 들뜬 마음의 해리와 론, 헤르미온느는 경기 이야기를 하며 기숙사의 움직이는 계단을 오르다가 그만 학생 출입금지 구역으로 들어가고 만다. 그곳에는 머리가 셋 달린 개, 플러피가 있었다. 해리는 플러피가 어떤 문을 지키는 것을 보고 해그리드에게 물어본다. 해그리드는 "호그와트의 교장 덤블도어 교수와 니콜라스 플라멜의 일이니 그냥 있어라."고 충고하지만 해리와 친구들은 그 답에 만족하지 못한다. 다른 학생들이 크리스마스 휴가를 간 동안 해리와 론은 도서관에서 비밀을 풀 단서를 찾는다. 제한구역에 몰래 들어갈 방법을 찾던 해리에게 누군가 선물을 보내는데 해리의 아버지가 남겼다는 투명망토였다. 방학을 보내고 다시 학교로 돌아온 헤르미온느와 함께 단서를 모아 추측해낸 것은 '어떤 금속도 순금으로 만들 수 있으며 영생을 가져다주는 영약을 만들

머리가 셋 달린 거대한 개, 플러피가
마법사의 돌을 지키고 있다. 〈해리
포터와 마법사의 돌〉 중에서.

수 있는 마법사의 돌'을 플러피가 지키고 있다는 것이다.

스네이프 교수가 마법사의 돌을 훔치려 한다고 생각한 아이들은 이를 막을 방법을 생각한다. 음악을 들으면 잠드는 플러피에게 하프 선율을 들려준 아이들은 지하실 가득 공중을 날고 있는 열쇠 사이에서 맞는 열쇠를 찾아 문을 열고 들어간다.

해리와 친구들은 어떻게 맞는 열쇠를 찾을 수 있었을까? 우선 열쇠의 역사부터 간단히 살펴보자.

기원전 2000년경 만들어진 이집트의 사원 벽화에 열쇠 그림이 있는 것으로 보아 그 이전부터 열쇠가 사용된 것으로 짐작할 수 있다. 그러나 오늘날과 같은 열쇠와 자물쇠는 고대 로마인들이 처음 사용했다. 그들은 최초로 자물쇠 속에 울퉁불퉁한 쇠 조각을 고정시키고 그 모양에 맞는 열쇠를 사용하여 잠그고 열 수 있게 만들었다. 이와 같은 형태의 열쇠와 자물쇠는 19세기에 미국에서 지금과 같은 모양의 열쇠와 자물쇠가 발명될 때까지 오랫동안 사용되었다.

우리나라에서도 삼국시대 이전의 자물쇠와 열쇠가 출토되었다고 한다. 우리 조상들은 자물쇠와 열쇠를 건물이나 가구류에 널리 사용했는데, 그런 자물쇠와 열쇠는 매우 정교하게 만들어졌다고 한다. 심지어 열쇠의 구멍을 찾는데만 2~3단계를 조작해야 하는 비밀 자물쇠도 만들었다고 한다.

열쇠는 동서양을 가릴 것 없이 권위의 상징이었고, 종교적인 의미가 컸다. 가톨릭에선 사도 베드로가 천국의 열쇠를 가지고 있었다고 해서 교황은 금과 은으로 된 열쇠로 권위와 정통성을 내세웠다고 한다. 열쇠는 악귀를 물리치는 도구로도 사용되어 독일에서는 임신한 여성이 열쇠를 지니고 있으면 순산한다고 믿었다. 중국과 우리나라에서는 전통적으로 열쇠는 가정에서의 지위를 상징하여 며느리가 들어온 뒤 때가 되면 시어머니가 며느리에게 곳간 열쇠를 물려주었는데 이는 집안일을 넘겨준다는 뜻이었다.

이와 같이 권위와 위엄 그리고 부적과 행운으로 대변되는 열쇠에는 아주 재미있는 수학이 숨어 있다. 열쇠는 모양과 종류가 많은데 보통 열쇠는 손잡이가 있고 한쪽은 평평하고 다른 쪽엔 홈이 파진 부분이 이어져 있다. 또 경우에 따라선 높낮이가 다른 굴곡을 가지고 있기도 하는데 이런 열쇠들이 어떻게 재단되는지 알아보자.

먼저, 아래 그림과 같은 고전적인 열쇠를 살펴보자.

그림에서는 열쇠의 긴 막대기 끝 부분의 높낮이 차이에 따라 각각 0, 1, 2로 번호를 붙였다. 이와 같이 번호를 붙이는 작업을 '코드화'라고 하고, 코드화하여 붙은 번호들을 그 열쇠의 '코드'라고 한다. 만약 위 그림에서와 같이 세 부분만을 이용하여 높낮이가 모두 다른 열쇠를 만들 때, 서로 다른 열쇠를 몇 가지 만들 수 있을까? 아래 그림과 같이 색칠된 부분을 고정하고 코드화해 보자.

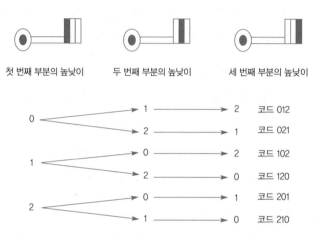

위 그림에서 알 수 있듯이 모두 다른 높낮이를 가진 열쇠는 여섯 가지를 만들 수 있다. 여섯 가지가 나오는 이유는 첫 번째에서 3가지 높낮이를 선택할 수 있고, 중복을 허락하지 않으므로 두 번째에는 두 가지, 그리고 마지막은 한가지만 선택할 수 있어서이다. 따라서 그 가짓수는 모두 $3 \times 2 \times 1 = 6$이다. 그러나 같은 높낮이를 허용한다면 세 군데 각각 세 가지씩 선택할 수 있으므로 $3 \times 3 \times 3 = 27$의 서로 다른 종류의 열쇠를 만들 수 있다.

이와 같은 방식으로 높낮이를 네 가지로 하고 같은 높이가 중복되지 않는 열쇠를 몇 종류 만들 수 있는지도 구할 수 있다.

앞에서와 마찬가지로 첫 번째에서 선택할 수 있는 높낮이의 가짓수는 네 가지, 세 가지, 두 가지, 마지막은 한 가지이기 때문에

4×3×2×1=24가지이다. 그러나 높낮이의 중복을 허락한다면 무려 4×4×4×4=256가지나 된다.

그렇다면 네 부분을 이용한 열쇠를 만들 때, 높낮이의 가짓수를 같은 높이의 중복을 허락하지 않고 세 가지로 한다면 서로 다른 열쇠를 몇 가지나 만들 수 있을까?

예를 들어 첫 번째 높낮이를 0으로 하면, 다음 그림과 같이 코드화할 수 있다.

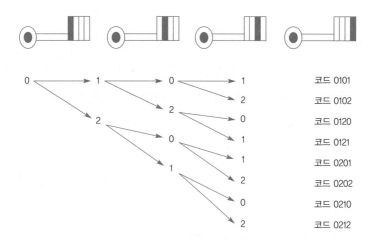

코드화하는 그림에서 첫 번째 부분을 각각 1과 2로 놓고, 똑같이 구하면 모두 24가지가 있다는 것을 알 수 있다.

오늘날 우리가 사용하고 있는 열쇠는 거의 대부분이 열두 부분으로 나누어져 있다. 그리고 각각의 부분은 위의 그림에서와 같이 세 가지 종류의 높낮이를 가지고 있으며 같은 높낮이를 허용하고 있다. 그렇다면 우리가 가지고 있는 서로 다른 열쇠는 모두 몇 종류나 될까?

높낮이의 중복을 허용한다고 했으므로 모두 $3^{12}=531,441$가지의 서로 다른 열쇠를 만들 수 있을 것이다.

이와 같은 사실로부터 재미있는 상상을 할 수 있다. 531,442대의 자동차가 주차장에 주차되어 있다고 생각해 보자. 그렇다면 같은 열쇠로 열리는 자동차가 있을까? 앞에서 알아본 것과 같이 서로 다른 열쇠의 종류는 531,441가지이고, 자동차는 531,442대 있으므로 반드시 같은 열쇠로 열리는 다른 자동차가 있게 된다.

숫자가 너무 크므로 맨 처음 만들었던 열쇠를 가지고 똑 같은 상상을 해 보자.

세 부분과 세 종류의 높낮이를 이용하여 높낮이가 모두 다른 열쇠를 만들면 서로 다른 6개의 열쇠를 얻을 수 있다. 이런 방법으로 만들어진 열쇠로 열리는 자동차 7대가 주차되어 있다면 반드시 같은 열쇠로 열리는 차가 있게 된다. 이와 같은 원리를 '비둘기 집의 원리'라고 한다.

"10마리의 비둘기를 9개의 비둘기 집에 넣으면 2마리 이상 들어간 집이 반드시 있다."

그냥 보기에도 너무 당연한 '비둘기 집의 원리'는 수학의 한 분야로 컴퓨터와 밀접한 관계가 있는 이산수학에서는 아주 중요한 이론이다. 이 원리는 이산수학의 주된 내용 중 하나인 '배열의 존재성'을 보장해 준다. 쉽게 말하면 비둘기 집의 원리란 결국 몇 개의 수가 있을 때, 그 중 적어도 하나는 평균 이상이라는 것이다. 마찬가지로 몇 개의 수 중

적어도 하나는 평균 이하라는 것도 같은 뜻이다.

● ● ● ●　체스판 위의 말이 되어 게임을 하다 – 체스와 순열

　다시 영화로 돌아가자. 아이들이 열쇠의 공격을 피해 들어온 방은 거대한 체스판인데 가로질러 통과하려 하자 길목을 지키던 폰이 칼을 뽑아 길을 막았다. 그곳을 통과하려면 체스를 두어 이겨야만 한다. 그들이 시작한 체스는 마법사 체스라서 상대에게 잡히면 바로 기물이 파괴되고 죽게 된다. 해리, 론, 헤르미온느는 스스로가 체스판 위의 말이 되어 움직이기 시작한다.

　여기서 잠깐 체스에 대해 알아보자.

　체스는 예리한 통찰력과 복잡한 상황을 이해하는 능력이 필요하며 요행이 통하지 않기 때문에 전략을 짜는 능력을 향상시키고 동시에 정신 수양에도 좋은 게임이다.

　서양 장기의 일종인 체스는 7세기 인도의 차투랑카chaturanga라는 게임에서 유래했다. 차투랑카는 인형으로 만들어진, 코끼리를 탄 병사, 이륜 전차를 끄는 병사, 보병 등의 기물을 일정한 규칙에 따라 움직이는 일종의 전쟁놀이이다. 차투랑카를 만든 사람은 인도의 수학자 세타라고 알려져 있다. 그는 재미있는 놀이를 만들어 달라는 왕자의 부탁으로 이 게임을 고안했는데, 이 게임이 너무 재미있었기 때문에 왕자는 그에게 상을 내리기로 했다. 그래서 왕자는 세타를 불러 그가 원하는 것이 무엇인지 물었다. 그러자 세타는 "왕자님, 장기판에는 모두

64개의 칸이 있습니다. 그 첫 번째 칸에는 수수 한 알, 두 번째 칸에는 수수 두 알, 세 번째 칸에는 수수 네 알, 네 번째 칸에는 수수 여덟 알과 같이 각각 새로운 칸에 그 앞의 칸에 놓인 수수 알의 두 배씩을 얹어 그것을 저에게 주십시오."라고 했다고 한다. 왕자는 수수 알을 그것도 한 개부터 시작해 64개의 칸에 각각 두 배씩 더 달라는 것이 별로 대수롭지 않다고 여겨 세타의 소원을 들어주기로 했다. 하지만 그에게 상을 내리려고 계산하던 왕궁의 수학자들은 왕자에게 헐레벌떡 달려와서 놀라운 보고를 했다. 수학자들이 그 수를 계산한 결과는 다음과 같다.

$$1+2+2^2+2^3+2^4+\cdots+2^{62}+2^{63}=2^{64}-1$$
$$=18,446,744,073,709,551,615$$

따라서 왕자가 세타에게 상으로 내려야 할 수수 알의 수는 1844경 6744조 737억 955만 1615알이었다. 이만큼의 수수 알은 전 지구상의 창고에도 다 넣을 수 없는 방대한 양이다. 더욱이 지구상에서 생산되는 수수 전체를 계속해서 모아도 이 수만큼 모으려면 수백 년은 걸리는 양이다.

세타가 만든 체스보드는 현재 사용되고 있는 것과 같은데, 오늘날의 체스보드는 어두운 색 칸과 밝은 색 칸이 엇갈린 64칸으로 되어 있는데, '파일file'이라고 하는 8개의 세로줄과 '랭크rank'라고 하는 8개의 가로줄이 있다. 전통적으로 체스보드는 각 칸들이 검은색(또는 갈색)과 흰색(또는 베이지색)이 교대로 칠해져 있다. 각 경기자는 모두 16개의 기물을 가지고 게임을 하는데 백은 밝은 색의 기물을, 흑은 어두운 색의 기물을 갖게 되며 상대방을 향하여 기물을 배치한다. 첫 번째 줄에는 생긴 모양에 따라 5가지로 나뉜 킹(King, 왕), 퀸(Queen, 여왕), 룩(Rook, 성의 장군), 비숍(Bishop, 주교), 나이트(Knight, 기사)의 기물을 배치하는데, 이 기물들은 관례적으로 K, Q, R, B, N이라는 약자로 표기된다. 이 5가지 기물의 앞줄인 2번째 줄에 놓는 기물들을 폰(Pawn, 병사)이라고 하며 P로 표기한다.

체스에서 기물이 움직일 수 있는 모든 경우의 수는 10^{120}가지에 이르고, 이 수는 전체 우주에 있는 원자의 개수인 1.2×10^{79}보다도 훨씬 많다. 또, 게임이 진행되면서 기물들이 움직일 수 있는 모든 경우의 수를 세면 기하급수적으로 확대되는데, 처음과 두 번째 움직임에서 각 선수는 20가지의 경우를 선택하여 움직일 수 있어서 400가지의 서로 다른 게임을 진행할 수 있다. 또, 세 번째와 네 번째 움직임에서는 8900여 가지의 서로 다른 경우가 있고, 다섯 번째에 기물을 움직이는 경우의 수는 4,800,000가지이다.

앞에서 알아본 것과 같이 체스에서 기물을 움직이는 경우의 수는 수학의 순열을 이용하여 구한다.

체스판 위에 기물을 모두 올려 놓은 그림.
첫 번째 줄에 킹, 퀸, 룩, 비숍, 나이트를, 두 번째 줄에 폰을 배치한다.

순열은 서로 다른 n개에서 $r(r \le n)$개를 택하여 일렬로 배열하는 것이다. n개에서 r개를 택하여 일렬로 배열하는 순열을 기호로 $_nP_r$과 같이 나타낸다. 여기서 P는 'Permutation'의 첫 글자이고, 이 단어의 뜻은 위치를 바꾼다는 뜻으로 치환置換이라고도 한다. 그렇다면 $_nP_r$은 어떻게 계산할까?

서로 다른 n개에서 r개를 택하여 일렬로 배열할 때, 첫 번째 자리에 올 수 있는 것은 n가지이고, 두 번째 자리에 올 수 있는 것은 첫 번째 자리에 놓인 것을 제외한 $(n-1)$가지, 세 번째 자리에 올 수 있는 것은 앞의 두 자리에 놓인 것을 제외한 $(n-2)$가지이다. 이런 방법을 계속해 나가면 r번째 자리에 올 수 있는 것은 $(n-r+1)$가지이다.

첫 번째	두 번째	세 번째	$\cdots$	r 번째
↑	↑	↑		↑
n가지	$(n-1)$가지	$(n-2)$가지	$\cdots$	$\{n-(r-1)\}$가지

따라서 서로 다른 n개에서 r개를 택하는 순열의 수는 $_nP_r = n(n-1)(n-2)\cdots(n-r+1)$이다. 이를테면 $_7P_3 = 7 \times 6 \times 5 = 210$이다.

이제 일반적으로 $r < n$일 때, 순열의 수 $_nP_r$을 쉽게 구하는 방법을 알아보자. 그러기 위해 먼저 계승에 대하여 알아야 한다. 어떤 자연수 n에 대하여, 1부터 n까지의 자연수를 차례로 곱한 것을 n의 계승이라고 하며 기호로 $n!$과 같이 나타내고, 'n 팩토리얼(factorial)'이라고 읽는다. 즉, $n! = (n-1)(n-2)\cdots3\cdot2\cdot1$이다. 이를테면

$$5! = 5 \times 4 \times 3 \times 2 \times 1 = 120,$$

$$10! = 10 \times 9 \times 8 \times 7 \times 6 \times 5 \times 4 \times 3 \times 2 \times 1 = 3{,}628{,}800$$

이 계승을 이용하면 $_nP_r$을 쉽게 구하는 식을 얻을 수 있다. 즉, $_nP_r$
은 다음과 같이 나타낼 수 있다.

$$\begin{aligned}
_nP_r &= n(n-1)(n-2)\cdots(n-r+1) \\
&= \frac{n(n-1)(n-2)\cdots(n-r+1)(n-r)\cdots3\cdot2\cdot1}{(n-r)\cdots3\cdot2\cdot1} \\
&= \frac{n!}{(n-r)!}
\end{aligned}$$

여기서 $0! = 1$로 정의하면 $r = n$일 때도 성립한다. 즉,

$$_nP_n = n(n-1)(n-2)\cdots3\cdot2\cdot1 = n!$$

이고 $r = 0$이면 $_nP_0 = \dfrac{n!}{n!} = 1$이므로 $_nP_0 = 1$로 정의한다.

순열을 이용해 해결할 수 있는 문제는 많은데 아래와 같은 문제도
쉽게 풀린다.

'7곡의 음악이 들어 있는 플레이 리스트를 스마트폰으로 재생하여
음악을 듣는 경우를 생각하자. 이때 재생 순서를 임의로 선택하여
4곡만을 듣는다면 몇 가지 방법으로 음악을 들을 수 있을까?'

이 경우 7개에서 4개를 택하는 순열의 수이므로
$_7P_4 = 7 \times 6 \times 5 \times 3 = 840$가지이다.

어쨌든 오랫동안 서양의 과학자들은 체스 게임을 할 수 있는 컴퓨
터를 개발하려고 노력했다. 그런데 컴퓨터가 체스 게임을 하도록 하려
면 어마어마한 경우의 수를 빠른 시간에 처리할 수 있는 인공지능(AI,

Artificial Intelligence)이 필요하다. 그래서 이 일은 몇십 년이 걸렸으며 AI 분야의 연구, 컴퓨터 과학, 컴퓨터 프로그램, 공학과 수학의 발전과 연관되었다. 체스에서 최고의 실력을 가진 사람을 그랜드 마스터라고 하는데, 결국 1988년 '깊은 생각'이라는 이름이 붙은 컴퓨터 시스템이 그랜드 마스터 중 한 명을 이겼다. 이 컴퓨터 시스템은 진화를 거듭하여 'Deep Blue'라는 시스템으로 만들어졌다. 'Deep Blue'는 IBM사가 개발한, 체스를 두는 컴퓨터로 1996년 체스 세계 챔피언인 게리 카스파로프Garry Kasparov와 대국하여 2승 3패 2무를 기록했다. 이 시스템은 1

주문을 외워봐!
〈해리 포터〉에 등장하는 마법의 주문들

2011년 여름을 마지막으로 영화 〈해리 포터〉 시리즈가 모두 끝났다. 무려 10년에 걸쳐 만들어진 7부작 모두가 막을 내렸다. 10년 동안 해리와 친구들을 연기한 배우들은 꼬마에서 스무살을 넘긴 성인으로 자랐고, 〈해리 포터〉에서의 이미지를 지우고 다른 모습을 선보이고자 호러, 드라마, 로맨스 등 여러 장르에 도전하고 있다. 수많은 관객이 그들의 모습에 웃고 울며 그들이 선사하는 마법의 세계에 푹 빠져들었다. 〈해리 포터〉 시리즈의 팬이라면 한번쯤 비슷한 상황에서 주문을 외워봤을 것이다. 여기, 실생활에 유용한 마법들을 모아봤다. 주문을 외워봐! 그 전에 필요한 건 마법 지팡이......

- 루모스(Lumos) : 지팡이 끝에 불빛을 만들어 주변을 밝히는 주문.
- 녹스(Nox) : 루모스로 켠 불빛을 끄는 주문.
- 아씨오(Accio) : 물건을 소환하는 주문. 정확히는 "아씨오+물건 이름"이다. 지팡이로 물건을 가리키며 주문을 외면 물건이 자기 앞으로 온다.
- 엑스펠리아르무스(Expelliarmus) : 상대를 무장해제 시키는 주문. 상대방의 손에 있는 물건을 공중으로 날려 버릴 수 있다. 주로 결투에 많이 사용한다.
- 윙가르디움 레비오우사(Winggardium Leviosa) : 물체를 공중으로 띄우는 주문. 발음 주의.
- 익스펙토 패트로눔(Expecto Patronum) : 가장 행복했던 기억을 떠올려 기운을 모은 다음 적을 물리칠 수 있는 신비한 생명체, 패트로누스를 소환하는 마법. 행복한 생각이 많을수록 더욱 강력한 패트로누스를 만들 수 있다.
- 임페디멘타(Impedimenta) : 장애 마법. 상대의 움직임을 아주 느리게 하는 주문. 지속 시간 짧음.
- 아바다 케다브라(Avada Kedavra) : 죽음의 저주. 쓸 일이 없길 바랄 뿐.

초 동안에 1억 가지 이상의 수를 읽는 계산 속도를 지녔다고 한다.

이제 영화의 마지막으로 가 보자.

헤르미온느와 론의 도움으로 드디어 마법사의 돌이 있는 방에 들어온 해리는 원하는 것을 비춰주는 '욕망의 거울' 앞에 서 있는, 어둠의 방어술 담당 퀴렐 교수를 보게 된다. 해리의 엄마와 아빠를 죽게 했던 장본인이다. 해리의 이마에 번개 모양의 흉터를 남긴 악한 마법사 볼드모트는 퀴렐을 조종하며 부활을 기다리고 있었던 것이다. 그리고 볼드모트와 맞설 유일한 영웅은 바로 해리 포터였다.

친구도 없었고, 사랑도 받지 못했고, 어울리지 않는 곳에 혼자 덩그러니 있던 외로운 해리의 파란만장하고 활기찬 한 학기가 끝났다. 친한 친구가 생겼고, 그를 믿고 가르침을 주는 스승이 생겼다. 퀴디치에 특별한 재능이 있음을 발견했고, 부모님의 존재를 끊임없이 듣고 느낄 수 있는 사람들에 둘러싸여 지냈다. 〈해리 포터와 마법사의 돌〉은 앞으로 7년간 펼쳐질 대서사시의 첫 장이다. 더 많은 친구를 만나 성장하고 어엿한 마법사로 발돋움하는 해리의 모험은 이제 막 시작되었을 뿐이다.

다른 것들끼리의 배척과 화합

엘리멘탈

- 4원소와 정다면체
- 완전한 입체도형, 구
- 운립의 모양과 크기

엘리멘탈　　미국, 2023

감독
피터 손

출연
레아 루이스(앰버 역)
마무두 아티(웨이드 역)

● ● ● ● 창작자의 개인사를 보편적 정서로 확장한 애니메이션

애니메이션 〈엘리멘탈〉의 배경이 되는 엘리멘트 시티는 물, 불, 공기, 흙 원소들이 함께 사는 곳이다. 서로 다른 이질적인 존재들이 모여 산다면 어떤 일이 벌어질까? 불은 물을 만나면 생명력이 사그라질 수 있다. 흙 원소의 소년이 만들어낸 작은 꽃은, 불의 앰버를 만나면 순식간에 타서 사라진다. 상극의 존재끼리는 망가지고, 심하면 죽어버리는 그곳에서 화합과 사랑이 싹틀 수 있을까?

이 영화를 만든 피터 손은 미국으로 이민 간 한국인 부모에게 태어난 교포 2세이다. 피터 손은 〈굿 다이노〉(2005)로 감독 데뷔를 했지만, 픽사의 작품 중에서 처음으로 적자를 내는 불명예를 얻었다. 〈엘리멘탈〉은 피터 손의 두 번째 연출 작품으로 파이어랜드에서 엘리멘트 시티로 이주한 불 가족의 이야기인데, 감독의 한국인 가족이 겪은 이민의 역사와 겹친다.

피터 손 감독이 잘 아는 이야기인 동시에 수많은 생각을 하며 파고들었을 소재와 주제이다. 불만 살던 곳에서 여러 원소가 사는 곳으로 이주한 앰버 가족 이야기는 한국 교포의 삶과 겹쳐진다. 또 아시안, 흑인, 히스패닉, 그리고 백인이라도 이탈리아계, 아일랜드계 등등 다양한 인종과 섞여 살아가는 다민족 사회의 다른 소수 민족까지 연상된다.

〈엘리멘탈〉의 주인공은 교포 2세가 연상되는 앰버인데, 앰버의 가족은 불 원소들이 주로 찾는 식료품점 파이어플레이스를 운영하고 있다. 아버지 버니는 당연히 앰버가 가게를 물려받아야 한다고 생각하지만, 성질 급한 앰버가 염려스럽다.

앰버는 내심 불안하지만 아버지의 기대에 부응하려고 애쓴다. 하지만 손님이 미어터진 어느 날 진상 고객들이 쏟아지자, 앰버는 아무도 없는 지하로 내려가 참았던 분노를 폭발시켜 버린다. 그러자 사방에 불이 솟구치고, 지하실 수도 파이프가 터지면서 물이 흘러나온다. 그 물을 타고 물 종족인 웨이드가 나타나면서 둘은 만나게 된다. 도시 어딘가에서 물이 새는 바람에 앰버가 살고 있는 지역으로 물이 흘러들어 오고 있는데, 만약 대량의 물이 들어오면 불 원소인 앰버의 가족과 이웃들 모두가 위험한 상황이다. 앰버는 웨이드와 함께 엘리멘트 시티의 누수 원인을 조사해 가면서 호감을 느끼고 가까워진다. 불처럼 열정적인 앰버와 감성적이며 물 흐르듯 사는 웨이드의 사랑은 이루어질 수 있을까?

다르다는 이유로 배척당하고 비난받기도 하지만 다른 한편 서로 다른 것들이 화합할 때 새로운 것, 위대한 것이 탄생할 수 있다는 주제를 〈엘리멘탈〉은 잘 보여준다. 같은 것만 고집하며 자기 안에 틀어박힐 때 모든 것은 퇴보하기 마련이다. 앰버는 물 원소인 웨이드를 만나고, 다른 존재의 아름다움을 깨달았을 때 한 걸음 앞으로 나아갈 수 있었다. 〈엘리멘탈〉은 한국인이 보면 더욱 공감할 영화이고, 한국인이 아니어도 서로 다른 존재들이 조화를 이루고 새로운 것을 만들어내며 진전하는 모습을 보며 박수를 칠 영화다.

〈엘리멘탈〉은 만물의 근원이 물, 불, 공기, 흙의 4원소라는 고대 그리스의 이론을 바탕으로 만들어졌다. 〈엘리멘탈〉에서는 흙 대신에 마른나무로 표현하고 있다. 나무는 흙에 기반을 두고 있기에 영화에서도 나무의 밑부분에 흙덩이가 붙어 있게 표현했고, 경우에 따라 흙덩이에 작은 꽃이나 풀 또는 나무가 나 있는 모습으로 표현하고 있다.

그런데 네 개의 원소는 애초에 수학을 상정하고 만들어진 것이다. 수학에는 물, 불, 공기, 흙의 네 가지 원소를 나타내는 도형이 있고, 이 넷을 모두 아우르는 도형도 있기 때문이다. 그것이 바로 플라톤의 다섯 개의 정다면체이고, 이에 대하여 알려면 엠페도클레스까지 시대를 거슬러 올라가야 한다.

고대인은 우주가 물, 불, 공기, 흙의 4가지 기본 요소로 이루어져 있다고 여겼다. 이 4가지를 물질의 기본 요소라고 여기는 4원소설을 최초로 주장한 사람은 고대 그리스 철학자인 엠페도클레스였다. 당시에는 천동설을 믿고 있었기에 모든 우주 현상은 지구를 중심으로 해석되었다. 그래서 이들 4원소 역시 지구를 중심으로 무거운 것부터 차례로 쌓여 있다고 생각했다. 가장 무거운 흙이 맨 아래에 있고, 흙 위에 바다와 강 등의 물이 있으며, 물 위에 공기가, 다시 공기 위에 태양으로 상징되는 불이 있다고 생각했다. 그런데 여기에 신의 존재를 개입시키면서 불보다 더 높은 하늘 위에 존재하는 신의 세계에 존재하는 5번째 원소까지 생각하게 되었다.

4원소에 특별한 하나를 더해 5개의 원소가 세상의 근본이라는 구체적인 생각은 아리스토텔레스에 의해 시작되었다. 아리스토텔레스는 당시에 퍼져 있던 지식을 집대성해 자신만의 물리학을 구성했는데, 그의 물리학에 따르면 우주의 모든 물리적 현상은 달 아래 세계에서 일어나는 현상과 달보다 위의 세계인 천상계에서 일어나는 현상으로 구분된다. 달 아래 세계는 흙, 물, 공기, 불의 4원소로 이루어진 물질들이 변화하고 운동하는 세계인 반면 천상계는 완전한 세계로서 불변, 불멸의 완전한 제5원소인 에테르ether로 채워져 있으며, 천체들은 완전한 세계에 존재하는 것들이므로 완전한 운동인 원운동만 한다고 주장했다.

〈엘리멘탈〉에서는 제5원소에 대한 이런 세세한 내용은 안 나오지만 영화를 끝까지 본다면 그것이 무엇을 의미하는지 알 수 있다. 어쨌든, 아리스토텔레스는 제5원소의 작용으로 나머지 네 원소의 비율이 조절되어 우주가 균형을 이룬다고 주장하며, 천상계가 완전하다는 자신의 학설에 위배되는 혜성이나 유성, 일식과 월식 같은 현상들은 대기권 안에서 일어나는 기상학적 현상으로 치부했다. 아리스토텔레스가 제5원소인 에테르는 너무나도 가벼워 지상에는 존재하지 않는다 해서 에테르의 실체가 무엇인가에 대한 생각은 고대 과학자들과 신학자들의 주된 연구과제가 되었다. 그리고 이런 생각은 13세기경까지 유럽의 모든 이에게 일반적인 법칙이고 규칙이자 과학적이고 종교적인 사실로 받아들여졌다. 아리스토텔레스가 구축한 이런 생각은 1813년에 돌턴이 '원자론'을 발표하면서 틀린 것으로 완전히 밝혀졌다.

그런데 과학적 고찰이 부족했던 고대에서는 뭔가 수만 맞으면 서로 연결시키려는 풍조가 있었다. 예를 들면 동양에서는 우주의 기본 원소가 불, 물, 나무, 쇠, 흙 등 5가지이고, 이들이 음과 양으로 분리되어 천체를 움직인다는 음양오행설이 있다. 이런 생각은 서양도 마찬가지였다. 특히 기하학을 중요시했던 고대 그리스인은 유클리드에 의해 정다면체가 다섯 개뿐이라는 것이 밝혀지자 이들을 다섯 원소와 서로 연관 지어 생각했다. 이 일을 처음으로 시도한 사람이 바로 아리스토텔레스의 스승인 플라톤이다.

플라톤은 4가지 기본 원소의 입자는 모두 정다면체 꼴을 가지고 있다고 생각했다. 가장 가볍고 날카로운 원소인 불은 정사면체, 가장 무거운 원소인 흙은 정육면체, 가장 유동적인 원소라고 생각한 물은 가장 잘 구르는 정이십면체, 마지막으로 정팔면체는 뾰족한 두 모서리를 손가락으로 잡고 입으로 바람을 불면 바람개비처럼 돌아가기 때문에 공기라고 생각했다. 그리고 정십이면체는 우주 전체의 형태를 나타낸다고 주장했고, 뒤에 플라톤의 제자 아리스토텔레스는 정십이면체를 제5원소인 에테르의 상징으로 설정했다. 플라톤은 정십이면체에 대하여 우주를 표현한다는 특별한 역할을 부여하면서 "신은 이것을 전 우주를 위하여 쓰셨다."는 말을 남겼다고 한다. 이러한 이유로 정다면체들을 '플라톤의 입체도형'이라고 부른다.

정다면체는 각 면이 모두 합동인 정다각형이고, 각 꼭짓점에서 모인 면의 수가 같은 다면체이다. 그런데 한 정점에서의 각의 크기가 $360°$보다는 작아야 다면체를 형성할 수 있다. 이를 간단히 살펴보자.

먼저, 정삼각형을 이용하여 만들 수 있는 정다면체를 알아보자. 정삼각형의 한 내각은 $60°$이고 $60° \times 3 = 180° < 360°$이므로 각 정점에 세 개의 정삼각형을 붙일 수 있고, 이렇게 하여 만들어진 다면체가 정사면체이다.

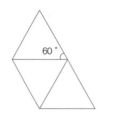

정사면체

　다음으로 각 정점에 정삼각형 네 개를 붙여서 만들어지는 정팔면체를 생각해보자. 이것은 $60° \times 4 = 240° < 360°$이므로 각 정점에 네 개의 정삼각형을 모을 수 있고 이렇게 만들어진 것과 똑같은 것을 아래에 붙이면 정팔면체가 된다.

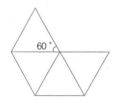

정팔면체

　마찬가지 방법으로, 정삼각형 다섯 개를 한 정점에 모으면 $60° \times 5 = 300° < 360°$이고 정이십면체를 만들 수 있다.

정이십면체

　그러나 한 정점에 정삼각형 여섯 개를 모으면 $60° \times 6 = 360°$가 되

어 평면이 되므로 여섯 개 이상의 정삼각형
으로는 정다면체를 만들 수 없다.

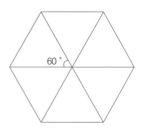

이제, 정사각형을 가지고 만들 수 있
는 정다면체를 생각해 보자. 정사각형
은 한 각의 크기가 90°이므로 각 정점에
모을 수 있는 사각형은 기껏해야 세 개이고 이렇게 하여 만들어진 것
이 정육면체이다.

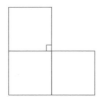

정육면체

마지막으로 정오각형의 한 각의 크기는 108°이므로
$108° \times 3 = 324° < 360°$이다. 따라서 정오각형은 각 정점에 세 개의 정
오각형을 모을 수 있고, 이렇게 하면 정십이면체가 만들어진다.

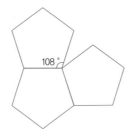

정십이면체

정육각형 이상의 정다각형은 그 한 각의 크기가 크므로 한 정점에 세
개 이상의 다각형을 모을 수 없다. 즉, 정육각형 이상의 다각형으로는

정다면체를 만들 수 없다. 따라서 정다면체는 정사면체, 정육면체, 정팔면체, 정십이면체, 그리고 정이십면체 이 다섯 가지밖에 없다.

이 영화의 제작자가 의도했는지는 정확히 알 수 없으나 주인공인 앰버와 웨이드를 정다면체로 표현하면 정사면체와 정이십면체이다. 불과 물로 완전히 극과 극이지만 불과 물을 표현하는 두 입체도형의 겉면을 이루고 있는 다각형은 모두 합동인 정삼각형이다. 즉, 극과 극이지만 시작은 모두 합동인 정삼각형이므로 둘은 포개질 가능성이 있다. 또 이들의 친구로 등장하는 웨이드의 상관인 게일은 공기인데, 공기를 표현하는 입체도형 또한 면이 정삼각형인 정팔면체이다. 따라서 불, 물, 공기는 겉면이 모두 정삼각형으로 이루어져 있으므로 서로 어울린다고 할 수 있다. 실제로 영화에서도 두 주인공은 게일의 도움을 받는다.

● ● ● 공기 주머니를 타고 비비스테리아 꽃을 보다
- 완전한 입체도형, 구

엘리멘트 시티의 누수를 찾던 앰버와 웨이드는 운하에서 물이 새는 구멍을 발견하고 그곳을 모래주머니로 막는다. 하지만 거대한 배가 오가는 운하에서 모래주머니의 힘은 너무 약하다. 웨이드와 함께 모래사장에 앉아 미래를 걱정하던 앰버는 자신의 열로 모래가 녹아 유리가되는 걸 보고는 힌트를 얻는다. 그러고는 구멍 뚫린 둑으로 달려가 모래주머니를 불로 녹여 강화유리로 만든다. 모래주머니보다 훨씬 강한 보호막이 생긴 것이다. 앰버의 재능을 본 웨이드는 감동하고 앰버에 대한 마음도 깊어져간다.

모든 것을 태워버릴 수 있는 불 원소는 출입을 금지당한 장소가 많았다. 앰버는 어릴 때, 진기한 비비스테리아 꽃을 보러갔지만 들어갈 수 없었다. 이후 비비스테리아 꽃이 있는 건물이 물에 잠겨 불 종족인 앰버는 다시는 볼 수 없게 되었다. 앰버를 사랑하게 된 웨이드는 앰버에게 비비스테리아 꽃을 보여주고 싶어 자신의 상사인 게일에게 도움을 청한다. 게일은 공기 원소이다. 게일은 물속에 커다란 공기주머니를 만들어 그 속에 앰버가 들어가게 한다. 앰버는 공기주머니를 타고 웨이드와 함께 비비스테리아 꽃이 있는 침수된 건물 안으로 들어가 들었던 비비스테리아의 환상적인 모습을 직접 보며 감격한다.

이때 게일이 만든 공기주머니는 공 모양이다. 그런데 왜 공 모양일까?

공 모양을 수학에서는 구라 한다. 구는 반원의 지름을 회전축으로 하여 1회전한 회전체이다. 구의 지름은 항상 원의 중심을 지나므로 반원의 중심은 구의 중심이 되고, 반원의

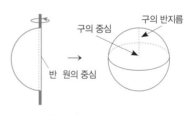

반원을 돌리면 구가 만들어진다.

반지름은 구의 반지름이다. 원은 둘레의 길이가 같은 도형 중에서 넓이가 가장 넓다. 바꾸어 말하면 넓이가 같은 도형 중에서 원이 둘레의 길이가 가장 짧다. 마찬가지로 구는 똑같은 부피의 입체도형 중에서 겉넓이가 가장 작다. 그래서 겨울잠을 자는 곰이나 뱀은 추운 외부 공기를 가장 적게 접하려고 모두 몸을 동그랗게 웅크리고 잔다. 동그랗게 웅크려 구와 같은 모양을 만들면 외부 공기와 닿는 면적을 최소화

하여 몸의 열을 최소로 뺏기는 것이다. 겨울잠을 자는 동물과 마찬가지로 우리도 추우면 몸을 동그랗게 웅크리고 잔다.

한편, 좀 복잡할 수 있으나 구를 수학적으로 표현하면 다양한 분야에서 활용할 수 있다.

원은 평면에서 한 점을 중심으로 하고, 이 점에서 같은 거리에 있는 점을 모두 모아놓은 도형이다. 비슷하게 구는 공간에서 한 점을 중심으로 하고, 이 점에서 같은 거리에 있는 점을 모두 모아놓은 도형이다. 즉, 공간에서 한 점 C로부터 일정한 거리에 있는 점 P의 집합을 구라 하며, 점 C를 구의 중심, 선분 CP를 구의 반지름이라고 한다.

좌표공간에서 점 C(a, b, c)를 중심으로 하고 반지름의 길이가 r인 구의 방정식을 피타고라스 정리를 이용하여 구할 수 있다. 피타고라스 정리를 공간에 적용하면 두 점 A$(x_1,\ y_1,\ z_1)$과 B$(x_2,\ y_2,\ z_2)$사이의 거리는

$$\overline{AB}=\sqrt{(x_2-x_1)^2+(y_2-y_1)^2+(z_2-z_1)^2}$$

이다. 이를 이용하면 구의 방정식을 구할 수 있다.

오른쪽 그림과 같이 구 위의 한 점을 P(x, y, z)라 하면 $\overline{CP}=r$이므로 피타고라스 정리에 의하여

$$\sqrt{(x-a)^2+(y-b)^2+(z-c)^2}=r$$

이고, 이 식의 양변을 제곱하면

$$(x-a)^2+(y-b)^2+(z-c)^2=r^2\cdots\cdots ①$$

이다.

또, 방정식 ①을 만족시키는 점 P$(x,\ y,\ z)$는 $\overline{CP}=r$이므로 점 C를 중심으로 하고 반지름의 길이가 r인 구 위에 있다.

따라서 ①이 구하는 구의 방정식이다.

특히, 중심이 원점이면 $C(a, b, c) = C(0, 0, 0)$이므로 ①로부터 반지름의 길이가 r인 구의 방정식은

$$x^2 + y^2 + z^2 = r^2$$

이다.

한편, 구의 방정식 $(x-a)^2 + (y-b)^2 + (z-c)^2 = r^2$의 좌변을 전개하여 정리하면

$$x^2 + y^2 + z^2 - 2ax - 2by - 2cz + a^2 + b^2 + c^2 - r^2 = 0$$

이다. 따라서 구의 방정식은 다음과 같은 x, y, z에 대한 이차방정식으로 나타낼 수 있다.

$$x^2 + y^2 + z^2 + Ax + By + Cz + D = 0 \quad \cdots\cdots ②$$

방정식 ②는

$$\left(x + \frac{A}{2}\right)^2 + \left(y + \frac{B}{2}\right)^2 + \left(z + \frac{C}{2}\right)^2 = \frac{A^2 + B^2 + C^2 - 4D}{4}$$

로 변형된다. 이때 $A^2 + B^2 + C^2 - 4D > 0$이면 ②가 나타내는 도형은

중심의 좌표가 $\left(-\dfrac{A}{2}, -\dfrac{B}{2}, -\dfrac{C}{2}\right)$,

반지름의 길이가 $\dfrac{\sqrt{A^2 + B^2 + C^2 - 4D}}{2}$

인 구이다.

수학에서 차원을 자연스럽게 확장할 수 있으므로 3차원을 넘어, n차원에서도 구의 방정식을 생각할 수 있다.

즉, 중심이 점 $(a_1, a_2, \cdots, a_n)$이고, 반지름의 길이가 r인 n차원 구 (n-dimensional sphere)는 다음을 만족하는 모든 점 $(x_1, x_2, \cdots, x_n)$의 집

합이다.

$$(x_1-a_1)^2+(x_2-a_2)^2+\cdots+(x_n-a_n)^2=r^2$$

앞에서 다룬 구는 표면을 뜻하기도 하고 입체로서의 구를 뜻하기도 하는데, 구의 방정식은 표면의 방정식을 뜻하고, 부피를 구할 때는 입체로서의 구를 뜻한다. 반지름의 길이가 r인 구의 겉넓이는 $4\pi r^2$이고, 부피는 $\frac{4}{3}\pi r^3$이다.

따라서 앰버가 들어가 있던 구의 겉넓이와 부피는 앰버의 크기에 따라 달라질 수 있는데, 영화에서는 시간이 지날수록 공기주머니 안의 산소가 줄어들며 앰버가 작아지고, 그에 따라 공기주머니인 구의 크기도 작아지는 것을 볼 수 있다.

● ● ●　　웨이드의 눈물 – 운립의 모양과 크기

앰버를 좋아하는 웨이드와, 그의 가족은 물 원소이고 그들은 슬프거나 기쁜 말로 상대방을 울게 만드는 것이 특기이자 자랑이다. 영화 중간 중간에 눈물을 자주 흘리는 웨이드를 볼 수 있다.

둑이 터지는 것을 막기 위해 앰버가 만든 강화유리도 수압을 견디지 못하고 결국 깨져버린다. 파이어플레이스는 완전히 침수되고 앰버는 물속에 갇히고 웨이드는 앰버를 구하러 온다. 앰버의 열기로 물이 끓으면서 웨이드는 점점 수증기로 변해간다. 웨이드는 "네 빛이 일렁일 때가 정말 좋더라."라는 말을 하며 사랑을 고백한 뒤 증발해버린다. 웨이드를 잃고 앰버는 슬픔에 겨워 흐느낀다. 이때 앰버의 눈앞에 물방울이 하나둘 떨어진다. 웨이드는 완전히 사라진 것이 아니라 천장에 습기 형태로 붙어 있었는데, 슬픔 때문에 눈물을 흘리며 다시 살아나기 시작한 것이다.

영화에서 웨이드는 오른쪽 그림처럼, 우리가 흔히 상상하는 물방울 형태로 떨어지는데, 정말 물방울은 이렇게 떨어질까? 웨이드의 눈물을 빗방울이라고 생각하고 어떤 모양인지 알아보자.

빗방울의 정확한 모양을 알려면 우선 구름이 어떻게 만들어지는지 그 과정을 알아야 한다. 수증기를 품은 지상의 공기가 상승하면 구름이 생긴다. 그런데 공기가 가질 수 있는 수증기의 양은 한계가 있으며, 기온이 높을수록 많은 수증기를 가질 수 있다. 지상의 공기는 위로 올라갈수록 온도가 낮아지기에 공기가 가질 수 있는 수증기의 양이 줄어든다. 그래서 처음 가지고 있던 수증기 중 일부가 상공으로 올라가면서 점차 물이나 얼음 알갱이로 바뀌고, 그들이 무수히 모여 구름이 된다. 이때 생긴 물이나 얼음의 알갱이를 '구름의 씨앗'이란 뜻으로 '운립雲粒'이라 한다.

처음 만들어지는 운립은 매우 작아 지름이 약 0.01mm인 동그란 공 모양이며, 사람 머리카락 굵기의 $\frac{1}{5}$정도라고 한다. 대개 1기압, 4℃에서 순수한 물 1L는 1kg으로 물의 부피는 무게와 같으므로 반지름이 r인 구의 부피 공식 $\frac{4}{3}\pi r^3$을 이용하면, 반지름이 0.005mm인 운립의 무게는 약 5마이크로그램(5μg)이다.

따라서 이 정도로 작은 운립은 공기의 저항 때문에 지상으로 떨어지지 않고 하늘에 떠다닌다. 운립은 주위의 수증기를 끌어들이기도 하고 서로 부딪쳐 달라붙으며 커진다. 이윽고 무거워진 운립은 점차 낙하하며 다시 작은 운립을 끌어들이며 더 커지고 마침내 지름이 1~2mm인 빗방울로 성장한다. 이렇게까지 커지면 아무리 상승기류가 있어도 계속 떠다닐 수 없기에 비의 형태로 지상에 낙하하는 것이다. 하늘에서 떨어지기 직전 빗방울은 운립 지름의 약 100배 정도 되는 구 모양이므로 빗방울의 부피와 무게는 운립의 약 100만 배이다. 운립은 공중에 떠다니는데 빗방울은 낙하하는 이유는 이만큼 부피와 무게의 차이가 있기 때문이다.

전부 물방울로 된 구름에서 내리는 비를 '따뜻한 비'라고 한다. 더 높은 곳에 있는 구름에는 물로 된 운립뿐 아니라 빙정이라는 얼음 알갱이도 있다. 빙정은 공기 속의 수증기를 끌어들여 커지면서 눈이 된다. 추운 겨울에는 눈이 그냥 내리지만, 기온이 따뜻하면 눈은 낙하하다가 도중에 녹으며 비로 내린다. 이렇게 내리는 비를 '차가운 비'라고 한다.

따뜻한 비든 차가운 비든 빗방울은 처음에 구 모양을 유지하다가 점차 수증기나 운립을 덧붙이며 무게가 늘어나면 지상으로 떨어진다. 빗방울은 지름이 2mm 미만일 때는 떨어지는 동안에도 물 분자 사이의 수소 결합으로 발생하는 물방울의 표면장력으로 둥근 모양을 유지한다. 빗방울의 지름이 2mm를 넘으면 빗방울은 속도를 얻으며 낙하하기에 공기 압력이 빗방울의 바닥을 밀어붙인다. 그래서 떨어지는 빗방울의 아랫부분은 찌부러지게 되고, 마침내 냄비 바닥처럼 평평해진다. 이때 빗방울의 아랫부분은 평평하고 윗부분은 둥글기에 빗방울의 전체 모양은 우리가 겨울에 먹는 호빵과 비슷하게 된다.

빗방울이 지상으로 낙하하는 과정에서 다른 빗방울과 합쳐져 지름이 4mm 정도에 이르면 바닥은 움푹 들어가며 작은 빗방울 두 개로 쪼개진다. 빗방울의 크기는 다양하여 0.5mm쯤 되는 작은 것부터 지름이 5mm나 되는 큰 것이 만들어지기도 한다. 하지만 큰 빗방울은 대부분 지름이 4mm 미만인 두 개의 빗방울로 쪼개

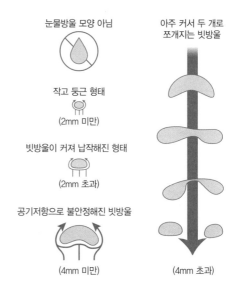

져 내린다. 결국 우리가 맞는 빗방울은 흔히 생각하는 눈물 모양이 아닌 호빵 모양이다. 물론 안개비나 이슬비의 경우에는 빗방울의 지름이 2mm 미만이므로 동그란 모양을 유지하며 내린다.[1]

영화에서 웨이드는 물방울로 천장에서 바닥으로 뚝뚝 떨어지다가 마침내 충분한 양이 되어 앰버와 재회하게 된다. 불과 물, 상극인 앰버와 웨이드는 서로의 사랑을 확인하고 새로운 삶을 개척하려 함께 길을 떠나게 된다. 〈엘리멘탈〉은 서로 대립하는 원소라도, 다양한 조화를 통해서 함께할 수 있고 위대한 결과를 창조할 수 있음을 보여주고 있다.

1) 라파엘 로젠 저, 김성훈 역, 《세상을 움직이는 수학 개념》, 반니, 2015, pp 45~46.

상처투성이 수학 천재의 이야기

굿 월 헌팅

- 그래프와 인접행렬
- 필즈메달

굿 월 헌팅　　미국, 1998년

감독
구스 반 산트

출연
로빈 윌리암스 (숀 맥과이어 역)
맷 데이먼 (월 헌팅 역)
벤 애플렉 (처키 설리번 역)

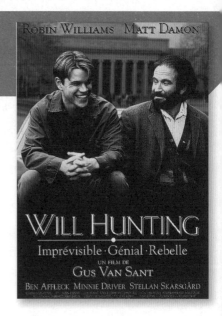

● ● ● 세상에 가시를 세운 수학 천재

'아무도 풀지 못한 문제에 누구든 도전하라.' '문제를 푼다면 수제자로 삼아주겠다.' 최고의 인재들이 모인 MIT 공대의 수학과 교수 램보는 학생들을 도발했다. 문제를 푸는 학생이 수업 시간에는 없자 학교 복도에 걸린 칠판에 수학 문제를 쓰고, 누군가 풀어내길 기다렸다. 학생들은 바라만 봤다. 말 그대로 아무도 풀지 못했다. 매우 어려운 문제였다.

어느 날, 문제 밑에 해답이 달렸다. 그러자 수학과는 물론 대학 내의 화제가 되었다. 모두가 그 주인공을 궁금해하지만 램보 교수의 강의실 안에서 자신이 풀었다고 나서는 이는 없었다. 그래서 램보 교수는 또 다른 문제를 냈다. 문제를 푼 학생이 나타나주길 바라면서. 그리고 어느 날 램보 교수는 조교와 함께 강의실을 나오다가 복도 칠판에 낙서를 하고 있는 이를 보게 되었다. 두 문제를 모두 맞춘 교수의 '수제자'는 학교 청소부로 일하는 윌 헌팅이었다.

윌 헌팅, 정규교육 이수하지 못함. 성격 나쁨. 친구 별로 없음. 좋아하는 수학과 가까이 있고 싶어서 굳이 MIT에 청소부로 입사. 특기는 읽은 책 모두 기억하기. 취미는 바에서 만난 잘난 척 하는 대학생들과 주먹다짐하기. 이로 인해 이력서를 붉게 물들인 폭력 전과 다수. 반짝이는 어린 지성들을 갈구하던 램보 교수와 세상을 향해 잔뜩 가시를 세운 수학 천재, 윌이 만난 것이다.

● ● ● 너와 내가 이어지는 선 - 그래프

학교 청소부로 일하는 윌이 램보 교수가 복도 칠판에 써놓은 행렬 문제를 풀고 있다. 이를 보고 교수는 낙서를 한다고 야단치지만 정답인 걸 알고 놀란다. 〈굿 윌 헌팅〉 중에서.

여기서 잠깐 램보 교수가 매우 어려운 문제라며 복도에 적어 놓았던 두번째 문제를 살펴보고 가자.

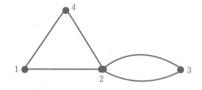

① 위 그래프의 인접행렬을 구하여라.

② 인접행렬로 경로의 길이가 3인 경우를 구하여라.

③ 꼭짓점 i에서 j로 가는 경로의 생성함수를 구하여라.

④ 꼭짓점 1에서 3으로 가는 경로의 생성함수를 구하여라.

우리도 영화의 주인공이 되어 이 문제를 잠시 풀며 램보 교수가 과연 얼마나 어려운 문제를 냈는지 알아보자. 여기서는 문제의 수준을 가늠하는 정도로만 풀기 위해 1번과 2번을 풀어본다(3번과 4번도 그리 어려운 문제는 아니지만 두 문제를 해결하려면 좀 긴 설명이 필요하기 때문에 여기서는 생략한다).

이 문제를 풀기 위하여 우리는 먼저 그래프에 대하여 알아야 한다.

그래프는 램보 교수가 낸 문제의 그림에서와 같이 꼭짓점과 꼭짓점을 잇는 변으로 이루어진 도형이다. 보통 그래프는 꼭짓점의 집합 V, 변의 집합 E에 대하여 $G = (V, E)$로 나타낸다. 이를테면 위의 그림에서와 같은 그래프의 꼭짓점의 집합은 $V = \{1, 2, 3, 4\}$이고, 변의 집합은 $E = \{(12), (14), (23), (23), (24)\}$이다. 변 (23)에서 2와 3은 각각 꼭짓점을 나타내는 것으로 (23)은 두 꼭짓점 2와 3을 잇는 변이 있다는 뜻이다. 변 (23)은 (32)로도 나타낼 수 있다.

위의 그래프에서 꼭짓점 2와 꼭짓점 3을 잇는 변은 서로 다른 것이 2개 있는데, 이런 경우를 다중변이라고 한다. 그래프에서 한 꼭짓점에 연결된 변의 개수를 그 꼭짓점의 차수라고 한다. 예를 들어 위의 그래프에서 꼭짓점 1, 2, 3, 4의 차수는 각각 2, 4, 2, 2이다.

그래프의 한 꼭짓점에서 이어진 변을 따라 또 다른 꼭짓점으로 이동할 때, 순서대로 지나간 꼭짓점을 나열한 것을 경로라고 한다. 이때 경로에 있는 변의 개수를 그 경로의 길이라고 한다. 예를 들어 꼭짓점 1에서 꼭짓점 3으로 갈 수 있는 경로는 123과 1423이 있고, 경로 123은 길이가 2이고 경로 1423은 길이가 3이다. 또 꼭짓점 1에서 꼭짓점 3으로는 경로 1421423으로도 갈 수 있고, 이때 경로의 길이는 6이다.

한편 꼭짓점 1에서 꼭짓점 4로 가는 경로 가운데 길이가 3인 것은 경로 1214와 1414 두 개가 있다. 그런데 경로의 길이가 주어졌을 때 그에 해당하는 경로를 일일이 따져서 구하기는 매우 번거롭고 지루한 작업이 필요하다. 이것을 간단히 해결할 수 있는 방법이 바로 행렬을 이용하는 것이다.

● ● ● 다른 선을 그려온 인생이 만나는 지점 – 인접행렬의 이해

행렬이란 여러 개의 수 또는 문자를 직사각형 모양으로 배열하고 괄호로 묶어 놓은 것을 말하며, 행렬을 구성하는 각각의 수나 문자를 그 행렬의 성분이라고 한다. 이때 행렬에서 가로의 각 줄을 행이라고 하고, 위에서부터 차례로 제1행, 제2행, 제3행…이라고 한다. 또 행렬에서 세로의 각 줄을 열이라고 하고, 왼쪽에서부터 차례로 제1열, 제2열, 제3열…이라고 한다.

다음은 행렬 A와 A의 열과 행을 표시한 것으로, 행렬 A의 제1열의 성분은 0, 2, 7이고 제2행의 성분은 2, 23, 7, 2이다.

$$A = \begin{pmatrix} 0 & 3 & 5 & 15 \\ 2 & 23 & 7 & 2 \\ 7 & 7 & 3 & 19 \end{pmatrix}$$

제2열, 제4열

$$\begin{pmatrix} 0 & 3 & 5 & 15 \\ 2 & 23 & 7 & 2 \\ 7 & 7 & 3 & 19 \end{pmatrix}$$

제1열, 제3열

제1행 → 제2행 → 제3행 →

$$\begin{pmatrix} 0 & 3 & 5 & 15 \\ 2 & 23 & 7 & 2 \\ 7 & 7 & 3 & 19 \end{pmatrix}$$

일반적으로 m개의 행과 n개의 열로 이루어진 행렬을 $m \times n$ 행렬이라고 한다. 특히 행의 개수와 열의 개수가 같은 행렬을 정사각행렬이라고 하고 $n \times n$ 행렬을 n차 정사각행렬이라고 한다. 이를테면 위에 주어진 행렬 A는 행이 3개이고 열이 4개이므로 3×4행렬이고, 행의 개수와 열의 개수가 같지 않으므로 정사각행렬은 아니다.

사실 행렬은 역사적으로 서양에서보다 동양에서 먼저 이용한 오래된 수학의 한 분야이다. 또한 그 활용 범위도 대단히 넓기 때문에 자세히 알아두면 매우 편리하다. 그러나 일반적인 $m \times n$ 행렬에 대한 여러 가지 성질은 매우 방대하기 때문에 여기서는 2차 정사각행렬을 이용하여 행렬의 곱셈에 대하여만 알아보자.

두 2차 정사각행렬 A, B의 곱$=AB$는 다음과 같이 정의한다.

$$A = \begin{pmatrix} a & b \\ c & d \end{pmatrix}, \ B = \begin{pmatrix} e & f \\ g & h \end{pmatrix} \text{일 때, } AB = \begin{pmatrix} ae+bg & af+bh \\ ce+dg & cf+dh \end{pmatrix}$$

이를테면

$$\begin{pmatrix} 2 & 4 \\ 1 & 3 \end{pmatrix} \begin{pmatrix} 3 & 1 \\ 2 & 1 \end{pmatrix} = \begin{pmatrix} 2 \times 3 + 4 \times 2 & 2 \times 1 + 4 \times 1 \\ 1 \times 3 + 3 \times 2 & 1 \times 1 + 3 \times 1 \end{pmatrix}$$
$$= \begin{pmatrix} 14 & 6 \\ 9 & 4 \end{pmatrix}$$

이다.

그래프와 행렬의 기본적인 내용을 알아보았으므로 이제 그래프와 행렬을 연결시켜서 생각해보자.

그래프 G의 꼭짓점이 x_1, x_2, $\cdots$, x_n이라 할 때, $a_{ij} = (x_i, x_j$를 잇는 변의 수)로 정의되는 a_{ij}를 성분으로 하는 정사각행렬을 그래프 G의 인접행렬이라고 하고 $A(G)$로 나타낸다. 여기서 우리는 간단히 그래프 G의 인접행렬을 A라 하자. 영화에서 나왔던 그래프의 인접행렬을 구해보면 쉽게 이해가 될 것이다.

램보 교수가 냈던 문제의 그래프에 대하여 4개의 꼭짓점의 번호를 행렬의 위와 옆에 행과 열을 나타내기 위해 적는다. 인접행렬의 첫 번째 행을 구해보자. 꼭짓점 1과 꼭짓점 1을 잇는 변은 없으므로 0, 꼭짓점 1과 꼭짓점 2를 잇는 변은 1개이므로 1, 꼭짓점 1과 꼭짓점 3을 잇는 변은 없으므로 0, 꼭짓점 1과 꼭짓점 4를 잇는 변은 1개이므로 1이다. 따라서 인접행렬의 1행은 (0 1 0 1)이다. 인접행렬의 다른 행도 이와 같은 방법으로 구한다. 그리고 위의 그래프의 인접행렬을 구한 것이 바로 다음과 같은 행렬 A로, 영화에서 램보 교수가 냈던 문제 1번의 해답이다.

$$A = \begin{matrix} & \begin{matrix} 1 & 2 & 3 & 4 \end{matrix} \\ \begin{matrix} 1 \\ 2 \\ 3 \\ 4 \end{matrix} & \begin{pmatrix} 0 & 1 & 0 & 1 \\ 1 & 0 & 2 & 1 \\ 0 & 2 & 0 & 0 \\ 1 & 1 & 0 & 0 \end{pmatrix} \end{matrix}$$

이제 문제 2번의 해답을 알아보자. 영화에서 문제 2번은 '인접행렬로 경로의 길이가 3인 경우를 구하여라.'였다. 그런데 길이가 3인 경로를 구하는 것은 간단히 인접행렬 A를 3번 곱하면 된다. 마찬가지로 경로의 길이가 5인 것을 구하고 싶을 때는 인접행렬을 5번 곱하면 되고, 경로의 길이가 100인 것을 구하고 싶을 때는 인접행렬을 100번 곱하면 되는 것이다. 실제로 경로의 길이가 3인 것을 구하기 위하여 A를 세 번 곱하면 다음과 같다.

$$A^3 = \begin{pmatrix} 0 & 1 & 0 & 1 \\ 1 & 0 & 2 & 1 \\ 0 & 2 & 0 & 0 \\ 1 & 1 & 0 & 0 \end{pmatrix} \begin{pmatrix} 0 & 1 & 0 & 1 \\ 1 & 0 & 2 & 1 \\ 0 & 2 & 0 & 0 \\ 1 & 1 & 0 & 0 \end{pmatrix} \begin{pmatrix} 0 & 1 & 0 & 1 \\ 1 & 0 & 2 & 1 \\ 0 & 2 & 0 & 0 \\ 1 & 1 & 0 & 0 \end{pmatrix}$$

$$= \begin{pmatrix} 2 & 7 & 2 & 3 \\ 7 & 2 & 12 & 7 \\ 2 & 12 & 0 & 2 \\ 3 & 7 & 2 & 2 \end{pmatrix}$$

꼭짓점 1에서 꼭짓점 1로 가는 길이가 3인 경로를 실제로 구하면 1421과 1241의 2개뿐이고, 꼭짓점 1에서 꼭짓점 3으로 가는 길이가 3인 경로는 1423, 1423이다. 이 경우 꼭짓점 2와 꼭짓점 3을 연결하는 변이 2개 있으므로 서로 다른 것으로 생각한다. 마찬가지로 꼭짓점 1에서 꼭짓점 4로 가는 길이가 3인 경로는 1214, 1414, 1424의 3개뿐이다. 행렬의 곱셈 결과에 의하면 꼭짓점 1에서 꼭짓점 2로 가는 길이가 3인 경로는 모두 7개 있는데 이것은 독자 여러분이 직접 찾아보기를.

수학을 전공하는 학생들은 행렬을 대학 1학년 또는 2학년 때 배우고, 그래프는 대학 3학년 또는 4학년 때 배운다. 공부를 잘하는 학생의 경우는 이 모든 것을 학년에 상관없이 알 수 있는 기본적이 사실이다. 램보 교수가 낸 문제는 영화에서처럼 수학의 천재만 풀 수 있는 것이 아니라, 대부분의 수학과 학생이면 누구나 쉽게 해결할 수 있는 문제이다. 하지만 수학을 전공하지 않는 일반인들에게는 매우 어려워 보일 것이기 때문에 아마도 구스 반 산트 감독은 이런 문제로 대충 수학의 어려움을 표현하려고 한 것 같다.

● ● ● **필즈상 수상자가 심리학자에게 수학 천재를 부탁하다**

사연 있는 천재만큼 눈에 띄는 캐릭터가 있을까. 윌이 마치 낙서하듯 복도 칠판의 문제를 풀고 사라지자 램보 교수는 그를 찾아 나선다. 폭행죄로 재판 중이며 보호관찰 대상에 올라 있는 윌을 찾아낸 그는 월에게 더없이 매력적이자 귀찮은 조건을 내걸었다. '매주 나와 만나서 수학을 연구할 것, 그리고 심리 치료를 받을 것.'

월은 수감 대신 교수의 제안을 받아들인다. 모든 것이 명쾌한 하나의 답이 정해진 수의 세계에서 월은 안정감을 얻지만, 수학을 하기 위해 받아야 하는 상담은 골칫거리였다. 이리저리 심리 치료를 거부하고, 의사를 조롱하며 패인 마음의 상처를 혼자 끌어안으려 자못 위악을 부린 이유는 세상은 $1+1=2$로 요약되는 수의 세계와는 다르다는 걸, $1+1$은 때로 3도, 0도 될 수 있는 곳이란 걸 일찌감치 온몸으로 깨달아버렸기 때문이다.

결국 램보 교수는 자신의 친구이자 심리학 교수인 숀에게 월을 맡긴다. 엘리트의 길을 밟아간 램보와는 달리 인생의 내적 충만함을 좇은 숀. 대학시절 절친한 룸메이트였지만 서로의 길을 이해하지 못하고 멀어진 친구이다. 램보가 숀을 찾아갔을 때 마침 그는 한창 수업을 진

**손발이 척척 맞는 절친 사이,
맷 데이먼과 벤 애플렉**

〈굿 윌 헌팅〉은 맷 데이먼이 하버드 재학 시절 과제로 작성한 단편소설로, 빈민가에 사는 수학 천재 '윌 헌팅'이 세상에 마음의 문을 열어가는 과정을 담은 이야기이다. 하버드대 영문학과를 중퇴한 맷 데이먼은 막역한 친구 사이였던 벤 애플렉에게 소설을 보여주었고, 둘은 짧은 이야기를 장편영화의 시나리오로 만들었다. '어두운 과거를 지닌 천재의 자아 찾기'란 소재 자체는 진부하나 소재를 끌어가는 이야기와 연출의 힘으로 1998년 아카데미 각본상을 수상했다. 손발이 척척 맞는 맷 데이먼과 벤 애플렉은 〈굿 윌 헌팅〉 이후 각자 다른 성격의 필모그래피를 쌓아올리며 각자의 길을 가는 듯 했으나, 2007년 뉴욕 양키스 선수 부인들의 이야기를 다룬 〈The Trade〉를 만들고자 의기투합했다. 법적인 문제가 복잡해지며 프로젝트는 무산됐지만 2012년 다시 뭉쳤다. 아일랜드 출신 범죄 조직 보스인 휘트니 부글러의 전기 영화를 만들기로 한 것이다. 맷 데이먼이 주인공 휘트니 부글러를 연기하고, 벤 애플렉이 연출을 맡는다. 〈The Trade〉는 이 작업이 끝난 이후 재개할 예정이다.

행하고 있었다. 램보가 숀의 강의실로 들어서자 숀은 램보를 대단히 유명하고 훌륭한 수학자이며, '필즈 메달리스트'로 램보를 소개한다.

도대체 필즈 메달리스트가 무엇이기에 숀은 램보를 그리 거창하게 소개했을까?[1]

세계에서 가장 유명한 상은 아마도 노벨상일 것이다. 상금도 어마어마하지만 100년 이상 수상자를 배출한 권위를 갖고 있기 때문이다. 그런데 노벨상은 수학 분야의 수상자를 뽑지 않는다. 노벨상에서 수학이 빠진 것에 대하여 여러 가지 설이 있지만 모두 정확한 것은 아니다. 그런 설 가운데 노벨이 수학에 관심이 없었고, 수학은 실용적인 분야가 아니라고 여겼기 때문이라는 것이 가장 유력하다. 노벨상이 처음 만들어질 때 선정된 5개 분야에서 생리의학을 제외한 물리와 화학, 문학, 그리고 평화는 노벨이 평소 큰 관심을 보인 분야다. 또 그는 유언으로 '발명이나 발견'처럼 실질적으로 인류 복지에 기여한 사람에게 상을 주도록 했다. 실제 물리학상을 보면 초기 18년 동안 실험물리학 분야에서만 수상자가 나왔으며 이론물리학은 1919년에야 막스 플랑크가 양자론으로 처음 받았다.

노벨상에 수학상이 없는 이유로 항상 빠지지 않는 이야기가 두 가지 있다. 하나는 프랑스인들과 미국인들이 주로 얘기한 연적설이다. 노벨이 한 여자를 두고 수학자 미타그레플레르Mittag-Leffler와 삼각관계였다는

노벨상 메달

1) 국제 수학 연맹(https://www.mathunion.org/)

것, 다른 하나는 스웨덴 사람들이 했던 말로 노벨 수학상이 있었다면 당시 스웨덴 최고의 수학자인 미타그레플레르가 자신이 첫 수상자가 되도록 영향력을 발휘했을 거라는 것이다. 그래서 미타그레플레르와 사이가 좋지 않았던 노벨이 수학상을 만들지 않았다는 얘기다.

실제로는 노벨이 주로 스웨덴을 떠나 프랑스 등에서 생활한데다 미타그레플레르와 교류가 거의 없었기 때문에 이 이야기들은 사실일 가능성은 거의 없다. 하지만 호사가들의 입방정 덕에 노벨상에 수학상이 없는 이유를 말할 때 지금도 가장 먼저 언급되고 있다.

어떤 이유에서든 수학계는 노벨상에 수학이 빠진 것을 매우 안타까워했다. 그래서 나온 게 필즈상Fields Medal이다. 하지만 필즈상은 40세 이하의 수학자에게만 주어지고, 4년에 한 번 선정되는데다 노벨상과는 비교가 안 될 정도로 적은 상금을 줄 뿐이다(15000캐나다달러, 약 1500만 원). 하지만 필즈상을 받은 수학자야말로 전 세계의 수학자가 인정하는 수학의 천재임을 증명하는 것으로 노벨상을 뛰어넘는 대단한 권위를 가지고 있다.

필즈상은 4년마다 40세 이하의 젊은 수학자에게 수여되기 때문에 뛰어난 업적을 이루었다고 해서 수학자들이 모두 받기 어렵다. 그래서 수학계는 관련된 다른 여러 가지 상을 제정한다.

수학 관련 여러 상 가운데 필즈상이 가장 권위가 있는 것은 말할 나위도 없다. 필즈상의 공식적인 이름은 '수학에서 뛰어난 발견에 관한 국제 메달(International Medal for Outstanding Discoveries in Mathematics)'이며, 캐나다의 수학자 존 필즈John C. Fields의 노력으로 만들어졌다. 그는 1924년 캐나다의 토론토에서 국제수학자총회(International Congress of

수학계 관련 여러 상들

상명	제정연도	주관	선정분야	상금	비고
필즈상	1936	국제 수학자연맹	수학	1만 5000 캐나다 달러	40세 이하, 4년마다 선정
발잔상	1961	국제발잔재단	문학 · 윤리학 · 예술, 물리학 · 수학 · 자연과학 · 의학	100만 스위스 프랑	두 분야에서 2개씩 총 4개 분야 선정
튜링상	1966	미국 계산기 학회	컴퓨터	25만 달러	
울프상	1978	이스라엘 울프재단	수학, 농학, 화학, 의학, 물리학, 예술	10만 달러	
크라포드상	1982	스웨덴 왕립 과학아카데미	천문학 수학, 생명과학, 지구과학, 다발성관절염	100만 스웨덴 크로나	4년 단위로 분야를 바꿔 가며 선정
레반린나상	1981	국제수학자 연맹	응용수학 (정보과학)	1만 5000 캐나다 달러	4년마다 선정
바우어 과학상	1990	미국 프랭클린 연구소	지구과학, 화학, 컴퓨터 · 인지과학, 전자공학, 생명과학, 물리학, 경영리더십	25만 달러	
아벨상	2003	노르웨이 정부	수학	600만 노르웨이 크로나	
라마누잔상	2005	국제수학자 연맹	수학	1만 5000 달러	45세 미만
가우스상	2006	국제수학자 연맹	수학	1만 유로	4년마다 선정
천상	2010	국제수학자 연맹	수학	50만 달러	4년마다 선정, 25만 달러는 수학 분야에 기부
카빌상	2007	카빌재단	천문학, 나노과학, 유전학	100만 달러	

Mathematics)를 주관하고 이 상의 후원자를 모았다. 국제수학자총회는 4년마다 한 번씩 열리며, 그곳에서 필즈메달의 수상자를 선정하여 수상한다. 존 필즈는 비망록에 필즈메달에 관해 이런 코멘트를 남겼다.

'이미 완성된 업적을 표창하지만 이 상을 수상한 사람은 그 분야에서 더 뛰어난 성취를 위해 용기를 북돋우며 다른 새로운 분야에서의 노력을 자극한다는 것을 알게 될 것이다.'

필즈상을 좀 더 자세히 알아보자.

필즈 메달은 캐나다의 의사이자 조각가인 타이트 맥켄지R. Tait McKenzie가 1933년에 디자인했는데, 앞면에는 고대 그리스 수학자인 아르키메데스의 초상화가 있고, 그 주변으로 '자신의 한계를 넘어 세상을 움켜줘라.'는 글이 새겨져 있다. 또 메달을 디자인한 해인 '1933년'을 로마 숫자로 하면 'MCMXXXⅢ'인데, 900을 뜻하는 CM을 CN으로 잘못 새겨졌다. 그래서 MCMXXXⅢ이 아닌 MCNXXXⅢ이 새겨졌으나 지금까지 그대로 사용하고 있다.

한편, 뒷면은 '전 세계에서 모인 수학자들이 당신의 뛰어난 업적에 이 상을 드립니다'라고 새겨있으며, 그 뒤로 올리브 나뭇가

지와 아르키메데스의 무덤을 의미하는 원기둥과 구가 새겨있다. 아르키메데스는 자신이 발견한 원뿔, 구, 원기둥의 부피의 비가 1:2:3인 것을 매우 자랑스럽게 생각하여 자신의 묘비에 이것을 새겨 달라고 유언으로 남겼다.

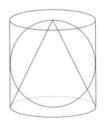

마지막으로 메달의 옆면에는 메달을 받은 사람의 이름이 새겨지게 된다. 2022년 7월에 우리나라 출신의 미국인 허준이 교수가 필즈상을

받았다. 그래서 허준이June E Huh의 이름이 메달 옆면에 새겨져 있다.

필즈메달은 40세 이전에 뛰어난 업적을 이룩했거나 가까운 장래에 완성할 것으로 인정되는 사람이 받을 수 있다. 1936년부터 시상한 필즈메달은 1962년까지 매번 두 명의 수상자를 선정했다. 하지만 수학의 분야가 점점 넓어지고 있고 뛰어난 업적이 많이 나왔기 때문에 1966년부터 수상자를 4명 이하로 늘렸다.

1998년 국제수학자대회의 개최회의에서 앤드류 와일즈는 '페르마의 마지막 정리(n이 2보다 큰 자연수일 때 $x^n + y^n = z^n$을 만족하는 0이 아닌 정수해 (x, y, z)는 존재하지 않는다는 정리이다)'를 증명한 공로가 인정되어 국제수학자협회(International Mathematical Union)에서 특별상을 수상했다. 페르마의 마지막 정리를 증명한 마지막 판이 완성되었을 때 와일즈는 40을 넘긴 나이여서 필즈메달을 수상할 수 없었다. 국제수학자협회에서는 와일즈의 뛰어난 업적에 찬사를 보내기 위하여 'Silver Plaque'라는 특별상을 만들어 상을 수여했다.

한편 러시아의 수학자 그리고리 페렐만은 100년 간의 난제였던 '푸앵카레 추측'을 풀어내 2006년 필즈상 수상자로 선정되었으나 거절했다. 페렐만은 필즈상을 거부한 첫 수학자인 셈이다. 그러고는 잠적한 뒤 은둔 생활을 하고 있다.

우리나라에서 개최된 2014년 국제수학자대회에서 이란 출신의 미국 수학자인 마리암 미르자하니가 여성 최초로 필즈상을 받았고, 두 번째 필즈상 여성 수학자는 2022년의 우크라이나의 마리나 뱌조우스카이다.

필즈상 수상자들

연도	개최지	이름
1936	노르웨이 오슬로	라르스 알포르스(핀란드), 제시 더글러스(미국)
1950	미국 케임브리지	로랑 슈와르츠(프랑스), 아틀레 셀베르그(노르웨이)
1954	네덜란드 암스테르담	고다이라 구니히코(일본), 장피에르 세르(프랑스)
1958	영국 에든버러	클라우스 로스(영국), 르네 톰(프랑스)
1962	스웨덴 스톡홀름	라르스 회르만데르(스웨덴), 존 밀노어(미국)
1966	러시아 모스크바	마이클 아티야(영국), 폴 코헨(미국), 알렉산더 그로텐디크(무국적자), 스티븐 스메일(미국)
1970	프랑스 니스	앨런 베이커(영국), 히로나카 헤이스케(일본), 세르게이 노비코프(소련), 존 G. 톰프슨(미국)
1974	캐나다 밴쿠버	엔리코 봄비에리(이탈리아), 데이비드 멈퍼드(미국)
1978	핀란드 헬싱키	피에르 들리뉴(벨기에), 찰스 페퍼먼(미국), 그리고리 마르굴리스(소련), 대니얼 퀼런(미국)
1982	폴란드 바르샤바	알랭 콘느(프랑스), 윌리엄 서스턴(미국), 야우싱퉁(미국)
1986	미국 버클리	사이먼 도널드슨(영국), 게르트 팔팅스(독일), 마이클 프리드먼(미국)
1990	일본 교토	블라디미르 드린펠트(소련), 본 존스(뉴질랜드), 모리 시게후미(일본), 에드워드 위튼(미국)
1994	스위스 취리히	예핌 젤마노프(러시아), 피에르루이 리옹(프랑스), 장 부르갱(벨기에), 장크리스토프 요코즈(프랑스)
1998	독일 베를린	리처드 보처즈(영국), 윌리엄 고워스(영국), 막심 콘체비치(러시아), 커티스 맥멀린(미국)
2002	중국 베이징	로랑 라포르그(프랑스), 블라디미르 보예보츠키(러시아)
2006	스페인 마드리드	안드레이 오쿤코프(러시아), 그리고리 페렐만(러시아), 테렌스 타오(오스트레일리아), 벤델린 베르너(프랑스)
2010	인도 하이데라바드	스타니슬라프 스미르노프(러시아), 엘론 린덴스트라우스(이스라엘), 응오바오쩌우(베트남), 세드릭 빌라니(프랑스)
2014	대한민국 서울	아르투르 아빌라(브라질/프랑스), 만줄 바르가바(캐나다/미국), 마르틴 하이러(오스트리아/영국), 마리암 미르자하니(이란)
2018	브라질 리우데자네이루	알레시오 피갈리(이탈리아), 페터 숄체(독일), 코체르 비르카르(이란/영국), 악샤이 벵카테시(호주)
2022	핀란드 헬싱키	준이 허(미국), 마리나 뱌조우스카(우크라이나), 위고 뒤미닐코팽(프랑스), 제임스 메이너드(영국)

* 수상자들은 모두 40세 이전에 수상했다.

필즈상에는 재미있는 일화도 있다. 2014년 필즈상 수상 때의 일이다. 수상자 4명의 이름을 메달에 각각 새기고는 나눠줄 때는 이름 신경 쓰지 않고 손에 잡히는 대로 나눠줬는데, 자기 이름이 새겨진 메달을 제대로 받은 사람이 한 사람도 없었다고 한다. 2018년에는 쿠르드계 코체르 비르카르가 필즈 메달은 받은 지 30분 만에 도난을 당하는 사건이 일어났다. 국제수학연맹은 필즈 메달을 다시 제작해 3일 뒤 재시상했다. 이 메달을 만들기 위해 4년 후인 2022년 대회의 예산을 미리 당겨와 사용했다고 한다.

● ● ● 네 잘못이 아니야

영화 중반을 넘어가면서 수학은 거의 등장하지 않는다. 아무도 풀지 못해 한참 동안 덩그러니 남겨져 있던 수학 문제는 윌의 천재성을 보여주기 위한 장치이자, 바로 윌의 모습을 상징한 것이다. 램보 교수는 윌의 천재성만을 발견하고 치밀하게 관리해야 한다고 주장하면서도 한편으론 윌처럼 자신을 뛰어넘는 천재가 얼마나 더 있을까 불안에 떤다. 반면 숀은 성공의 꼬리만을 좇아가는 이들을 경멸하고 인생의 행복과 정신적 가치를 더 중요하다고 믿으며 윌을 '천재'로 취급하지 않으려 한다. 1+1=2가 성립되지 않는 세상을 등지고 살아온 윌에게 필요한 건, 다시 세상을 향해 설 수 있도록 힘을 주는 것임을 결국 모두가 깨닫지만.

깊이 담아둔 진심을 알아주는 단 한 명의 사람을 만나기 위해 상처

투성이인 채로 살아온 윌. 숀을 만나면서 윌은 조금씩 마음을 열기 시작한다. 사랑받지 못한 탓에 정신적 성장에 장애가 있는 윌에게 숀은 인생의 등대가 되어 준다. 상처를 관찰하며, 숀 자신의 아픔을 이야기하고 공유하며 가까이 다가간다. 인생을 지켜나가기 위해 필요한 지혜를 가르쳐준다. 이런 멘토를 일생에 단 한 명이라도 만날 수 있다면 얼마나 행복할까. 버려진 아이, 누구도 돌봐 주지 않던 어린 시절에서 정신적 성장이 멈춘 윌을 마음으로 어루만지며 숀은 말한다. "네 잘못이 아니야."

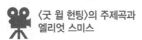

〈굿 윌 헌팅〉의 주제곡과 엘리엇 스미스

2003년 10월 21일, 엘리엇 스미스는 자신의 집에서 키친 나이프로 가슴을 찔러 자살했다. 그가 포스트 잇에 남긴 마지막 한마디. "정말로 미안해요, 사랑하는 엘리엇이. 저를 부디 용서해 주세요." 어린 시절 어머니의 이혼과 재혼, 양부에게 받은 학대의 기억 탓인지 엘리엇 스미스는 평생을 약물 중독과 갱생을 반복하는 삶을 살았다. 곡을 쓰고 노래하는 것만이 그를 그로 있을 수 있게 했다. 서른 넷, 너무 일찍 세상을 떠났는데 음악 역시 그의 인생을 닮았다. 냉소와 외로움이 묻어나는 노랫말을 지었고 깊이를 알 수 없이 침잠해가는 우울과 어둠을 음표로 표현했다. 인디 록-포크 뮤지션이었던 그가 세계적으로 유명해진 건 〈굿 윌 헌팅〉 엔딩 장면에서 흐르던 'Miss Misery'가 아카데미 주제곡상 후보에 오르면서부터. 그는 아카데미 시상식장에서 노래를 부른 최초의 인디 뮤지션이었고, 옷차림이 너무 허름하다는 이유로 주최 측에서 그가 입고 있던 것과 비슷한 디자인의 프라다 수트를 긴급히 공수해 입혔다는 일화가 전해진다. 이후 그는 당시를 이렇게 회상했다. "아카데미에 연주하러 간 것은 정말 이상했다. 곡은 2분 이하로 줄여야만 했고, 거기에 있던 관객들은 나의 연주를 들으러 온 것이 아니었다. 이런 세계에서 살고 싶지는 않지만, 하루 정도 달 위를 걸어보는 것도 나쁘지는 않았다."

다시 그때로 돌아가도
지금 또 그때를 후회하겠지

나비효과 3 : 레버레이션

- 죄수의 딜레마와 내쉬 균형
- 나비효과와 카오스 이론

나비효과 3: 레버레이션   미국, 2011년

감독
세스 그로스먼

출연
크리스 카맥 (샘 리드 역)
레이첼 마이너 (제나 리드 역)
멜리사 존스 (비키 역)
케빈 윤 (해리 골드버그 역)

● ● ● ● 시간 점프의 규칙, 목격하되 손대지 말라

〈나비효과 3 : 레버레이션〉의 시작이 된 영화 〈나비효과〉는 카오스 이론을 소재로 한 영화다. 〈나비효과〉의 주인공 에반은 어릴 적 겪은 끔찍한 사건 때문에 기억을 잃게 된다. 에반은 잃어버린 기억을 되찾고 마음을 치유하기 위해 정신과 상담을 받으며 어릴 적부터 매일매일 일기를 썼다. 시간이 흘러 대학생이 된 에반은 어느 날 예전의 일기를 꺼내 읽다가 우연히 시공간의 이동 통로를 발견하게 된다. 그는 이 통로를 이용하여 과거로 되돌아가 어린 시절의 끔찍했던 일과 친구들에게 닥친 불행들을 고치기로 마음먹는다.

그러나 과거의 사건 하나를 살짝 고쳐 놓고 현재로 돌아오면 원래 상태보다 더 충격적인 일이 벌어져 있었다. 그것을 바로잡으려 다시 과거로 돌아가게 되지만 현실은 전혀 예상하지 못한 파국으로 치닫는다. 말 그대로, 나비의 작은 날갯짓이 대륙 건너편에 태풍을 몰고 오는 격이다. 이 영화는 흥행에 크게 성공하며 2006년과 2009년에 속편이 만들어졌는데 우리가 여기서 감상할 영화는 '레버레이션'이라는 부제가 붙은 〈나비효과〉의 두 번째 속편이다.

〈나비효과 3〉은 1편에서 전달하고자 한 메시지와는 조금 다른 길로 빠진다. 1편의 아이디어인 '과거로 돌아가 잘못된 일을 고친다'는 기본 설정은 같지만 주인공이 시간여행을 하는 이유는 사뭇 다르다.

심령술사로 일하는 샘은 좀처럼 풀리지 않는 사건을 그 현장에서 과거로 '점프'해 범죄 상황을 지켜본 뒤 경찰에 단서를 제공하고는 대가를 받는다. 살인이든 강도든 무엇이든 사건을 직접 해결하거나 뛰어들지 않고 단지 지켜만 보고는 현재로 돌아와 경찰에게 알려줄 뿐이다. 속편의 속편까지 제작된 〈나비효과〉의 특별한 시간여행은 규칙을 갖게 되었으니, '살인 사건을 목격하더라도 살인을 막거나 피해자를 구하지 말 것'이다. 이는 1편에서 과거로 돌아가 친구들을 구하려 애썼음에도 친구를 구해준 '사건'이 현재를 더욱 풀기 힘든 상태로 만들어버리는 에반의 모습을 보면 과거를 건드리지 않되 현재에 유용할 수 있는, '시간 여행' 최고의 규칙일 것이다. 즉, 샘은 규칙을 철저히 지키며 돈도 번다. 필요한 단서만 가져다주는 '심령술사' 샘에게 경찰은 자신이 아내와 언제 처음 만났는지 맞춰보라며 냉소를 던지지만 샘은 개의치 않는다. 사건으로 점프하는 것은 자신만의 능력이고, 많은 참상을 지켜보기만 해야 했던 그는 웬만한 일로는 눈 하나 깜짝하지 않는 건조한 사람이 되어 있었다.

샘에게 가족이란 여동생 제나뿐인데 제나가 옆에 붙어서 샘의 심령술사 노릇을 보조하는 식으로 둘은 살아가고 있다. 어릴 적의 화재로 부모님이 모두 돌아가셨고, 제나는 그 충격으로 지금도 정신과 치료를 받는다. 제나의 상담의는 예전의 화재에 대해 이야기를 하는 것이 제나의 마음을 치료하는 데 도움이 되리라 말하지만, 샘은 그걸 원치 않는다. 샘은 여동생을 구하려다가 부모님을 구하지 못했던 것이다.

어느 날 한 여자가 찾아온다. 무려 10년 전 살해당한 여자친구 레베카의 여동생 엘리자베스이다. 엘리자베스는 샘에게 특별한 부탁을 하는데, 규칙에 어긋나는 부탁이다. 엘리자베스의 부탁을 거절하고 돌려보냈지만, 10년 전 일이 자꾸 떠오른다. 샘은 물리학자인 골드버

그 교수와 바에서 만나 엘리자베스의 부탁에 대해 얘기한다. 이미 샘의 능력을 알고 있는 교수는 규칙을 거론하며 말린다. 여자친구의 죽음이라면 본인이 직접 연관된 사람이기에 점프를 하는 것 자체가 사건에 개입하는 것이 된다면서 죽은 여자는 잊고, 현재를 즐기라고 조언한다.

●●●● 나와 너의 선택은 결국 균형을 맞춘다
   – 죄수의 딜레마와 내쉬 균형

그대로 부탁을 거절해버리면 여기서 영화가 끝나버리겠지만, 샘은 엘리자베스에게 전화를 걸어 도와주겠다고 말한다. 레베카를 살해한 죄로 사형을 언도받고 복역 중인 로니를 찾아간 샘은 사형 집행을 연기하고 재판을 다시 받을 수 있게 해주겠다고 한다. 그러나 로니는 레베카가 자기를 사랑하게 되었음을 알게 된 샘이 질투로 레베카를 죽였다고 생각하고 있었다. 그러고는 샘의 제안을 거절하며 도리어 샘에게 범인임을 자백하라고 한다. 처음부터 둘은 서로가 범인이라고 생각하고 있었던 것이다. 진실은 하나가 아니었다.

교도소에 수감 중인 로니와 면회를 간 샘이 유리를 사이에 두고 대화한다. 둘은 서로 범인이라 생각한다. 〈나비효과3〉 중에서.

그런데 만약 서로를 범인으로 알고 자백하기를 바랐지만 둘 다 범인이 아니고, 그럼에도 로니와 샘이 만일 동시에 감옥에 갇혔다면 어떻게 되었을까? 샘과 로니의 상황을 예로 수학의 게임이론에 나오는 죄수의 딜레마Prisoner's Dilemma에 대하여 알아보자.

영화와는 약간 다르게, 경찰이 샘과 로니가 공모해 레베카를 죽였다고 의심해 조사하고 있다고 가정해 보자. 사건의 진상을 밝히기 위해 경찰은 두 사람에게 경미한 죄를 저질렀다는 이유로 일단 유치장에 가둔다(털어서 먼지 안 나는 사람 없다는 말이 있다). 그러고는 의심이 가는 이 중대한 범죄에 대해 둘 다 침묵을 지키면 경미한 죄의 혐의를 적용해 1년의 형을, 둘 다 범죄를 자백할 경우에는 5년의 형을 받게 된다, 하지만 한 쪽이 자백을 하고 다른 한 쪽이 사실을 숨기고 말하지 않는다면 자백한 쪽은 무죄가, 숨긴 쪽은 10년의 형을 받게 된다고 말한다. 로니와 샘은 묵비권을 행사하느냐 자백을 하느냐 가운데 하나를 선택해야만 한다. 감옥에 있어야 하는 기간을 이득으로 하여 이득표를 만들고 두 사람의 전략을 비교해 보자. 이때 형기는 마이너스로 표시하는 것이 알기 쉽다.

		로니	
		묵비권 행사	자백
샘	묵비권 행사	-1, -1	-10, 0
	자백	0, -10	-5, -5

두 명 모두 자백하는 것이 양자 모두 합리적으로 냉정하게 내릴 수 있는 결론일 것이다. 그러나 그 결과는 샘과 로니, 모두 5년 동안 감옥에서 보내는 것이다. 이때 '만약 2명 모두 사실을 말하지 않으면 1

년으로 끝났을 텐데'라는 생각이 들 수 있는데 그 때문에 '딜레마'라고 한다.

왜 그런 결과가 나오는지 살펴보자. 먼저 샘의 입장에서 생각해보면, 전략은 '묵비권'과 '자백'이 있다. 로니가 묵비권을 행사하고 있을 때, 샘이 침묵하면 이득은 -1, 자백하면 이득은 0이 된다, 로니가 자백한다면 샘은 묵비권 행사로 얻는 이득이 -10, 자백하면 -5이다. 묵비권 전략과 자백 전략의 이득을 비교하면 샘은 로니의 어떤 전략에 대해서도 자백 전략 쪽이 이득이 큰 것을 발견할 수 있다. 이 경우 자백 전략이 묵비권 전략의 지배 전략이 되기 때문에 샘은 자백 전략을 취하는 것이 합리적이다. 그래서 유치장에 있는 샘은 다음날, 경찰관에게 "제가 했습니다. 공범은 저 사람입니다."라고 자백할 것이다.

그렇다면 로니는 어떻게 생각할까? 로니도 마찬가지로 생각할 것이 틀림없다. 그래서 다음 날 서로 의논도 하지 않고 사이좋게 자백한 결과 두 사람은 애초 붙잡혀온 경미한 죄로 인한 1년 형이 아니라 중죄에 대한 대가인 5년의 형으로 감옥에서 복역하게 된다.

이 '죄수의 딜레마'는 내쉬 균형의 가장 대표적인 예다. 내쉬 균형이란 게임 이론의 한 형태로 미국의 수학자 존 내쉬John Forbes Nash Jr.가 개발했다. 상대의 대응에 따라 최선의 선택을 하면, 균형이 형성되어 서로 자신의 선택을 바꾸지 않게 된다. 상대의 전략이 바뀌지 않으면 자신의 전략 역시 바꿀 요인이 없는 상태가 된다. 결국 적절한 균형이 이루어지게 되는데 이것이 바로 내쉬 균형으로 오늘날 정치 협상이나 경제 분야에서 전략으로 널리 활용되고 있다.

내쉬 균형에서는 그 전략의 조가 서로 최적반응이 되어 있어 내쉬 균형은 다음과 같이 구한다.

① 로니의 전략을 고정하여 그 전략에 대해 샘의 이득이 최대가 되는 전략을 구한다. 이것이 샘의 최적반응이다.

② ①에서 구한 샘의 전략에 대한 로니의 최적반응이 되는 로니의 전략을 구한다.

③ ①과 ②의 전략의 조가 내쉬 균형이 된다.

이 방법으로 앞에서 예를 든 샘과 로니의 경우를 살펴보자.

먼저 로니가 묵비권 전략을 택했다고 해보자. 이때 샘의 이득은 '묵비권 행사'로는 −1, '자백'으로는 0이다. 따라서 샘의 최적반응은 '자백'이 되는 것이다. 이어서 샘의 '자백' 전략에 대한 로니의 최적반응을 구하자. 로니가 '묵비권 행사' 전략을 취했다면 로니의 이득은 −10, '자백' 전략이라면 −5가 된다, 따라서 이때 로니의 최적반응은 '자백' 전략을 취하는 것이다. 이와 같이 (자백, 묵비권) 전략의 조는 내쉬 균형이 아니다.

한편 로니가 '자백' 전략을 취했을 때 샘의 최적반응을 조사해 보자. 샘이 '묵비권' 전략을 취하면 샘의 이득은 −10, '자백' 전략을 취하면 −5가 된다, 따라서 샘의 최적반응은 '자백' 전략이다, 샘이 '자백' 전략을 택했을 때 로니의 최적반응을 조사하면 역시 '자백' 전략이 되는 것을 알 수 있다. (자백, 자백)이 서로 최적반응으로 되어 있기 때문에 이것이 내쉬 균형이다.

내쉬 균형의 더 현실적인 예를 자동차의 경우로 알아보자.

H사의 인기 차는 소나이고, K사의 인기 차는 P5이다. H사의 한 판매점의 조사에 따르면 소나와 P5가 2천만 원이면 주말에 팔리는 대수

가 양사 모두 15대이다. 그러나 경쟁사인 K사의 P5가 2천만 원일 때, 소나를 1천8백만 원으로 가격을 인하하면 P5를 사지 않고 소나를 사는 손님이 많아 소나 30대, P5 3대가 팔린다고 한다.

반대로 소나가 2천만 원, P5가 1천8백만 원이면 소나는 3대, P5는 30대가 팔린다고 한다. 두 회사 모두 1천8백만 원으로 하면 각각 10대가 팔린다. 어느 회사든 제조회사에서 자동차를 구입하는 가격은 1천5백만 원이다. 소나를 판매하는 H사의 딜러는 주말에 다음 ①과 ② 중 어느 쪽 가격 전략으로 판매하면 좋을지 생각해 본다.

① 1천8백만 원   ② 2천만 원

두 회사의 순 이익(대당 3백만 원)을 판매 대수에 곱한 경우의 이득표를 만들면 다음과 같다.

		딜러 K	
		2천만 원 전략	1천8백만 원 전략
딜러 H	2천만 원 전략	7천5백만, 7천5백만	1천5백만, 9천만
	1천8백만 원 전략	9천만, 1천5백만	3천만, 3천만

이것도 바로 죄수의 딜레마와 같은 것이다. 가격을 낮춘 1천8백만 원 전략이 가장 좋은 전략이다. 그러나 두 회사가 협조하여 가격 인하를 하지 않고 2천만 원으로 판매한 쪽이 이득이 높다는 것을 이득표에서 알 수 있다. 하지만 상대가 어떻게 나오든 이쪽이 손해를 보지 않기 위해서는 지배 전략을 취하지 않을 수 없다. 따라서 두 회사의 판매점은 가격을 모두 1천8백만 원으로 하게 된다.

(H사, K사)가 (1천8백만 원, 1천8백만 원)과 (2천만 원, 2천만 원)으로 할 경우 이득을 보면 (3천만 원, 3천만 원)과 (7천5백만 원, 7천5

백만 원)이 되기 때문에 두 회사가 각각 2천만 원의 가격 전략으로 변경하면 모두 이득을 줄이지 않고 늘일 수 있다. 그러나 각 판매점 단독으로의 합리적인 행동에서는 (저가격, 저가격)의 전략의 조를 빠져나갈 수 없다. 그래서 우리가 종종 신문이나 언론에서 볼 수 있듯이 같은 종류의 품목을 파는 회사들이 몰래 모여 가격을 담합하는 것은 '죄수의 딜레마'에 빠지지 않기 위해서이다.

● ● ● **규칙을 깬 움직임이 현재를 바꾼다 - 나비효과와 카오스 이론**

샘이 십년 전으로 점프해서 레베카의 죽음을 밝히겠다고 하자 제나는 만류한다. 하지만 샘은 점프를 강행해 레베카가 살해된 시각인 1998년 6월 6일 밤 12시 40분보다 약 20분 먼저의 과거로 도착한다. 샘이 도착하고 주변을 살피는 동안 술에 취한 엘리자베스가 차를 타고 나타난다. 샘은 엘리자베스에게 차에 타고 문을 잠그고 있으라고 말하고 레베카의 집으로 들어간다. 그러나 샘이 도착하기 전에 레베카는 이미 살해되었고, 현재에는 멀쩡히 살아 있는 엘리자베스도 차 속에서 싸늘한 주검이 된 채 발견된다.

현실로 돌아오자 모든 것이 엉망으로 뒤바뀌어 있었다. 새로운 현실에서 샘은 10년 전 레베카 살인사건의 용의자였으며, 증거를 찾지 못한 경찰이 그를 체포하지 못한 것으로 되어 있었다. 경찰은 샘이 용의자라 생각하고 지난 1년 간 살해된 8명의 여자 사진을 보여주는데 그녀들을 해친 연쇄 살인범은 '폰티악 살인마'란 별명으로 불리고 있었다.

다급히 제나에게 전화를 건 샘은 로니가 변호사가 되어 있다는 것을 알게 된다. 로니를 찾아가 사건이 나던 날 밤에 어디 있었냐고 묻자 로니는 '왜 자꾸 찾아와서 같은 질문을 하냐'고 반문한다. 그날 밤 로니는 레베카의 집에 갔다가 샘과 엘리자베스가 이야기하는 것을 보고 자리를 피해 집에 갔다고 한다. 오히려 레베카가 '샘이 늘 자기를 감시하고 있어서 무섭다'고 말했다며 레베카를 죽이지 않았냐고 샘에게 되묻는다. 그런데 로니의 책상 너머로 휠체어가 보이는데, 로니는 5년 전 샘과 함께 술을 마시고 택시를 탔다가 교통사고를 당한 뒤 하반신 마비로 더 이상 걷지 못하게 된 것이다. 점프의 파장은 여기서 끝나지 않는다.

이미 감당할 수 없을 정도로 현실이 뒤죽박죽이 되어버렸는데도 샘은 끝까지 포기하지 않고 8명을 살해한 '폰티악 살인마'를 잡겠다고 나선다. 끝없이 점프를 반복하고, 실패하고, 현재로 돌아오고, 그러면 천지가 뒤집힌 듯 다른 일들이 벌어져 있다. 그 상황을 또 고치려고 또 시간 점프를 감행하고.... 점점 사건을 해결하려고 점프를 하는지, 자신이 생각하는 최상의 현재로 맞추려고 점프를 하는지, 그도 아니면 점프를 함으로써 현실의 자신에서 도망칠 수 있어 하는지조차 헷갈릴 지경에 이른다. 샘이 움직일 때마다 주변 사람들의 운명은 뒤바뀐다. 죽었다가 살아나고, 걷지 못했다가 살인을 당한다. 조언자는 실종 당하고, 진실을 아는 사람은 영원히 입을 닫게 된다.

애초 무엇이 진짜 문제였는지 깨닫지 못하는 샘, 점프에 점프를 아무리 반복해도 결국 아무것도 알지 못하는 그에게 '진짜 문제'가 다가

온다. 그것은 바로 여동생, 제나였다. 화재로 부모님을 여의고 샘에게 유일하게 남은 혈육인 제나는 사실 '구해진' 것이었다. 최초의 점프로 샘은 제나를 구하지만 원래의 현실에 살아 있던 부모님은 제나와 자리를 바꾸듯 화마에 휩쓸려 죽고 만 것이다. 샘의 시간 점프를 돕던 제나가 거짓말 같은 단서를 들고 다가오고 반전의 반전은 계속 된다. 이 반전들은 샘의 바보 같은 행동이 낳은 나쁜 결과가 한꺼번에 들이닥치는 것일 뿐이긴 하지만⋯⋯ 나비효과의 파장은 멈추지 않았다.

이 영화는 처음부터 끝까지 카오스 이론을 바탕으로 전개되고 있다. 카오스 이론을 한 마디로 정의하기는 어렵지만 간단히 말하면 불규칙하고 무질서하게 보이는 예측 불가능한 현상에서 어떤 규칙성을 찾는 것이다. 원래 카오스chaos는 조화와 안정을 의미하는 코스모스 cosmos와 대비되는 개념으로 조화로운 자연이 창조되기 이전의 무질서한 상태를 가리킨다. 그러나 오늘날 과학 용어로서 카오스는 겉보기에 무질서해 보이지만 그 배후에는 어떤 결정론적인 법칙이 지배하는 경우를 말한다.

예를 들어 담배 연기가 공중으로 올라가다 이리저리 퍼지며 흩어지는 것, 물이 끓는 것, 태풍, 급작스러운 전염병의 발생과 확산, 복잡한 대기와 해류의 흐름 등은 매우 복잡하고 불규칙적이며 불연속적이고 변덕스럽게 변하는 카오스 현상이다. 특히 결정론적인데도 예측이 불가능하고 초기 조건에 민감하다는 특징을 갖는 카오스 이론은 수학뿐만 아니라 물리학, 생물학, 화학, 지질학, 기상학, 공학, 사회학, 경제학 등 다양한 분야에 폭넓게 활용되고 있으며 컴퓨터의 발전과 더

불어 급속히 발전하고 있는 분야이다.

카오스 이론 가운데 가장 잘 알려진 것이 바로 영화의 제목과 같은 나비효과이다. 어느 화창한 날 이른 아침에 남쪽의 한 나라에서 나비 한 마리가 날개를 팔랑거리며 날고 있었다. 그 나비가 날면서 날개 주위에 있던 공기가 약간씩 흔들리기 시작하더니 점점 그 옆의 공기까지 흔들리게 된다. 살짝 흔들리기 시작한 공기의 흐름은 더 큰 기류를 살짝 밀고, 밀린 공기 덩어리는 그 옆의 더 큰 공기 덩어리인 기단에 영향을 미치게 된다. 시간이 지남에 따라 팔랑거린 나비의 날개 움직임은 단계별로 점점 확산되며 세력이 커져서 마침내 큰 기단에 영향을 주게 된다. 그 결과 구름이 형성되고 구름은 심한 폭풍우가 되어 엄청난 규모의 기단을 움직여 태풍을 만들어 낸다. 이처럼 나비효과는 현재의 사소한 변화가 미래의 엄청난 변화를 야기시킨다는 사실을 일컫는 말이다.

나비효과는 미국의 기상학자 에드워드 로렌츠가 처음으로 발표한 이론이지만 나중에 카오스 이론으로 발전하는 계기가 되었다. 이 이론은 로렌츠가 〈결정론적인 비주기적 유동Deterministic Nonperiodic Flow〉이라는 논문을 발표하면서 결정론적 카오스Deterministic Chaos의 개념을 일깨운, 새로운 유형의 과학 이론이었다. 로렌츠는 컴퓨터를 사용하여 기상현상을 수학적으로 분석하는 과정에서 초기 조건의 미세한 차이가 시간의 흐름에 따라 점점 커져서 결국 그 결과가 엄청 크게 차이난다는 것을 발견했다. 그의 말에 의하면 브라질에 있는 나비의 날갯짓이 미국 텍사스에 토네이도를 발생시킬 수도 있다는 것이다.

미세한 차이가 엄청난 결과를 가져온다는 나비효과는 과학 이론에서 시작하여 점차 경제학과 일반 사회학 등에서 광범위하게 활용되고 있는데 진자를 이용하면 나비효과를 경험해 볼 수 있다.

진자는 중력의 영향 아래에서 앞뒤로 자유롭게 흔들릴 수 있도록 한 점에 고정된 상태로 매달려 있는 물체를 말한다. 진자는 매 진동의 시간 간격, 즉 주기가 일정하기 때문에 시계의 움직임을 조절하기 위해 오랫동안 시계의 추로 사용되어 왔다. 특히 갈릴레

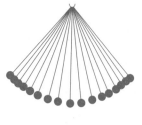

전자의 운동

이는 1583년 피사의 대성당에 있는 램프가 흔들릴 때의 운동과 자신의 맥박수를 비교하여 진자의 등시성을 최초로 발견했고, 네덜란드의 수학자이자 과학자인 크리스티안 하위헌스Christian Huygens는 1656년 진자의 운동으로 조절되는 시계를 발명했다.

한 개의 진자가 움직이는 경우, 진자 끝의 궤도를 추적해 보면 오락가락하는 궤도가 예측 가능하다. 그러나 이중 진자double pendulum라는 것을 살펴보면 전혀 그렇지 않다는 것을 알 수 있다. 이중 진자는 진자의 한쪽 끝에서 또 다른 진자가 흔들리게 한 것이다. 얼핏 보면 이것도 규칙적인 패턴으로 움직이는 것 같다. 그러나 이중 진자는 결정론적인 세계가 아닌 비결정론적인 세계에 있는 물건이다. 즉, 카오스가 지

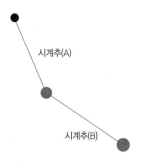

시계추(A)

시계추(B)

배한다. 이중 진자의 끝을 들었다 놓으면 그 끄트머리가 움직인 길은

대단히 불규칙적이다. 예측 가능한 단순 패턴은 존재하지 않으며 살짝 다른 위치에서 놓기만 해도 카오스 상태의 움직임이 먼저와는 전혀 다른 움직임을 띄게 된다. 또한 진자의 무게를 약간만 변화시켜도 전혀 다른 움직임을 볼 수 있다. 이중 진자에 대한 실험은 인터넷을 활용할 수 있으며 다음의 주소(http://www.mscs.dal.ca/~selinger/lagrange/doublependulum.html)에 접속하면 이중 진자의 움직임을 직접 실험해 볼 수 있다.

아래 두 그림 중 첫 번째 것은 이중 진자의 가운데 있는 진자의 무게를 2.001kg으로 했을 때의 움직임이고, 두 번째 그림은 출발점은 같으며 가운데 진자의 무게를 0.001kg 즉 1g 변화를 주어 2.002kg

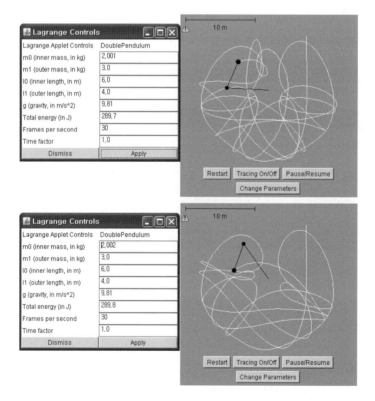

이었을 때이다. 그림에서 볼 수 있듯이 1g만 변화시켜도 전혀 다른 움직임을 볼 수 있다. 사실 2kg은 2000g이니 여기에 1g을 더하는 것은 우리는 전혀 느끼지 못할 정도의 아주 작은 변화이다.

독자 여러분도 위의 사이트에 접속하면 직접 실험을 할 수 있다. 위의 그림 중 오른쪽 밑에 있는 'Change Parameters'를 클릭하면 왼쪽과 같은 창이 뜬다. 이 창에 있는 여러 조건을 바꾸고 'Apply'를 클릭한 후 'Restart'를 클릭하면 바뀐 조건대로 이중 진자의 움직임이 변한다. 이것이 바로 눈으로 볼 수 있는 나비효과이다.

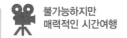

불가능하지만 매력적인 시간여행

불가능할수록 매력적인 것일까. '시간여행'은 고전문학에서부터 블록버스터 영화에 이르기까지 수많은 창작자들이 사랑하는 주제. 최근 빛보다 빠른 입자인 중성미자를 발견하며 이를 이용한 '시간 거슬러 올라가기' 혹은 앞서가기가 가능하지 않을까란 이야기가 나오고 있지만 아직은 먼 얘기다. 이루어지지 않았지만 이루어졌으면 좋겠다는 바람을 담아 만든 시간여행 영화들을 살펴보자.

〈백 투 더 퓨처〉는 시간여행을 다룬 영화의 고전이다. 이전에도 많은 영화들이 같은 주제를 다뤘지만 이 영화만큼 전 세계적인 열풍을 몰고 오지는 못했다. 1980년대, 나이키 운동화와 종아리까지 달라붙는 청바지, 베이스볼 재킷 차림의 주인공 마티 맥플라이는 옆집에 사는 괴상한 발명가, 브라운 박사가 개발한 타임머신에 올라타고 30년 전으로 시간이동을 한다. 1950년대, 부모님의 고교 시절로 날아간 것이다. 잔잔히 흘러가는 일상에 요란하게 등장한 마티 덕분에 정돈된 시간의 흐름이 어그러지고, 급기야 고교생인 엄마는 마티를 좋아하게 되는데…. 이러다가 30년 후 자신은 세상에 없을지도 모른다. 30년 전의 브라운 박사에게 도움을 받은 마티는 무사히 현재로 돌아오고, 〈백 투 더 퓨처〉는 일대 신드롬을 일으키며 두 편의 속편이 제작됐다.

미국에 〈백 투 더 퓨처〉가 있다면 일본에는 〈시간을 달리는 소녀〉가 있다. 쓰쓰이 야스타카가 1967년에 쓴 SF소설로, 1972년 드라마 〈타임 트래블러〉라는 제목으로 처음 영상화 된 이후 무려 여섯 번이나 더 리메이크 되었고, 2006년에는 극장판 애니메이션으로도 제작된 시대를 초월하는 히트작이다. 여고생 마코토는 남들에게 말 못할 비밀이 있다. 바로 '타임리프'라고 하는 능력이다. 우연히 타임리프 능력을 갖게 된 마코토는 소소하게 능력을 사용해서 성적도 올리고, 지각도 안하는 모범생으로 변해간다. 세상이 내 손안에 있는 것 같은 즐거운 나날을 보내는 것도 잠시, 친한 친구인 치아키가 마코토에게 고백을 하고, 계속 친구로 지내고 싶은 그녀는 치아키의 고백을 없애기 위해 과거로 돌아간다. 여기서부터 일이 꼬이기 시작한다. 시간을 정리하는 것이 아니라, 사람의 감정을 정리하려다 보니 타임리프를 거듭할수록 관계는 복잡해진다. 이 와중에 자신의 타임리프 능력에는 횟수가 제한되어 있다는 사실까지 깨닫는다. 타임리프 능력을 전부 다 써버리기 전에 이 상황을 수습해야 해!

앞서 말한 두 영화가 시간여행을 통해 다소 어지러워진 상황들을 수습하고 그럭저럭 행복하게 끝을 맺었다면 〈더 도어〉는 지금을 충실히 사는 것만이 해답임을 고통스럽게 이야기한다. 다비드는 함께 놀아 달라는 어린 딸을 놓아둔 채 다른 여자와 바람을 피운다. 혼자 놀던 딸은 수영장에 빠져 익사했고, 가정은 딸의 죽음으로 완벽히 해체된다. 5년이라는 시간이 흘렀지만 여전히 딸의 죽음에 자책하는 다비드 앞에 나타난 나비 한 마리! 나비를 따라 흘러흘러 간 곳은 '시간의 문'이었다. 딸이 물에 빠지기 직전의 세계로 돌아갈 수 있게 된 그는 딸을 구할 수 있게 됐다는 생각에 앞뒤 재지 않고 문을 열고 들어가 딸을 구해낸다. 하지만 문제는 지금부터. 딸이 죽지 않은 '과거'에서 살아가야 하는 다비드는 일단 '과거의 나'부터 죽여야만 한다. 시간의 문을 넘어온 '지금의 나'와 원래부터 과거를 살아오던 나는 공존할 수 없기에. 결국 시간을 돌리면 행복하리라는 믿음과 기대는 헛된 것이었다.

소외된 사람들끼리 수학으로 우정을 나누다

이상한 나라의 수학자

- 원주각의 성질
- 엡실론과 에르되시 번호
- 리만가설

이상한 나라의 수학자 한국, 2022

감독
박동훈

출연
최민식(이학성 역)
김동휘(한지우 역)
박해준(안기철 역)
박병은(담임 역)
조윤서(박보람 역)

●●● 탈북 수학자와 '수학 포기자' 고등학생의 만남

박동훈 감독의 〈이상한 나라의 수학자〉는 탈북 수학자 이학성이 남한의 고등학생 한지우를 만나 수학으로 우정을 나누는 영화다.

한지우는 명문 자사고인 동훈고등학교 1학년인데 '사배자', 즉 사회적 배려 대상자로 특별 전형을 통해 입학했다. 교과 과정만 충실하게 공부해온 지우는 학원, 과외 등으로 고등학교 수학을 모두 떼고 들어온 아이들한테는 상대도 되지 않아 수학 등수가 바닥이다. 게다가 동급생들은 지우를 사배자라며 무시하고 차별한다. 기숙사 밖에서 몰래 술과 안주를 사오는 것도 지우의 몫이 되어버린다.

친구들의 소주 심부름을 하다 들킨 지우는 혼자 잘못을 뒤집어쓰고 1달간 기숙사 퇴사 처분을 받는다. 하지만 홀어머니에게 징계 사실을 말할 수도 없고, 갈 곳 없어진 지우는 다시 학교로 왔다가 학교 경비인 이학성을 만난다. 별명이 '인민군'인 이학성은 할 일만 하고 누구에게나 거리를 두는 사람이다. 지우는 이학성의 경비실에서 자게 되는데, 지우의 가방에서 삐져나온 수학 시험지를 보고 이학성은 재미삼아 문제를 모두 풀어버린다. 수업 시간에 이 시험지를 보게 된 지우는 깜짝 놀라고, 이학성에게 수학을 가르쳐달라고 매달린다. 지우의 절박한 간청 앞에서 이학성은 조건을 제시하며 수학을 가르쳐주기로 한다.

'사배자' 한지우와 '인민군' 이학성은 사회적 약자라는 공통점이 있다. 둘 다 기존의 사회 집단에 쉽게 어울리지 못한다. 이학성은 수학의 명징한 논리에 빠져든 사람인데, 목적을 위해 논리를 뒤바꿀 수 있는 세상에 이학성은 적응하지 못하고 탈북했다. 그렇게 온 남한은 더 많은 자유가 있지만, 오로지 돈과 성공을 위한 자유이고 다른 것들이 희생된다. 경비원으로 살아가는 이학성에게는 수학이 그나마 자유와 아름다움이 남아 있는 곳이다.

'수학 포기자'인 지우에게 학성은 문제의 정답보다 과정을, 수학 성적보다는 수학이라는 세계의 아름다움을 가르치려고 한다. 수학의 아름다움은 어떻게 알 수 있을까.

지우와 마찬가지로 자사고에 잘 적응하지 못하는, 원래 피아노를 쳤던 박보람이라는 동급생이 있다. 보람은 지우에게 관심을 갖고 있는데 우연히 지우와 학성의 비밀을 알게 된다. 이학성은 보람에게 원주율 π의 끝없이 이어지는 숫자를 음계로 만들어 피아노로 치게 한다. 아름다운 파이송이 피아노 음을 타고 흘러나오자 지우와 보람은 숫자의 아름다움을 체험한다.

수학의 세계는 아름답지만 경쟁 치열한 사회, 대립 극한인 남북 관계는 이들을 빗겨나지 않는다. 지우는 시험문제 유출 누명을 쓰고, 학성은 남과 북의 정치 게임에 휘말린다. 그리고 그들은 자신들만의 선택을 해 나간다.

● ● ● **삼각형의 넓이를 물어보다 – 원주각의 성질**

원래 이학성은 북한의 최고의 수학자로 리만가설 분야에서 세계적인 명성을 갖고 있었다. 하지만 자신의 수학이 무기 제조 도구가 되는 것에 양심의 가책을 느끼고 탈북했던 것이고, 자신과 마찬가지로 소외된 지우에게 연민을 느껴 지우의 간청을 외면하지 못한다.

지우에게 본격적으로 수학을 가르치기 전에 학성은 높이가 6이고 밑변이 10인 직각이등변삼각형의 넓이를 구하라는 간단한 문제를 낸다. 지우는 삼각형의 넓이를 구하는 공식인

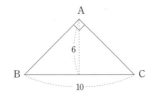

$$(삼각형의 넓이) = (높이) \times (밑변) \div 2$$

로 이학성이 낸 문제의 답을 30이라고 쉽게 답하지만 학성은 틀렸다고 한다. 자신의 답이 왜 틀렸냐고 따지자, 학성은 이런 삼각형은 존재하지 않는다고 한다. 존재하지도 않는 삼각형의 넓이를 구하는 것은 있을 수 없다며, 답을 내는 것도 중요하지만 질문이 무엇인지 아는 것도 중요하다고 한다. 그러면서 틀린 질문에서는 옳은 답이 나올 수 없다고 덧붙이며 수학이 어떤 분야인지를 한마디로 정의한다. "답을 맞히는 것보다 답을 찾는 과정이 중요하다."라고.

이학성은 처음 주어진 삼각형에 외접원을 그린다. 그러자 지우는 자신이 문제를 잘못 이해했음을 알게 된다. 지우는 이런 사실을 어떻게 알았을까? 이것은 바로 우리가 중학교에서 배우는 원주각의 성질을 이용한 것이다.

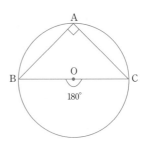

원 O에서 $\overset{\frown}{BC}$가 반원일 때, 중심각 ∠BOC의 크기는 180°이므로 반원에 대한 원주각의 크기는 90°임을 알 수 있다. 역으로 원 O에서 $\overset{\frown}{BC}$에 대한 원주각의 크기가 90°이면 $\overset{\frown}{BC}$는 반원이다.

오른쪽 그림은 영화에서 이학성이 그 린 삼각형과 그 삼각형의 외접원이다. 외접원 O의 지름은 선분 BC이고 길이가 10이다. 이때 선분 OA, OB, OC는 모두 원의 반지름이므로 길이는 5이다. 따라서 이 삼각형의 넓이는

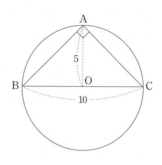

$$5 \times 10 \div 2 = 25$$

임을 알 수 있다.

그렇다면 왜 원 O에서 $\overset{\frown}{BC}$가 반원일 때 반원에 대한 원주각은 ∠BAC=90°일까? 이에 대하여 고대 그리스의 수학자인 탈레스Thales (B.C.624?~B.C.545?)는 이등변삼각형의 성질을 이용하여 반원에 대한 원주각이 직각임을 알았다.

영화에서 이학성의 말처럼 우리도 답이 아닌 답을 찾아가는 과정을 탈레스의 방법으로 증명해 보자. 즉, 아래 그림과 같이 반지름이 선분 AB일 때 반원의 원주각 ∠APB=90°임을 증명해 보자. 어렵지 않으니 중학교 수학 시간이라고 생각하고 차근차근 따라와 보기 바란다.

증명 : 원 O에 대하여 선분 OA, OB, OP는 모두 원의 반지름이므로 길이가 같다. 그래서 삼각형 AOP와 OBP는 모

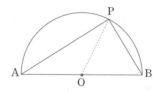

두 이등변삼각형이다. 즉, 이등변삼각형은 두 밑각의 크기가 같으므로 다음이 각각 성립한다.

$$\angle PAO = \angle APO \text{이고} \quad \angle OPB = \angle OBP$$

삼각형의 내각의 합은 180°이므로 삼각형 OBP에서

$$\angle POB = 180° - 2\angle OPB$$

이고, 지름을 나타내는 선분 AB는 180°이므로

$$\angle AOP = 180° - \angle POB = 180° - (180° - 2\angle OPB) = 2\angle OPB$$

그런데 삼각형의 내각의 합은 180°이므로 삼각형 AOP에서

$$\angle AOP = 180° - 2\angle APO$$

이다. 이때 $\angle AOP = 2\angle OPB$ 이므로

$$2\angle OPB = 180° - 2\angle APO$$

이므로

$$2\angle OPB + 2\angle APO = 180°$$

이다. 따라서 다음이 성립한다.

$$\angle OPB + \angle APO = 90°$$

이것으로 증명이 완성되었다. Q.E.D.

영화에서 이학성이 증명을 마치면 마지막에 Q.E.D.라 쓴다. 여기서 Q.E.D.는 라틴어 문장 'Quod Erat Demonstrandum'의 약자이다. 이것은 유클리드와 아르키메데스가 자주 쓰던 그리스어 문장을 라틴어로 옮긴 것으로 '이와 같이 증명되었다'의 의미이다. 그래서 오늘날에도 수학자들은 증명을 마치면 이 약자를 종종 사용한다. 또

요즘에는 증명의 마지막에 검은 네모 상자인 ■이나 흰 네모 상자인 □을 사용하기도 한다.

● ● ● 이학성이 어린 시절에 만난 에르되시 팔
– 엡실론과 에르되시 번호

영화가 진행되면서 숨겨졌던 이학성의 과거가 드러난다. 학성은 어린 시절 국제수학올림피아드에 출전해 당시 최고의 수학자인 에르되시 팔Erdős Pál을 만나 엡실론(ϵ)이라는 별명과 함께 만년필을 선물로 받는다. 영화에서 엡실론은 '무한히 작은' 것을 나타낸다고 설명한다. 사실 수학에서는 '엡실론–델타(ϵ-δ)법'이 있다. 이 방법은 무한소를 다루는 수학의 모든 분야에 적용되지만 이해하기 매우 난해하다. 그래서 여기서는 간단히 내용만 소개하고 넘어가겠다. 관심이 있는 독자들은 대학에서 배우는 미적분학 책을 참고하기 바란다.

고등학교에서 배운 극한을 생각해보자. x가 a에 한없이 가까워질 때 $f(x)$가 어떤 수 L에 한없이 가까워진다는 것을 $\lim_{x \to a} f(x) = L$이라 표현한다. 이때 L을 x가 a에 접근할 때 $f(x)$의 극한(limit)이라 한다. 사실 이것은 수학적 언어가 아니기 때문에 여러 가지 오해가 생길 수 있는데, 이것을 엡실론–델타로 다음과 같이 엄밀하게 정의한다.

극한의 엡실론-델타(ϵ-δ)법 정의

임의의 적당히 작은 양수 ϵ에 대하여

$$0 < |x-a| < \delta 이면 \ |f(x)-L| < \epsilon$$

을 만족하는 $\delta > 0$이 존재하면, x가 a에 접근할 때 $f(x)$의 극한

이 L이라 정의하고 기호로 다음과 같이 나타낸다.

$$\lim_{x \to a} f(x) = L$$

이제 영화에 잠깐 등장하는 에르되시에 대하여 알아보자.

고대부터 지금까지 수학자 중에서 가장 많은 저작을 남긴 사람은 우리에게 친숙한 오일러이다. 오일러에 버금가는 다작 수학자는 1996년에 83세로 세상을 떠난, 괴짜 수학자로 알려진 헝가리 출신의 에르되시 팔이다. 우리가 그를 괴짜라고 부르는 이유는 그가 '공식적'으로는 이스라엘, 미국, 영국의 몇몇 대학의 교수 자리를 갖고 있었지만, 실제로는 어느 한 곳에도 머무르지 않고, 평생을 적당하다고 생각되는 대학들을 전전한 방랑자로 생활했기 때문이다.

방랑 수학자로 평생을 지낸 에르되시는 새로운 분야를 개척하지는 않았지만, 그동안 풀리지 않았던 문제를 풀었고 동료 수학자들이 문제를 풀 수 있게 아이디어를 주었다. 그는 평생 전 세계에서 512명의 수학자와 공동연구 논문을 약 1500편 이상 발표했다. 그러다 보니, 웬만한 수학자들은 두서너 단계를 거치면 에르되시와 연결된다는 것을 알게 되었고, 그의 절친이었던 수학자 로널드 그레이엄은 에르되시와 전

세계 수학자들의 연결성을 연구하게 되었다. 그 결과 '에르되시 번호 (Erdős Number)'가 생겼다.

먼저 에르되시 본인은 번호 0이, 에르되시와 공동으로 논문을 발표한 사람에게는 에르되시 번호 1이 부여되었다. 에르되시 번호 1인 사람과 공동 저술을 한 사람에게는 에르되시 번호 2가, 에르되시 번호 2인 사람과 공동 저술을 하면 에르되시 번호 3이 부여되는 식이다. 마지막으로 완전히 동떨어져서 연계가 없는 사람은 에르되시 번호가 무한대가 된다. 수학 논문을 한 편이라도 발표한 수학자는 대부분 에르되시 번호 8 이하를 가진다고 한다. 또 무한대인 수학자를 제외하면 에르되시 번호의 최댓값은 15이고, 필즈상 수상자들은 모두 에르되시 번호 9 이하라고 한다.

수학자가 아니더라도 에르되시 번호를 가진 사람이 많다. 예를 들어 물리학자인 아인슈타인과 노벨 경제학상을 받은 레오니트 칸토로비치, 해리 마코위츠, 에릭 매스킨은 번호 2이고, 구글의 창업주 세르게이 브린과 래리 페이지가 에르되시 번호 3을 갖고 있다. 현재는 수학계뿐만 아니라 자연과학과 사회과학 분야에서도 에르되시 번호를 가진 사람이 늘어 철학자인 칼 포퍼와 언어학자인 노엄 촘스키, 그리고 화학박사인 앙겔라 메르켈 독일 전 총리와 테슬라의 일론 머스크 등도 5 이하의 에르되시 번호를 갖고 있다.

그런데 1996년에 에르되시가 사망하면서 에르되시 번호 1을 가진 사람은 더 이상 늘어나지 않는다. 에르되시 번호 1번을 가진 사람은 전 세계에 512명뿐이고, 에르되시 번호 2를 가진 사람은 현재 전 세계에 12,600명 정도이다. 이미 1번을 가진 수학자들도 에르되시와 동년배의 사람들이 많기에 낮은 에르되시 번호는 수학자들에게 독특한 명예로 여겨지고 있다.

에르되시 번호가 낮을수록 뛰어난 수학자라는 자부심이 있어 에르되시 번호 1 중에서도 에르되시와 함께 논문을 n편 썼다면 번호를 $\frac{1}{n}$이라 하기도 한다. 이런 '분수 번호'는 모두 202명 있으며, 헝가리 수학자 언드라시 샤르쾨지András Sárközy는 에르되시와 62편의 공동 논문을 발표했기에 에르되시 번호 $\frac{1}{62}$로 최소이다.

우리나라 사람 중에 에르되시 번호 1번은 없지만 2번은 꽤 있다. 필자의 에르되시 번호는 2이다. 미국의 유타주립대학교 비슬리LeRoy B. Beasley교수가 에르되시와 공동연구를 하여 에르되시 번호가 1인데, 필자는 운이 좋게도 비슬리 교수와 공동으로 논문을 발표한 적이 있어 에르되시 번호 2를 갖게 되었다. 그래서 필자와 공동으로 논문을 발표한 다른 사람들은 에르되시 번호 3을 갖게 된다. 참고로 한국계 수학자 중 김정한 교수가 번호 2, 필즈상 수상자인 허준이 교수가 번호 3이고, 천재 과학자로 알려진 이휘소 박사의 에르되시 번호는 4이다.

● ● ● ● **국제수학자회의에서 힐베르트가 제안한 23개 문제 – 리만가설**

한지우가 동훈고에서 시험문제 유출범으로 위기에 몰리고 있을 때, TV에서는 리만가설에 대한 뉴스가 넘쳐난다. 리만가설이 160년 만에 북한 수학자에 의해 풀렸다는 소식이 나오고, 사람들은 그의 행방을 궁금해한다. 이 북한 수학자는 바로 지우에게 수학을 가르치는 동훈고 경비 이학성이다.

그렇다면 과연 리만가설은 무엇일까? 이것도 어려운 수학이지만 필자가 이끄는 대로 차분히 따라오면 그 내용을 대충 이해할 수 있을 것이다.

1800년대가 시작되면서 수학은 기하학과 대수학 그리고 함수를 주로 다루는 해석학에서 놀라운 업적을 이루었다. 이 시기에는 교통이 발달하기 시작해 지역뿐만 아니라 나라 사이에도 예전에는 몇 달씩 걸리던 편지가 길어야 한 달 정도로 짧아졌다. 여러 가지 변화에 힘입어 수학을 전문적으로 다루는 잡지가 출판되기 시작하였고, 수학자들끼리 개인적인 왕래도 증가했다. 또 유럽의 각 나라와 미국에서는 수학 학회와 수학자들의 국제적인 모임이 만들어지면서 교류가 매우 활발하게 진행되었다.

각각의 학회에서 활동하던 여러 나라의 수학자들은 국제적인 수학 모임이 필요하다고 생각하여 1893년 미국의 시카고에서 최초의 국제 수학자 학술대회를 열었다. 이 모임은 4년 뒤인 1897년에 첫 공식적인 수학자들의 정기 학술대회로 자리 잡게 되었는데, 이것이 바로 국제수학자회의(International Congress of Mathematicians, ICM)이다. 4년마다 개최되고 있는 이 대회의 첫 개최지는 스위스의 취리히였고, 1900년의 두 번째 대회는 프랑스 파리에서 열렸다. 우리나라 서울은 2014년에 이 대회를 개최했고, 2022년에는 러시아·우크라이나 전쟁으로 러시아 상트페테르부르크에서 핀란드 헬싱키로 개최지가 변경되어 열렸다.

전 세계의 수학자들이 모여 수학에 관한 회의를 하는 이 대회는 두 가지 이유에서도 유명하다. 첫째는 1900년 회의에서 발표된 독일의 수학자 다비트 힐베르트 David Hilbert의 23개 문제 때문이고, 둘째는 바로 이 대회에서 필즈상을 수여하기 때문이다.

다비트 힐베르트

19세기 후반에 이르러 수학에 관심을 가지는 사람이 늘어나면서 수학자가 많아졌다. 그래서 더 이상 수학을 대표하는 뛰어난 몇 명을 꼽을 수 없게 되었고, 폭발적으로 발전하는 수학의 미래도 예측할 수 없었다. 수학의 미래를 짐작할 수 없다는 것은 어떤 문제가 수학적으로 의미 있고, 문명을 발전시키는 데 필요한 문제인가를 판단할 수 없다는 뜻이다. 특히 수학자들은 수학의 황제 가우스Carl Friedrich Gauss가 죽자 두 번 다시 그런 인물이 나타나지 않을 것이라며 더욱 당황하게 되었다. 하지만 얼마 후에 수학자들의 걱정을 해결해 준 뛰어난 인물인 프랑스의 앙리 푸앵카레Henri Poincaré와 힐베르트가 등장한다.

20세기가 시작되는 1900년 프랑스 파리에서 열린 ICM은 독일의 저명한 수학자 힐베르트에게 기념 강연을 의뢰했다. 힐베르트는 당시에 복잡하게 얽혀 갈 길을 찾지 못하고 있던 수학의 미래를 조망하는 강연을 하기로 결심하였다. 그래서 그는 해결되면 수학뿐만 아니라 인류의 문명을 발전시킬 수 있을 것으로 예상되는 23개의 문제를 선택했다. 힐베르트는 자신이 선택한 이 문제들을 해결하기 위해 앞으로 100년 동안 수학자들은 매우 바쁠 것이며, 미래의 수학에 방향을 제시할 것이라고 생각했다.

힐베르트는 당시 뛰어난 수학자였던 후르비츠Adolf Hurwitz와 민코

프스키Hermann Minkowski와 친하게 지내며 수학에 관하여 많은 의견을 나누었다. 특히 두 사람은 힐베르트가 23개의 문제를 선정하는 데 많은 조언을 해주었으며, 강연을 할 때는 10개만 발표하라고 충고하였다. 힐베르트는 그 의견을 받아들여 10개의 문제만 발표했는데, 그 내용이 매우 중요했기 때문에 강연의 전체 내용이 바로 여러 나라 말로 번역되어 출판되었다. 힐베르트가 제시한 23개의 문제는 수학 각각의 전문 분야에서 중요한 것만을 선별한 것이어서 수학을 전공하는 사람들조차도 23개의 문제 모두를 이해하는 것은 불가능하다. 힐베르트가 제안한 23개의 문제 가운데 소수에 관련된 것이 하나 있었고 이것이 바로 '리만가설'이다.

리만가설은 23개의 문제 가운데 8번째로 제시된 것이다. 리만가설은 '제타 함수의 자명하지 않은 모든 근은 실수부가 $\frac{1}{2}$이다.' 라는 것으로, 간단히 말하면 주어진 수보다 작은 소수의 개수에 관한 것이다. 이 문제는 아직 해결되지 않았으며, 100만 달러의 현상금이 붙어 있기도 하다. 힐베르트는 이 문제가 해결되면 쌍둥이 소수의 쌍이 한없이 있다는 예상도 증명될 수 있다고 생각했다. 여기서 쌍둥이 소수는 소수 가운데 3과 5, 5와 7, 11과 13 등과 같이 연속한 두 소수의 차이가 2인 소수이다.

우리가 리만가설을 모두 이해하는 것은 쉽지 않다. 하지만 약간의 지식만으로도 '리만가설이란 이런 것이구나!'라고 조금은 이해할 수 있다. 그러기 위해선 먼저 제타 함수가 무엇인지 알아야 한다.

리만가설에 등장하는 제타 함수는 다음과 같이 정의된다.

$$\zeta(s) = 1 + \frac{1}{2^s} + \frac{1}{3^s} + \frac{1}{4^s} + \frac{1}{5^s} + \frac{1}{6^s} + \frac{1}{7^s} + \frac{1}{8^s} + \cdots$$

$$= \sum_{i=1}^{\infty} \frac{1}{n^s}$$

$$= \sum_{i=1}^{\infty} n^{-s}$$

제타 함수는 무한급수이다. 예를 들어 $s=0$에서의 제타 함수의 값은 다음과 같이 발산한다.

$$\zeta(0) = 1 + \frac{1}{2^0} + \frac{1}{3^0} + \frac{1}{4^0} + \frac{1}{5^0} + \frac{1}{6^0} + \frac{1}{7^0} + \frac{1}{8^0} + \cdots$$

$$= 1 + 1 + 1 + 1 + 1 + 1 + 1 + 1 + \cdots$$

또 $s=-1$에서의 제타 함수의 값도 다음과 같이 발산한다.

$$\zeta(-1) = 1 + \frac{1}{2^{-1}} + \frac{1}{3^{-1}} + \frac{1}{4^{-1}} + \frac{1}{5^{-1}} + \frac{1}{6^{-1}} + \frac{1}{7^{-1}} + \frac{1}{8^{-1}} + \cdots$$

$$= 1 + 2 + 3 + 4 + 5 + 6 + 7 + 8 + \cdots$$

그런데 $s=2$에서의 제타 함수의 값은 다음과 같다.

$$\zeta(2) = 1 + \frac{1}{2^2} + \frac{1}{3^2} + \frac{1}{4^2} + \frac{1}{5^2} + \frac{1}{6^2} + \frac{1}{7^2} + \frac{1}{8^2} + \cdots$$

$$= 1 + \frac{1}{4} + \frac{1}{9} + \frac{1}{16} + \frac{1}{25} + \frac{1}{36} + \frac{1}{49} + \frac{1}{64} + \cdots$$

이 무한급수도 발산할까?

아니다! $s=2$인 경우 제타 함수의 값은 $\zeta(2) = \frac{\pi^2}{6}$이다. 결국 제타 함수는 s의 값에 따라서 함숫값을 가질 수도 있고 그렇지 않을 수도 있다.

그렇다면 이 제타 함수가 소수와 어떤 관련이 있을까?

현재 소수를 찾는 잘 알려진 방법은 에라토스테네스의 체이다. 에라토스테네스의 체는 자연수를 차례로 쓰고 1을 제외하고 처음 나오는 수 2에 동그라미를 치고 2의 배수를 모두 지운다. 그런 후 지워지지 않은 수 가운데 처음 나타난 수 3에 동그라미를 치고 3의 배수를 모두 지운다. 다시 지워지지 않은 수 가운데 처음 나타난 수 5에 동그라미를 치고 5의 배수를 모두 지운다. 이와 같은 방법을 계속하면 마지막에는 동그라미 친 수만 남게 되는데, 이때 동그라미를 친 수가 바로 소수들이다.

에라토스테네스의 체는 소수를 찾는 매우 깔끔한 방법이다. 그러나 이 방법은 번거롭고 지루하다. 그래서 소수를 찾는 좀 더 세련된 방법이 필요하다. 이제 그 방법을 제타 함수로 알아보자.

앞에서 제타 함수는 다음과 같음을 보았다.

$$\zeta(s) = 1 + \frac{1}{2^s} + \frac{1}{3^s} + \frac{1}{4^s} + \frac{1}{5^s} + \frac{1}{6^s} + \frac{1}{7^s} + \frac{1}{8^s} + \cdots \quad \cdots\cdots①$$

에라토스테네스의 체에서 했던 것처럼 1을 제외하고 처음 나온 $\frac{1}{2^s}$를 이용하여, 제타 함수의 우변을 바꿔나가자. 제타 함수의 양변에 $\frac{1}{2^s}$를 곱하면 지수법칙에 의하여 다음을 얻을 수 있다.

$$\frac{1}{2^s}\zeta(s) = \frac{1}{2^s} + \frac{1}{4^s} + \frac{1}{6^s} + \frac{1}{8^s} + \frac{1}{10^s} + \frac{1}{12^s} + \frac{1}{16^s} + \cdots \quad \cdots\cdots②$$

이제 ①−②를 하면, 좌변은 $\zeta(s) - \frac{1}{2^s}\zeta(s) = \left(1 - \frac{1}{2^s}\right)\zeta(s)$이고 우변은 ①에서 짝수 항만 빠진 다음과 같은 식을 얻는다.

$$\left(1 - \frac{1}{2^s}\right)\zeta(s) = 1 + \frac{1}{3^s} + \frac{1}{5^s} + \frac{1}{7^s} + \frac{1}{9^s} + \frac{1}{11^s} + \frac{1}{13^s} + \frac{1}{15^s} + \cdots \quad \cdots\cdots③$$

③에서 1을 제외하고 처음 나온 $\frac{1}{3^s}$를 다시 ③의 양변에 곱하면 다음과 같다.

$$\frac{1}{3^s}\left(1-\frac{1}{2^s}\right)\zeta(s)=\frac{1}{3^s}+\frac{1}{9^s}+\frac{1}{15^s}+\frac{1}{21^s}+\frac{1}{27^s}+\frac{1}{33^s}+\frac{1}{39^s}+\cdots \quad \cdots\cdots④$$

이제 ③－④를 하면 좌변은

$$\left(1-\frac{1}{2^s}\right)\zeta(s)-\frac{1}{3^s}\left(1-\frac{1}{2^s}\right)\zeta(s)=\left(1-\frac{1}{3^s}\right)\left(1-\frac{1}{2^s}\right)\zeta(s)$$

이고, 우변은 (3의 배수)^{s}인 항이 모두 제거되고 1을 제외한 처음 나오는 항이 $\frac{1}{5^s}$가 된다.

$$\left(1-\frac{1}{3^s}\right)\left(1-\frac{1}{2^s}\right)\zeta(s)=1+\frac{1}{5^s}+\frac{1}{7^s}+\frac{1}{11^s}+\frac{1}{13^s}+\frac{1}{17^s}+\frac{1}{19^s}+\frac{1}{23^s}+\cdots \quad \cdots\cdots⑤$$

앞에서와 같은 방법을 되풀이하기 위하여 이번에는 ⑤의 양변에 $\frac{1}{5^s}$를 곱하여 얻은 결과를 ⑤에서 빼면 다음과 같다.

$$\left(1-\frac{1}{5^s}\right)\left(1-\frac{1}{3^s}\right)\left(1-\frac{1}{2^s}\right)\zeta(s)=1+\frac{1}{7^s}+\frac{1}{11^s}+\frac{1}{13^s}+\frac{1}{17^s}+\frac{1}{19^s}+\frac{1}{23^s}+\cdots$$

이와 같은 과정을 무한히 반복하면 다음과 같은 결과를 얻을 수 있다.

$$\cdots\left(1-\frac{1}{11^s}\right)\left(1-\frac{1}{7^s}\right)\left(1-\frac{1}{5^s}\right)\left(1-\frac{1}{3^s}\right)\left(1-\frac{1}{2^s}\right)\zeta(s)=1 \quad \cdots\cdots⑥$$

⑥의 좌변에 곱해진 괄호들은 모두 소수에 하나씩 대응되며 무한히 계속된다. 그리고 ⑥의 좌변에 있는 괄호들로 양변을 나누면 제타 함수는 다음과 같은 식으로 나타낼 수 있다.

$$\zeta(s)=\left(1-\frac{1}{2^s}\right)^{-1}\left(1-\frac{1}{3^s}\right)^{-1}\left(1-\frac{1}{5^s}\right)^{-1}\left(1-\frac{1}{7^s}\right)^{-1}\left(1-\frac{1}{11^s}\right)^{-1}\cdots$$

$$= \prod_p (1-p^{-s})^{-1}$$

그리고 제타 함수는 $\zeta(s) = \sum_{n=1}^{\infty} n^{-s}$ 이므로 다음과 같은 간단한 식을 얻는다.

$$\zeta(s) = \sum_{n=1}^{\infty} n^{-s} = \prod_p (1-p^{-s})^{-1}$$

위의 식에서 좌변은 자연수를 차례로 s승한 역수의 무한개의 합이고, 우변은 소수의 무한개의 곱이다. 이것으로부터 우리는 소수가 무수히 많음도 알 수 있다.

그런데 얼핏 생각하면 $\zeta(s)=0$을 만족하는 근은 존재하지 않을 것 같지만, 실제로는 제타 함수를 변형해서 정의역을 확장하면 많은 근이 존재한다는 것을 알 수 있다(물론 여기서는 그것까지는 다루지 않는다). 사실 실수 범위에서 $s=-2, -4, -6, -8, \cdots$ 등이 모두 근이고, 이 근들을 자명한 근이라고 한다.

제타 함수는 정의역을 복소수까지 확장할 수 있는데, 그렇게 되면 실수가 아닌 복소수 근이 존재하게 된다. 이런 복소수 근을 자명하지 않은 근이라고 한다. 사실 자명한 근과 자명하지 않은 근이 무엇인지 알기 위하여도 많은 설명이 필요하지만 여기서는 대충 이 정도로 알아보고 넘어가기로 하자.

리만가설을 다시 쓰면 '제타 함수 $\zeta(s)$의 자명하지 않은 모든 근은 실수부가 $\frac{1}{2}$이다.'이고, 이것은 $\zeta(s)=0$을 만족하는 모든 복소수 근을 $a+bi$의 꼴로 나타낼 때, $a=\frac{1}{2}$이라는 것이다. 즉 $\zeta(s)=0$의 복소수

근은 $s = \dfrac{1}{2} + bi$(b는 실수)라는 것이다.

리만가설이 증명된다면 어떤 일이 벌어질까? 그 결과가 구체적으로 어떤 것인지는 알 수 없지만 수학과 물리학에 엄청난 변화가 일어난다는 것은 분명하다. 오늘날 소수는 암호학이라는 학문 분야를 발전시켰다. 암호학에서 소수의 중요성은 두말하면 잔소리로 절대적인 위치를 차지하고 있다. 따라서 리만가설 증명 여부에 따라 현대 암호에도 거대한 변화의 바람이 불 것이다. 즉, 현재의 암호 방식이 더 공고해질 수도 있고, 반대로 오늘날의 암호 방식이 무용지물이 될 수 있다. 어느 것도 확실하다고 말하기 힘들다. 그만큼 중요하기에 영화에서 북한은 이학성에게 다시 북으로 돌아오라고 압력을 넣는 것이다.

영화에서는 이학성이 리만가설을 해결했다고 하나 실제로는 아직 해결되지 않았다. 현재 리만가설은 참일 수도 있고 거짓일 수도 있다. 여러 뛰어난 수학자들의 의견을 종합해 보면 지금의 수학 수준으로는 리만가설을 증명할 수 없다고 한다. 확실한 것은 가까운 미래에 리만가설이 해결되리라는 것이다. 수학자들이 이런 황홀한 문제를 남겨둘 리가 없기 때문이다. 그래서 시간은 조금 걸리겠지만, 언젠가는 반드시 밝혀질 것이다.

금지된 사랑이 부른 비극적인 전쟁
트로이

- 제논의 역설
- 바퀴와 원주율

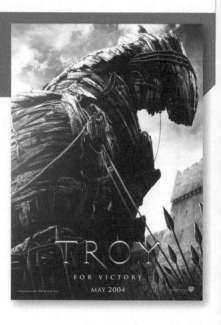

트로이	미국, 2004년

감독
볼프강 페터젠

출연
브래드 피트 (아킬레스 역)
에릭 바나 (헥토르 역)
올랜도 블룸 (파리스 역)
다이앤 크루거 (헬레네 역)

● ● ● ●   **금지된 사랑이 불러온 트로이전쟁, 신화와 역사가 만나다**

19세기 말까지 트로이전쟁은 단지 신화 속의 '그럴 듯한' 이야기였
지만 하인리히 슐리만이 터키에서 트로이 유적지를 발굴하면서 '그리
했던' 역사로 재인식되었다. 여신의 질투를 받은 미녀 헬레나를 둘러
싸고 벌어진 고대 세계의 전쟁, 아킬레스와 아가멤논 등등 신과 인간
의 중간에 놓인 영웅들의 대결이 실제로 벌어진 역사에 바탕을 두었
다니. 트로이전쟁에는 대중을 매혹할 만한 요소들이 한껏 담겨 있다.
이 트로이전쟁을 〈특전 U보트〉와 〈네버엔딩 스토리〉를 만든 후 할리
우드로 건너와 〈사선에서〉 〈아웃 브레이크〉 〈에어포스 원〉 〈퍼펙트
스톰〉 등 블록버스터 영화를 주로 만들었던 볼프강 페터젠 감독이 신
화와 역사가 합체된 화끈한 전쟁 액션영화 〈트로이〉로 연출해냈다.

지금으로부터 3200년 전, 그리스 전역을 통치하려는 미케네의 왕
아가멤논과 마지막까지 이에 저항하는 테살리와의 전투가 있었다. 아
가멤논은 테살리의 왕에게 살육을 원치 않으니 양쪽의 장수끼리 싸워
그 결과로 두 나라의 승패를 결정하자고 제안했다. 아가멤논의 장수
아킬레스는 테살리에서 나온 거구의 보아그리우스를 눕혔고, 미케네
는 그리스의 패권을 차지한다.

얼마 뒤, 트로이와 스파르타 간의 평화협정을 맺는 연회가 열리는
데 트로이의 왕 프리아모스의 아들인 헥토르와 파리스가 참가한다. 연
회 도중 파리스는 스파르타의 왕 메넬라오스의 아내 헬레네와 사랑에
빠지고, 그녀와 함께 트로이로 돌아간다. 아내를 뺏긴 메넬라오스가

형인 아가멤논에게 도움을 청하자 아가멤논은 트로이를 지배하여 지중해의 패권을 쥐고자 이를 흔쾌히 수락한다. 그러나 트로이의 수호신인 아폴론이 포세이돈과 함께 세운 트로이 성은 난공불락의 요새도시였다. 아가멤논은 그리스의 모든 왕에게서 군대를 모으고 군대를 이끌 장수로는 아킬레스를 임명한다. 아킬레스의 어머니인 바다의 여신 테티스는, 아킬레스가 트로이로 간다면 이름은 영원히 기억되겠지만 다시는 그리스로 돌아올 수 없으리라고 말한다.

● ● ● 화살이 날면서 10년 전쟁이 시작되다
– 역설적으로 수학을 발전시킨 '제논의 역설'

마침내 트로이의 앞바다에 수많은 그리스 배들이 나타나고, 아킬레스가 이끄는 그리스 군 50명이 해안으로 향한다. 해안가에서 기다리던 헥토르의 군대는 해안에 도착한 아킬레스의 병사들에게 화살을 쏘기 시작한다. 길고 긴 10년간의 전쟁이 시작된 것이다.

예전엔 동서양을 막론하고 전쟁을 시작할 때는 대개 활을 쏘며 그 시작을 알리는데 이 영화에서도 두 진영 간의 전투는 화살이 날면서 시작된다. 그래서 잠깐 활에 관한 이야기를 하고 가자.

옛날 중국에서는 전쟁을 시작하는 신호로 '우우웅~' 하며 우는 소리를 내며 날아가는 화살을 적진에 쏘았다고 한다. 우는 화살은 확성기 같은 현대식 기계가 없던 당시로서는 병사들에게 가장 간단하고도 효과적으로 전쟁 개시를 알리는 방법이었다. 사물의 시작 또는 사건이

처음 일어남을 '활이 운다'는 뜻인 효시嚆矢라 하는 것도 이에서 비롯되었다. 효시가 수학과 관련되는 것은 바로 화살 때문인데 과연 어떤 관계가 있는지 알아보자.

수학의 흥미로운 이야기 중엔 '제논의 역설'이라는 것이 있다. 제논 Zenon은 기원전 490년경에 태어나 기원전 약 430년까지 활약한 것으로 추측되는데, 자신의 철학적 사상을 방어하려고 피타고라스학파의 논리에 대해 여러 가지 역설을 주장했다. 제논의 역설들은 유한과 무한에 관한 것들이 많았는데, 이 역설들이 잘못되었음을 밝히려는 노력으로 미적분학의 기초라 할 수 있는 무한대와 무한소의 개념이 점점 다져지게 되었다. 결과적으로 제논의 역설은 수학 발전에 대단히 큰 영향을 끼쳤다.

'제논의 역설'의 주된 내용은 유한인 구간을 무한히 나누었을 때 생기는 것으로 먼저 화살과 관련이 있는 것을 알아보자. 제논이 활동할 당시 학문의 주류는 피타고라스학파가 이끌고 있었다. 피타고라스학파는 '시간은 크기가 없는 무한한 시각의 모임'이라고 주장했는데, 제논은 '시간이 크기가 없는 무한한 시각의 모임이라면 날아가는 화살은 날지 않는다.'라는 역설로 이 주장을 반박했다.

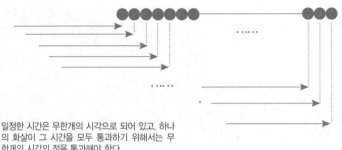

일정한 시간은 무한개의 시각으로 되어 있고, 하나의 화살이 그 시간을 모두 통과하기 위해서는 무한개의 시각의 점을 통과해야 한다.

활시위를 떠나 공중을 나는 화살을 생각해 보자. 화살은 나는 시간 내의 각각의 시각에서 일정한 위치를 차지하게 되고, 결국 그때마다 정지하고 있어야 한다. 따라서 이러한 정지 상태가 무한히 많기 때문에 운동은 될 수 없다. 그러나 활시위를 떠난 화살은 날아가므로 시간이 무한히 많은 시각으로 되어 있다는 주장은 잘못이라는 것이다.

또한 피타고라스학파가 '점은 위치만 있고 크기는 없다.'라고 주장하자 제논은 '아킬레스와 거북이의 경주'라는 또 다른 역설을 주장하며 반박했다. 이때 제논이 언급한 아킬레스가 바로 이 영화 〈트로이〉의 주인공이기도 하다. 이래저래 제논은 〈트로이〉와 많이 얽힌다. 아킬레스와 거북이가 달리기를 하면 결과

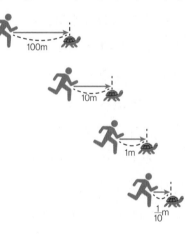

는 물어보나마나 뻔하다. 그러나 동시에 출발하는 달리기의 규칙을 살짝 바꾸어 거북이가 아킬레스보다 먼저 출발을 하고 얼마 뒤에 아킬레

스가 출발하는 것으로 하면 아킬레스는 거북이를 절대로 따라잡을 수 없다는 것이 바로 제논의 또 다른 역설이다. 제논은 아킬레스가 거북이를 이길 수 없다는 주장을 다음과 같이 설명했다.

아킬레스가 거북이의 처음 출발점에 도착했다면 거북이는 그 사이에 느린 속도이지만 앞으로 나아갔으므로 아직도 거북이가 아킬레스보다 앞에 있다. 다시 아킬레스가 거북이가 있는 그 다음 위치까지 갔을 때, 거북이는 계속해서 움직이므로 아킬레스보다 거북이가 앞서 있다. 이런 식으로 계속 진행하면 아무리 발이 빠른 아킬레스라고 해도 절대로 느림보 거북이를 따라 잡을 수 없다는 주장이다.

그런데 '나는 화살'과 '아킬레스와 거북이의 경주'의 경우는 모두 수렴하는 무한급수에 관한 것이다. 여기서는 무한급수에 대하여 설명하지는 않겠지만, 수학적으로 이것을 계산해보면 제논의 말이 옳지 않음을 알 수 있다.

●●● 전차를 타고 나타난 아가멤논과 메넬라오스
　　　 - 우주의 원리와 바퀴, 그리고 원주율

화살을 날리면서 본격적으로 맞붙은 그리스와 트로이의 전쟁은, 그리스 군대가 트로이 땅으로 상륙하는 쪽으로 전개되어 간다. 아킬레스가 이끄는 막강한 군대에 밀려 트로이의 병사들은 성 안으로 후퇴해 대책을 논의하는데 이때 파리스가 안을 내놓는다. 이 싸움은 국가 간의 문제가 아니라 두 남자의 문제인데 애꿎은 트로이 사람들이 희생됨을 원치 않으므로 헬레네가 누구를 따를지를 메넬라오스와 결투를 벌여 결정하겠다고 선언한다. 트로이의 왕 프리아모스는 사랑을 위해 싸우는 건 그 무엇보다 가치 있는 일이라 말하며 트로이의 역사가 담긴 검을 파리스에게 건넨다. 다음 날 아침, 헥토르와 파리스는 말을 타고 결투의 장으로 향하고 아가멤논과 메넬라오스는 전차를 타고 나타난다.

말을 탄 트로이의 헥토르와 파리스, 그리고 전차를 앞세운 그리스 진영의 모습이다. 〈트로이〉 중에서.

아가멤논과 메넬라오스가 타고 온 전차는 바퀴가 두 개 달린 것이었다. 그런데 과연 인간은 언제부터 바퀴가 달린 것을 탔을까?

지금부터 약 6000년 전에 고대 메소포타미아 사람들이 처음으로 바퀴라는 대단한 것을 발명했다. 처음에 이것은 딱딱한 나무판을 잘라내어 가운데에 구멍을 뚫어 회전축을 끼운 단순한 것이었으나 점차 3조각의 판자를 금속 띠 판으로 연결시켜 사용했다. 그 후 바퀴의 활용이 많아지며 바빌로니아와 아시리아 사람들은 그것들을 이용하여 짐마차나 전차戰車를 만들었으며, 기원전 2000년경에 판으로 된 바퀴를 개량하여 지금처럼 가벼운 살을

나무판자를 금속 띠 판으로 연결시켜 짜 맞춘 바퀴

가진 바퀴(spoked wheel)가 등장했다.

바퀴의 기원에 대해서는 여러 가지 설이 있는데, 그중에서 가장 설득력 있는 것은 굴림대의 불편함을 해결하기 위하여 연구한 끝에 만들어졌다는 것이다. 굴림대는 무거운 짐을 옮길 때 그 밑에 넣고 굴리는 통나무로, 짐이 이동하고 나면 뒤에 남는 불편함과 통나무이기 때문에 무겁다는 불리한 점이 있다. 이를 개량하려고 막대 같은 굴대(차축)의 양쪽 끝에 원판을 붙이는 착상을 하여 바퀴를 만들게 된 것으로 여겨진다. 그 뒤 바퀴의 무게를 줄이기 위한 메소포타미아 사람들의 노력으로 살을 가진 바퀴가 발명되었고, 이것이 기원전 1600년경에 이집트에 전파되며 유럽 전역에 퍼졌다고 한다. 중국에서도 기원전 1300년경에 살이 있는 바퀴가 달린 전차에 관한 기록이 있는 것으로 보아 바퀴는 훨씬 전부터 사용된 것으로 보인다. 우리나라에서도 아주 오래전부터 바퀴가 사용되었음을 말해주는 유물이 발굴되기도 했다.

바퀴는 인류 문명을 공간 중심에서 시간 중심으로 바꾸는데 결정적 역할을 했고, 특히 경제와 군사 분야에서 문명 가속화를 낳는 주요한 도구였다. 그래서인지 대개 바퀴가 아주 오래전부터 모든 인류가 사용했으리라 생각하지만 바퀴의 발명과 사용은 제한된 지역과 문명에서 이루어졌다.

예를 들면 아메리카 인디언과 잉카인들은 유럽인들이 전파해주기 전까지 바퀴의 존재를 알지 못했다. 인디언은 주로 말을 이용했고 잉카 문명은 고지대에서 번성했으므로 바퀴는 오히려 성가신 물건이었다. 하지만 바퀴를 사용하지 않아도 이들은 나름대로 훌륭한 문명을 창조했다. 또 이집트의 사막지대에서도 바퀴는 낙타보다 불편했다. 에

스키모가 사는 북극지방에서는 바퀴보다는 썰매가 더 효율적이었으며, 아마존과 같은 늪지대에서는 바퀴 달린 수레보다는 배 같은 탈것이 더 효율적이었다.

결국 바퀴를 발명했다고 해서 더 뛰어난 문명이라 할 수는 없지만 문명이 발달하면서 바퀴의 중요성은 더욱 커져갔다. 그리고 바퀴 달린 수레를 사용하면서 바퀴와 수레는 권위의 상징이 되기도 했는데 권위의 상징으로서 바퀴는 태양을 뜻했다. 인류에게 태양 숭배는 가장 오래되고 광범위한 형태의 우상숭배 가운데 하나로 고대문명을 주도했던 모든 민족에게서 발견할 수 있다. 태양은 원형이다. 그래서 인류는 원에 대해 특별한 의미를 부여했는데 바퀴 또한 원형이다.

원은 태양으로서는 남성적인 힘을 뜻한다. 하지만 영혼이나 마음으로서, 또는 대지를 둘러싸고 있는 바다로서는 어머니와 같은 여성적인 부드러움을 뜻하기도 한다. 중심이 있는 원은 완전한 주기, 둥근 고리의 완전함, 모든 가능성의 해결을 뜻한다. 특히 중심이 찍혀 있는 원은 태양을 상징하는데, 이런 맥락에서 중심에 축이 있는 바퀴 또한 태양과 같다. 그리하여 태양과 바퀴, 숫자 0은 인간의 사유와 삶에 의미 있는 영향을 끼친 세 개의 원이라 할 수 있다.

고대 메소포타미아 사람들은 바퀴와 도르래에 관한 관심으로 원을 기하학적 차원에서 공부하게 되었지만 원에 관한 지식은 고대 이집트 사람들이 더 많았다. 원에 관한 성질 가운데 가장 중요한 것은 바로 원주율인데 메소포타미아 사람들은 원의 둘레를 지름의 3배라고 생각한 반면 이집트 사람들은 원의 둘레를 지름의 3.14배라고 생각했다. 한편 고대 그리스에서는 지름과 원의 둘레에 대한 이 비율은 3.1416에 가깝다고 생각했다. 실제로 원주율 π는 3.1415926535로 시작하여 끝없이 계속되는 무리수이다. π는 원이나 구에서 찾을 수 있는 특별한 값으로 그리스 최고의 철학자인 아리스토텔레스는 원과 구에 대하여 다음과 같이 말했다.

"원과 구, 이것들만큼 신성한 것에 어울리는 형태는 없다. 그러기에 신은 태양이나 달, 그 밖의 별들, 그리고 우주 전체를 구 모양으로 만들었고, 태양과 달 그리고 모든 별들이 원을 그리면서 지구 둘레를 돌도록 한 것이다."

우주가 지구를 중심으로 돌고 있다는 아리스토텔레스의 천동설이 옳지 않음은 이미 판명되었고, 별들이 꼭 완벽한 원을 그리면서 돌지도 않지만 원과 구의 완전함에 대한 그의 찬사는 정당하다.

원은 한 평면 위의 한 정점(원의 중심)에서 일정한 거리(반지름)에 있는 점들의 집합이다. 따라서 원은 반지름의 길이에 따라 크기만 달라질 뿐 모양은 모두 똑같다. 그리고 원의 둘레의 길이는 반지름의 길이에 따라 정해진다. 특히 원의 둘레 길이와 지름은 원의 크기와 상관없이 일정한 비를 이루는데, 이 값을 원주율이라고 하고 기호 π로 나타낸다. 이 기호는 '둘레'를 뜻하는 그리스어 '$\pi\epsilon\rho\iota\mu\epsilon\tau\rho o\zeta$'의 머리글자로 18세기의 스위스 수학자 오일러가 처음 사용했다.

반지름의 길이가 주어졌을 때 원의 둘레와 원주율 π를 구하려는 노력은 아주 오래전부터 있었다. 아르키메데스도 π에 관심이 많았기 때문에 그 값을 정확하게 구하려고 많은 노력을 했다. 당시에는 원 둘레의 길이를 직접 측정하기 어려웠으므로 아르키메데스는 원에 내접하고 외접하는 정다각형을 이용하여 원의 둘레의 길이를 구했다. 즉, (내접하는 정n각형의 둘레의 길이)<(원의 둘레)<(외접하는 정n각형의 둘레의 길이)이므로 원 둘레의 길이 근삿값을 구할 수 있었다.

오른쪽 그림은 반지름의 길이가 1인 원에 내접하고 외접하는 정사각형을 그린 것이다. 먼저 외접하는 큰 사각형의 둘레의 길이는 $\overline{OI}$가 1이므로 다음과 같다.

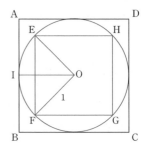

(□ABCD의 둘레의 길이)$=2 \times 4=8$

내접하는 정사각형의 둘레의 길이를 구하기 위하여 $\overline{EF}$의 길이를 구하면 된다. 그런데 △OEF는 $\overline{OE}=\overline{OF}=1$인 직각이등변삼각형이므로 피타고라스 정리에 의하여 다음과 같이 $\overline{EF}$의 길이를 구할 수 있다.

$$\overline{EF}=\sqrt{1^2+1^2}=\sqrt{2}$$

그러므로 내접하는 정사각형인 □EFGH의 둘레의 길이는 다음과 같다.

(□EFGH의 둘레의 길이)

$$=\sqrt{2} \times 4 \approx 1.4 \times 4 = 5.6$$

따라서 원의 둘레는 5.6보다는 크고 8보다는 작다고 할 수 있다. 그리고 반지름의 길이가 1인 원의 둘레는 π의 두 배이므로 π는 2.8보다 크고 4보다 작다고 할 수 있다.

다음 그림과 같이 정8각형을 원에 외접하고 내접하게 그리면 조금 더 참값에 가까운 π의 근삿값을 구할 수 있다. 아르키메데스는 이와 같은 방법으로 정96각형을 이용하여 원의 넓이와 둘레의 길이를 구했고, 원주율 π의 근삿값을 $3.1408\cdots<\pi<3.1428\cdots$라고 했다. 아르

키메데스의 이런 노력 때문에 오늘날 π 를 '아르키메데스의 수'라고도 부른다.

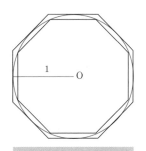

이제 다시 영화로 돌아가 보자.

드디어 파리스와 메넬라오스의 결투 가 시작되는데 파리스는 부상을 당하고 형인 헥토르가 메넬라오스를 죽이게 된 다. 그러자 화가 난 아가멤논은 총공격 을 명령하지만 아가멤논과의 불화로 아

정4각형, 정6각형, 정8각형, 정 12각형, 정24각형, 정36각형... 등으로 정다각형의 각수를 차 츰 늘려가면서 정96각형에 서 값을 얻어냈다.

킬레스가 전열에서 이탈해버린 그리스 군은 오합지졸 신세를 면치 못 한다. 하지만 사촌인 파트로클로스의 죽음을 본 아킬레스가 다시 합류 하고, 헥토르와 아킬레스의 결투가 벌어져 아킬레스가 승리를 거둔다. 혼자 몸으로 헥토르의 시신을 찾으러 온 프리아모스의 용기에 감탄한 아킬레스는 12일의 장례 기간을 지켜주겠다고 한다. 하지만 아가멤논 의 명령을 받은 오디세우스는 트로이의 성으로 들어갈 수 있는 계략 을 세운다. 그것이 바로 유명한 '트로이의 목마'로 적이 안심하는 동안 그 심장부에 들어가 공격을 하는 것이다. 트로이전쟁은 트로이의 목마 를 이용한 그리스 군의 승리로 끝나지만 결코 어느 쪽의 승리라고 말 할 수 없을 정도로 수많은 영웅이 목숨을 잃는다. 물론 일반인들의 죽 음은 더 엄청났다.

끊이지 않는 지구 종말론
2012

- 지진과 로그
- 마야인의 달력

2012　　　미국, 2009년

감독　　　**출연**
롤렌드 에머리히　　존 쿠삭 (잭슨 커티스 역)
　　　　　　　아만다 피트 (케이트 커티스 역)
　　　　　　　치웨텔 에지오포 (애드리안 헴슬리 역)
　　　　　　　탠디 뉴튼 (로라 윌슨 역)

●●●● **세상이 끝나가도 희망은 남을까**

이 영화는 〈투모로우〉 〈인디펜던스 데이〉 등을 잇달아 연출해 '재난 영화 전문 감독'이란 별명을 가진 롤렌드 에머리히 감독이 메가폰을 잡았다. 〈2012〉는 짐작대로 2012년이 '지구 종말의 해'라는 의미이다. 만약 이 책을 읽고 있다면 지구의 종말은 여전히 오지 않았을 것이다.

실제로 지구에 종말이 온다면 그 재앙이 아무런 징후 없이 어느 날 갑자기 들이닥칠 리는 없다. 온갖 종류의 재난들이 여기저기서 터져 나올 터이고 사람들은 공포와 두려움으로 갈팡질팡할 것이다. 과연 인류는 어떻게 대처할까, 인류애와 희망은 남아 있을까. 웅장하고 대담한 영상을 뽐내는 에머리히 감독에게 지구 종말이란 시나리오는 '거절할 수 없는' 달콤한 제안이었을 것이고, 그는 상상력을 한껏 펼쳤다.

이 영화는 고대 마야인의 예언인 '태양이 6번 사라질 때 지구가 멸망한다'라는 문장을 바탕으로 만들어졌는데, 사실 스토리 구성은 빈약하다. 하지만 지진과 해일, 화산 폭발, 유람선 전복, 건물 연쇄붕괴 등 재난영화들에서 봤던 명장면들을 종합 선물세트처럼 한꺼번에 쏟아낸다. 그래선지 2009년 11월 전 세계에서 동시 개봉된 뒤 북미 지역에서만 개봉 첫 주말 3일 동안 무려 6500만 달러가 넘는 수입을 올렸다.

영화는 2009년, 지구와 태양 그리고 나머지 천체들이 일직선으로 움직이는 장면으로 시작한다. 미국의 아드리안 박사는 인도에서 거대 쓰나미가 일어날 것이라는 논문을 발표한다. 종말론자이자 라디오 진행자인 찰리 프로스트는 자체 제작한 라디오 방송을 통해 종말을 예고

하지만 아무도 그를 믿지 않는다. 그러나 비공개로 진행된 G8 회의에
서는 2012년에 닥칠 인류 멸망에 대비할 비밀정책을 이미 세웠고, 그
건 히말라야 근처의 산악지대에 일명 '노아의 방주' 같은 거대한 배를
만든다는 것이다. 단, 그 방주는 10억 유로(약 1조 5000억 원)를 낸 사십
만명의 사람들에게만 탑승 기회가 있다.

● ● ●　종말을 알리는 거대한 신호가 온다 - 지진과 로그

드디어 2012년 12월이 되었다. 러시아 갑부 유리 칼포프의 운전기

사로 일하는 전직 작가 잭슨 커티슨은 아내 아만다 피트와 이혼한 상태다. 어느 날 아이들을 데리고 옐로스톤으로 여행을 떠났는데 그곳은 민간이 출입통제구역이 되어 군인들이 지키고 있었다. 그곳에서 정신이 이상한 찰리라는 사람을 만나 지구 종말에 대한 시나리오와 함께 거대한 방주의 위치가 있는 지도 이야기도 듣게 된다. 옐로스톤에서 돌아온 잭슨은 이런저런 정보를 모은 뒤 찰리의 말이 사실임을 확신하고, 이혼한 아내에게 전화를 걸어 아이들과 함께 떠나자고 제안한다. 아만다와 그의 새 남편 고든 실버맨은 잭슨의 말을 믿지 않지만 불과 몇 분 뒤 강도 10.2의 지진이 일어난다. 거대한 규모의 지진으로 가족(아이들부터 전 아내의 새 남편까지)을 태운 잭슨의 승용차 뒤쪽에서는 땅이 꺼지고 건물들은 송두리째 무너져 내린다. 일촉즉발의 위험한 순간들을 넘기고 가까스로 고든이 조종하는 경비행기에 탑승한 일행은 바닷속으로 사라지는 도시를 황망히 바라본다.

거대한 지진으로 땅이 꺼지고 건물들이 맥없이 무너지며 도시가 붕괴한다. 〈2012〉 중에서.

여기서 잠깐. 10.2라는 지진의 강도는 어떻게 계산할까? 그 정도면 얼마만큼의 에너지를 갖고 있을까?

지진은 지진에 대한 사람의 반응과 지진으로 인한 피해 정도를 기준으로 크기를 정하는데 크기를 나타내는 척도로 절대적 개념의 '규모'와 상대적 개념의 '진도'가 사용된다. 규모란 지진 자체의 크기를 측정하는 단위로 1935년에 이 개념을 처음 도입한 미국의 지질학자 찰스 리히터의 이름을 따서 '리히터 규모(Richter scale)'라고도 한다. 국제적으로 '규모'는 소수 첫째 자리까지 나타내고, '진도'는 정수 단위의 로마 숫자로 표기하는 게 관례이다. 예를 들면 규모 5.6, 진도 Ⅳ와 같이 나타낸다. 따라서 '리히터 지진계로 진도 5.6의 지진'은 틀린 표현이며 '리히터 스케일 혹은 리히터 규모 5.6의 지진' 또는 단순히 '규모 5.6의 지진'이라 표현해야 한다. 아래는 진도와 리히터 규모 그리고 그에 따른 피해 정도를 나타낸 표이다.

그런데 리히터 규모는 지진계에서 관측되는 가장 큰 진폭으로부터 계산된 상용로그 값을 바탕으로 만들어진 단위이기 때문에 리히터 규모 5의 지진이 갖는 진폭은 리히터 규모 4의 지진보다 진폭이 10배 크다. 또 지진이 발생했을 때 방출되는 에너지는 그것의 파괴력과도

지진의 진도와 규모에 따른 피해 정도

진도	리히터 규모	강도	효과
I	3.5 미만	기계만 느낌	지진계나 민감한 동물이 느낀다.
II	3.5	아주 약함	가만히 있는 민감한 사람이 느낀다.
III	4.2	약함	트럭이 지나가는 것과 같은 진동을 느낀다.
IV	4.5	중간 정도	실내에서 진동을 느끼고 정지한 자동차를 흔든다.
V	4.8	약간 강함	대부분 진동을 느껴 자는 사람을 깨운다.
VI	5.4	강함	나무가 흔들리고, 의자가 넘어진다. 일반적인 피해를 초래한다.
VII	6.1	보다 강함	벽에 금이 가고 물건이 떨어진다.
VIII	6.5	파괴적임	굴뚝, 기둥이나 약한 벽이 무너진다.
IX	6.9	보다 파괴적임	집이 무너진다.
X	7.3	재난에 가까움	많은 빌딩이 파괴되고 철도가 휜다.
XI	8.1	상당한 재난	빌딩 몇 개만 남고 다 무너진다.
XII	8.1 이상	천재지변	완전히 파괴된다.

밀접한 관계가 있는데, 이때 발생하는 진폭의 $\frac{3}{2}$제곱만큼 커진다. 그래서 리히터 규모가 1.0 만큼 차이 나면 방출되는 에너지는 $(10^{1.0})^{\frac{3}{2}} \fallingdotseq 31.6$배만큼 커지게 되고, 리히터 규모가 2.0만큼 차이 나면 $(10^{2.0})^{\frac{3}{2}} = 10^3 = 1000$배만큼의 에너지가 더 많이 방출된다는 뜻이다. 실제로 리히터 규모가 M일 때 방출되는 에너지는 $E = 10^{1.5M+4.8}(\mathrm{J})$로 구한다.

예를 들어 리히터 규모 2와 리히터 규모 4가 낼 수 있는 에너지를 각각 구하면 규모의 차이는 불과 2이지만 에너지의 차이는 다음과 같이 약 1000배이다.

리히터 규모 2 : $E = 10^{1.5 \times 2 + 4.8} = 10^{7.8} \fallingdotseq 63095734.44801942$

리히터 규모 4 : $E = 10^{1.5 \times 4 + 4.8} = 10^{10.8} \fallingdotseq 63095734448.01942$

그런데 이 복잡한, 제곱의 곱셈과 나눗셈을 한다고 생각해보자. 계산기나 컴퓨터와 같은 공학적 도구가 발달하지 않았던 때에는 이렇게 큰 수의 계산도 일일이 사람의 손으로 할 수밖에 없었다. 사람들은 어떻게 하면 곱셈과 나눗셈을 좀 더 쉬운 셈법인 덧셈과 뺄셈으로 바꿀 수 있을지 고민했다. 그 결과로 발명된 것이 네이피어가 생각해낸 로그이다. 즉, 곱셈보다는 덧셈이, 나눗셈보다는 뺄셈이 더 간단하기 때문에 로그를 이용해 곱셈을 덧셈으로, 나눗셈을 뺄셈으로 바꾸어 계산할 수 있게 되었다. 이런 계산의 변화를 이해하기 위하여 간단히 상용로그에 대하여 알아보자.

10의 거듭제곱 $10^1 = 10$, $10^2 = 100$, $10^3 = 1000$, $10^4 = 10000$, $\cdots$에서 10^1에 1을, $10^2 = 100$에 2를, $10^3 = 1000$에 3을, $10^4 = 10000$에 4를 각각 대응시킬 수 있다. 즉, $N = 10^x$을 만족시키는 10의 거듭제

곱인 N에 x를 대응시킬 수 있다. 양수 N에 대하여 $10^x = N$일 때, 10을 밑으로 하는 로그 $x = \log_{10} N$을 상용로그라 하고 보통 로그의 밑 10을 생략하여 $\log N$과 같이 나타낸다.

예를 들어 $10^3 = 1000$은 상용로그로 $3 = \log 1000$이고, 이것은 앞에서 $10^3 = 1000$에 3을 대응시켰던 것과 같다.

그러면 $10 \times 100 = 10^1 \times 10^2 = 1000 = 10^3$이고, 상용로그로 나타내면 $\log(10 \times 10^2) = \log 10^3$에서 $1 + 2 = \log 10 + \log 10^2 = 3$과 같이 로그 안의 곱셈을 로그 밖에서는 덧셈으로 셈할 수 있다. 결국 상용로그에서 곱셈을 덧셈으로, 나눗셈을 뺄셈으로 다음과 같이 쉽게 계산할 수 있다. 이것은 10의 거듭제곱에서 거듭하여 곱하는 개수만을 생각하는 것과 같다.

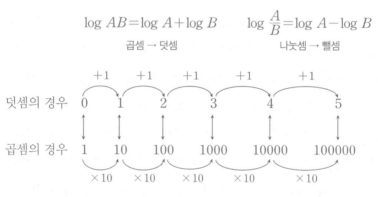

$$\log AB = \log A + \log B \qquad \log \frac{A}{B} = \log A - \log B$$

곱셈 → 덧셈 | 나눗셈 → 뺄셈

앞에서 보았던 지진의 에너지 식인 $E = 10^{1.5M + 4.8}$을 상용로그로 바꾸면 $\log_{10} E = 1.5M + 4.8$이 된다. 이것으로부터 리히터 규모 M을 알면 쉽게 에너지의 크기를 알 수 있기 때문에 지수를 사용해 계산했던 것보다 훨씬 간단하다.

예를 들어 앞에서 계산했던 리히터 규모 2와 4의 경우를 각각 구하면 다음과 같다.

$$\log_{10} E = 4.8 + 1.5 \times 2 = 7.8, \ \log_{10} E = 4.8 + 1.5 \times 4 = 10.8$$

이 식에 의하면 영화에 나오는 리히터 규모 10.2의 지진이 발생했을 때의 에너지는 $\log_{10} E = 4.8 + 1.5 \times 10.2 = 20.1$임을 알 수 있다. 이런 식은 리히터 규모 2인 경우의 63095734.44801942나 리히터 규모 4인 경우의 63095734448.01942보다 계산 과정뿐만 아니라 눈으로 보기에도 훨씬 간단하고 편리하다.

복잡한 계산 과정을 간단히 만들어준 로그의 발명은 아주 큰 수의 계산을 많이 해야 하는 천문학자에게 엄청난 축복이었다. 그래서인지 프랑스의 유명한 수학자는 로그의 발명에 대하여 다음과 같이 말했다.

"로그의 발명으로 일거리가 줄어서 천문학자의 수명이 두 배로 연장되었다."

지금도 로그는 많은 분야에서 매우 유용하게 사용되고 있는 대표적인 수학 개념이다.

● ● ● ● **왜 하필 2012년인가 – 지구 종말과 마야인의 달력**

영화는 카메라의 시야를 넓혀 세계 각지에서 일어나는 엄청난 규모의 자연 재해를 연속적으로 보여준다. 브라질의 코르코바두 예수상이 쓰러지고, 바티칸에서는 시스티나 성당이 무너진다. 이슬람교도들은 성지 메카에 모여 기도하지만 신은 응답하지 않는다. 세계가 무너져 내리는 미증유의 위기 앞에 종교는 현실적인 도움이 되지 못한다. 우리나라도 예외는 아니어서 동해에서 규모 7.9와 8.2의 지진이 발생하고 쓰나미로 전 국토가 물에 잠기는 걸 영화에서 볼 수 있다. '방주'가 건설 중인 중국 내륙 지방만 제외하고 전 세계 어느 곳도 재난을 피할 수 없다.

그런데 거액을 지불한 부자와 정치인들은 살아날 수 있는 그 방주에 탑승하지만 대부분의 사람들은 그러지 못한다. 지구 종말의 순간에도 돈과 권력이 생사를 가른다. 수많은 고비를 넘어 방주까지 도착했지만 소시민들은 탈 수 없다. 최후의 순간, 방주를 바라보고만 있던 사람들 중 일부가 운 좋게 탑승에 성공한다. 잭슨 일행 또한 뒷문을 통해 잠입하는 데 성공한다. 그들은 과연 종말의 순간을 이겨낼 수 있을까?

그런데 왜 하필 이 영화는 2012년 12월 21일을 지구 종말의 날로 잡았을까? 그건 바로 마야 달력 때문이다. 현재 우리가 사용하고 있는 달력은 몇 백 년, 아니 몇 천 년이 지나도 변함없이 계속되겠지만 마야 달력은 그렇지 않다. 영화 〈2012〉는 그 마야 달력에서 아이디어를 얻었다.

기원전에 고대 멕시코 유카탄 반도에서 번성한 마야문명은 돌과 흙으로 제단을 만들고 특정 날을 정해 제사를 지냈다. 그러기 위해선 무엇보다도 정확한 달력이 필요했다. 마야 사람들은 1달을 20일, 1년을 18개월로 나누었기 때문에 $20 \times 18 = 360$일로 1년을 정하였다. 그리고 1년 365일 중 남는 5일을 '불길한 5일' 또는 '추가하는 5일'이란 뜻으로 '우야옙Wayeb'이라고 불렀으며 따로 윤년이나 윤달을 시행하지 않았다. 우야옙과 그들이 사용한 18개의 달, 그리고 20일은 각각 모양과 이름이 있다.

우야옙 모양

그리고 18개의 달을 나타내는 그림과 뜻은 아래와 같다.

달	이름	그림문자	뜻	달	이름	그림문자	뜻
1	Pohp		매트 (mat)	10	Yax		초록 폭풍우 (green storm)
2	Wo'		검은 결합 (black conjunction)	11	Sak'		흰 폭풍우 (white storm)
3	Sip		붉은 결합 (red conjunction)	12	Keh		붉은 폭풍우 (red storm)
4	Sotz'		박쥐 (bat)	13	Mak		둘러쌈 (enclosed)
5	Sek		(모름?)	14	K'ank'in		노란 태양 (yellow sun)
6	Xul		개 (dog)	15	Muwan'		올빼미 (owl)
7	Yaxk'in'		새로운 태양 (new sun)	16	Pax		씨 뿌리는 시기 (planting time)
8	Mol		물 (water)	17	K'ayab		거북이 (turtle)
9	Ch'en		검은 폭풍우 (black storm)	18	Kumk'u		곡물창고 (granary)

20일의 모양은 아래와 같은데, 각 날의 뜻은 다음과 같다.

1일:악어나 해룡, 2일:바람이나 생명의 힘, 3일:어둠이나 밤, 4일:그물이나 제물, 5일:뱀, 6일:죽음, 7일:사슴, 8일:금성이나 별, 9일:비취나 물, 10일:개, 11일:짖는 원숭이, 12일:비, 13일:어린 옥수수나 씨, 14일:재규어, 15일:독수리, 16일:밀랍, 17일:지구, 18일:부싯돌, 19일:폭풍우, 20일:지배자나 태양

마야 사람들은 달력을 '쫄킨 Tzolkin'이라고 했다. 쫄킨에 따르면 윤년이 아닌 해로 오늘날의 8월 19일인 231일째 날은 11번째 달을 뜻하는 그림과 11일을 뜻하는 그림으로 아래와 같이 나타내고 '삭 추웬Sak' Chuwen'이라고 말했다. 이는 '흰 폭풍우 달 짖는 원숭이 일'이 된다.

마야 달력에 보이는 20일의 각 모양

마야의 역법은 아주 복잡해 365일을 1년의 주기로 하는 태양력뿐만 아니라 260일을 주기로 하는 탁금력卓金曆, 6개월을 주기로 하는 태음력, 29일과 30일을 주기로 하는 태음월력太陰月曆이 있

마야력 '8월 19일'

다. 또 365일과 260일의 두 개의 달력을 톱니바퀴처럼 맞물려 순환시킨 장기력長期曆이 있는데, 이 두 개의 역이 일치하는 주기는 52년이다.

이와 같은 복잡한 달력을 사용했던 마야인들에 따르면 지금까지 세계는 모두 세 번 창조되었다가 멸망했고, 현재는 네 번째 세계이며 기원전 3114년 8월 13일에 시작되었다고 한다. 그리고 우리 태양계가 기원전 3113년부터 서기 2012년까지 5125년을 주기로 은하계를 운행하고 있다고 한다. 즉, 지구가 태양계와 더불어 은하의 중심을 가로질러 이동하는데 5125년이 걸린다는 것이다. 그들은 태양계가 은하를 횡단한 후에 '은하계에 동화同化'라고 부르는 커다란 변화를 겪는다고 생각했는데, 그 날이 바로 2012년 12월 21일이라는 것이다.

고대 마야 사람들은 뱀을 믿는 뱀 토템사상이 있었다. 그들은 뱀이

허물을 벗는 모습을 보고 이 세상도 그와 마찬가지로 옛 것이 가고 새 것이 다시 태어난다고 여겼다. 이런 생각은 일종의 윤회사상으로 마야인들이 순환적인 사고를 가졌음을 알 수 있다. 이런 그들의 생각에 따르면 2012년 12월 21일은 지구 종말이라기보다 재생의 날이다.

● ● ● 종말에 대한 관심도 계속되고, 삶도 계속되다
- 컴퓨터 공학과 종말론들

그런데 흥미로운 점은 2012년에 지구가 종말한다는 예언이 많았다는 점이다. 1982년 로마 국립 중앙도서관에서 노스트라다무스의 새로운 예언서(바티니시아 노스트라다미)가 발견되었다. 종말론자들은 이 예언서에 있는 암호 같은 그림 몇 장에 주목하고는 2012년에 지구가 멸망한다고 해석했다. 노스트라다무스의 그림 예언에 대해 자클린 알르망 프랑스 노스트라다무스 박물관장은 "그림 예언서는 노스트라다무스로부터 나온 것이 아니라는 것을 확신한다."며 "모든 노스트라다무스의 책들은 그의 생전에 출판되었고, 그 이후에 출판된 자료들은 전부 다 잘못된 근거들이다."고 했다. 빗나간 예언인 1999년 노스트라다무스의 종말 예언서도 그가 죽은 뒤에 4행시가 덧붙여진 것이다. 그림 예언서를 최초에 발견했던 로베르토 피노티도 "원하는 대로 해석할 수 있다."며 종말 예언을 믿지 않는다고 밝혔다

또 다른 지구 종말설은 동양에서 오랫동안 길흉화복과 우주 삼라만상의 움직임을 설명하는 기준이 된 〈주역〉을 바탕으로 한 것이다.

〈주역〉은 64개의 서로 다른 모양의 괘를 이용해 점치는 법을 적은 중국의 고대 서적이다. 2000년, 미국의 과학자 테렌스 메케나는 주역을 수리적으로 분석해 시간의 흐름과 64괘의 변화율을 그래프로 표시하고, 이러한 그래프를 '타임웨이브 제로Time wave Zero'라고 이름 붙였다. 그는 이 그래프가 4천 년에 걸친 인류사의 변화와 정확하게 일치한다고 주장했다. 그래프가 상승한 시기에는 영웅이 등장하거나 새로운 국가가 탄생했으며, 그래프가 하강한 시기에는 인류사의 비극적인 사건이 일어나거나 국가가 멸망했다는 것이다. 이 그래프는 어느 시점에서 0이 되는데, 이 날이 바로 2012년 12월 21일이라고 한다. 이에 대해 한 전문가는 타임웨이브는 '시작에서 끝'이라는 세계관이고, 주역의 세계관은 '끝나면 다시 시작한다'는 세계관이라며 타임웨이브의 종말론에 대해 반박했다.

세번 째로 웹봇의 예언이다. 웹봇이란 전 세계 인터넷상의 모든 자료를 모아 핵심 단어들을 조합한 언어 엔진을 통해 주식시장의 변동을 그래프로 예측하는 프로그램인데 주식시장에 막대한 영향을 끼치는 사건이 발생하기 전에 이 모두를 예측했다고 한다. 2001년 미국 9.11 테러와 컬럼비아 우주왕복선 참사, 2004년 인도양의 지진 해일 사태 등을 예측했다는 것이다. 이 웹봇이 어느 한 시점을 기준으로 분석을 거부했는데 그날이 바로 2012년 12월 21일이라고 한다. 웹봇이 분석한 그래프가 타임웨이브 제로와 상당 부분 일치한다는 점에서 주목받지만 웹봇은 단순한 컴퓨터 프로그램이기 때문에 프로그램상의 문제점으로 공교롭게도 2012년 12월 21일을 거부하는 것이라고 한다.

결국 지구의 멸망은 일부 종말론자들의 주장이다. 지구 종말론 때

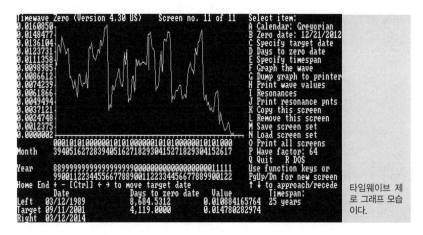

타임웨이브 제로 그래프 모습이다.

문에 자신의 삶을 흔들 필요는 없다. 철학자 스피노자는 "내일 지구가 멸망한다 해도 나는 오늘 한 그루의 사과나무를 심겠다."고 했다. 현실에 충실한 삶이 미래의 불안함을 떨쳐버릴 수 있는 것이다.

인재(人災)가 만드는 종말도 있다
〈투모로우〉

〈2012〉가 인간으로서는 어찌 할 수 없는, 피할 수 없는 종말의 모습이라면 같은 감독이 만든 영화 〈투모로우〉는 인간의 무분별한 개발과 이기심에서 비롯된 '얼어붙은' 종말의 풍경이다. 기후학자인 잭 홀 박사는 남극 탐사 도중 지구의 이상 변화를 감지하고, 지구의 기온 하강에 관한 연구 발표를 한다. '급격한 지구 온난화로 인해 남극, 북극의 빙하가 녹고 바닷물이 차가워지면서 해류의 흐름이 바뀌고, 결국 지구 전체가 빙하로 뒤덮이는 재앙이 온다'는 발표였다. 무시무시한 이 주장은 회의에서 비웃음을 사지만 곧 지구 곳곳에 이상 기후 증상이 나타난다. 북반구 전체가 거대한 빙하가 되어가고 사람들은 남쪽으로 피신하는 가운데, 뉴욕에 아들을 두고 온 잭은 홀로 북쪽 뉴욕으로 향한다.
1997년 12월 채택된 기후 변화 협약에 따른 온실가스 감축 목표에 관한 의정서인 교토의정서가 발효된 지 올해로 16년째다. 가장 많은 온실가스를 배출하는 나라인 미국은 2001년 자국 산업 보호를 목적으로 탈퇴했고 캐나다 또한 2012년 말 교토의정서를 공식적으로 탈퇴하겠다고 선언하는 등 선진국들의 잇따른 이탈로 사실상 와해되는 분위기이다. 교토 체제를 이어간다면 자국 경제에 심각한 타격을 입힐 수도 있다는 근거를 들어 '환경'에는 등을 돌리고 있는 것이다. 〈투모로우〉는 인류가 스스로 만들어내는 가장 처참한 앞날을 보여준다.

MIT 수학 천재들의 라스베이거스 무너뜨리기

21

- 몬티 홀의 딜레마와 조건부확률
- 카드의 무게중심과 수열의 합

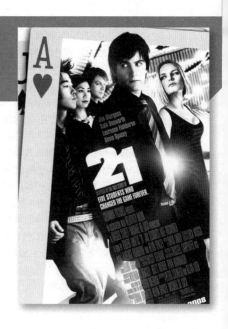

21   미국, 2008년

감독
로버트 루케틱

출연
짐 스터게스 (벤 켐블 역)
케이트 보스워스 (질 테일러 역)
아론 유 (최 역)
리자 라피라 (키아나 역)
제이콥 피츠 (지미 피셔 역)

● ● ● ● **대학 등록금이 부담스러운 수학 천재**

미국 학생들도 한국 학생들만큼 대학 등록금이 부담스럽다. MIT 졸업을 앞두고 있는 주인공 벤은 하버드 의대 입학을 앞두고 로빈슨 장학금을 타야 하지만 경쟁자가 너무 많다. 하버드의 필립스 교수에게 장학금을 꼭 받게 해 달라고 하지만 교수는 장학금을 받으려는 학생들이 모두 뛰어나기 때문에 특별한 무엇인가가 있어야 한다고 말한다. 필립스 교수는 벤에게 본인의 장점, 또는 다른 사람들을 압도하는 경험이나 능력이 있으면 가능하다고 한다. 그러자 벤이 필립스 교수에게 자신의 이야기를 들려주면서 액자식 구성의 이야기 속 이야기가 펼쳐진다.

벤은 옷 가게에서 시간당 8달러짜리 아르바이트를 하는데 단돈 10센트도 쓰지 않고 모아도 하버드의 등록금 30만 달러를 감당하기엔 어림도 없다. 장면이 바뀌어 미키 교수가 담당하고 있는 수학 강의를 듣는 벤, 교수가 '뉴턴의 공식'이 어떻게 쓰이는지 묻자 벤은 정확히 설명해 낸다. 그러자 미키는 벤을 시험해 보려고 일명 '게임 진행자의 문제'를 낸다. "벤이 게임쇼에 나왔다고 가정하자. 이 쇼에서 벤은 세 개의 문 가운데에서 하나를 고를 수 있으며 셋 중 하나의 문 뒤에는 새 차가 있고, 나머지 두 개의 문 뒤에는 염소가 있다. 벤은 어떤 문을 선택할 것인가?"

벤이 1번 문을 선택한다고 하자 교수는 게임 진행자가 염소가 있는 3번 문을 열어서 보여 주었다고 한다. 그리고 1번 문을 계속 고집할지 아니면 다른 문으로 바꿀지 묻는다. 그러자 벤은 확률에 근거해 문을 바꾸겠다고 한다. 처음엔 세 개의 문이 있었지만 문 하나를 여는 순간 기존의 변수가 바뀌었기 때문이라면서 다시 선택을 해야 한다고 말한다. 좀 더 자세히 설명하라는 교수의 말에 벤은 거침없이 자신의 생각을 말한다.

● ● ● ● 　문 뒤의 염소를 피하는 방법 – 몬티 홀의 딜레마와 조건부확률

처음에 어떤 문을 선택했을 때 맞힐 확률은 33.33%였다. 하지만 문 하나를 열고 다시 선택할 기회가 주어졌을 때 선택을 바꾸면 먼저보다 차를 받을 확률이 더 올라가기 때문에 선택을 1번 문에서 2번 문으로 바꾸는 것이 유리하다고 벤이 설명한다. 그러자 교수는 정확하게 맞혔다며 조건이 바뀌면 변수가 바뀌기 때문에 모든 변수를 다 생각해야 한다는 말을 강조한다. 교수의 이 한마디는 영화 전체의 흐름과도 깊은 관련이 있다.

여기서 잠깐 벤의 풀이 방법을 자세히 알아보고 가자.

영화에서 미키 교수가 벤에게 낸 문제는 사실 '몬티 홀의 딜레마'로 알려져 있는 문제이다. 몬티 홀 딜레마는 미국의 TV 게임 쇼인 'Let's make a deal'이라는 프로그램에서 방영된 게임으로 그 쇼의 사회자인 몬티의 이름에서 유래된 것이다. 이 프로그램에서 퀴즈 대결의 최종 우승자가 결정되면 다음과 같은 상황이 주어진다.

'문이 셋 있는데 하나의 문 뒤에는 고급 스포츠카가 있고, 나머지 두 개의 문 뒤에는 염소가 있다. 우승자가 이 문들 중에서 하나를 선택하여 스포츠카가 나오면 그 차를 우승자에게 준다. 그런데 우승자가 문 하나를 선택하면 사회자는 나머지 문 두 개 중에서 염소가 있는 문 하나를 열어 보여준다. 그리고 사회자는 우승자에게 열리지 않은 문 둘 중에서 다시 한번 문을 선택할 기회를 준다.'

예를 들어 세 개의 문 1, 2, 3이 있을 때 우승자가 1번 문을 선택했고, 사회자는 2번 문을 열어 주었다고 하자. 이때 우승자는 2가지의 선택을 할 수 있다. 처음에 선택한 문을 바꾸지 않고 그대로 유지하거나, 처음에 선택한 문을 버리고 남아 있는 다른 문 하나를 선택할 수가 있다. 그리고 우승자가 선택한 문을 열어 문 뒤에 있는 상품을 가져간다.

실제로 이 프로그램의 대부분의 우승자들은 열리지 않은 문 두 개 중에서 하나에 고급 스포츠카가 있기 때문에 스포츠카를 선택할 확률은 $\frac{1}{2}$로 같다고 생각하여 처음에 선택한 문을 바꾸지 않았다고 한다. 그런데 조건부확률을 알고 있는 우승자라면 처음에 선택한 문을 바꾸어 고급 스포츠카를 얻을 확률을 좀 더 높일 것이다.

이 문제는 조건부확률 문제이지만 사실 어려운 수학을 도입하지 않고 어느 쪽이 유리한지 알아볼 수 있다. 그러려면 다음과 같이 처음에 스포츠카가 있는 문을 선택하는 경우와 염소가 있는 문을 선택하는 경우에 대해 선택한 문을 바꾸는 경우와 바꾸지 않는 경우로 나누어 스포츠카가 나올 확률을 표를 이용하여 계산해 보자.

	1번 문	2번 문	3번 문
경우 1	스포츠카	염소	염소
경우 2	염소	스포츠카	염소
경우 3	염소	염소	스포츠카

이때 다음과 같이 크게 2가지로 나누어 생각할 수 있다.

⑴ 세 문 가운데에서 한 문 뒤에 스포츠카가 있고 그 중에서 하나를 선택하는 것이므로 세 가지 경우 모두 우승자가 선택한 1번 문을 바꾸지 않았을 때, 스포츠카가 나올 확률은 $\frac{1}{3}$이다.

⑵ 우승자가 1번 문을 선택하고 나중에 바꾸는 경우를 생각해 보자.

이 경우는 다시 세 가지로 나누어 생각할 수 있다.

① 1번 문에 스포츠카가 있으므로 사회자는 염소가 있는 2번 문 또는 3번 문을 열어 보여 줄 것이다. 이때 우승자가 문을 바꾸면 스포츠카는 나오지 않는다.

② 2번 문에 스포츠카가 있으므로 사회자는 3번 문을 열어 보여 줄 것이다. 이때 문을 바꾸면 스포츠카가 나온다.

③ 3번 문에 스포츠카가 있으므로 사회자는 2번 문을 열어 보여 줄 것이다. 이때 문을 바꾸면 스포츠카가 나온다.

위의 각 경우를 생각하면 우승자가 처음 선택한 1번 문을 나중에 바꾸었을 때, 스포츠카가 나올 확률은 $\frac{2}{3}$이다.

이제 이 문제를 조건부확률로 풀어보자. 그러려면 먼저 오른쪽 표를 이용하여 조건부확률에 대하여 간단히 알아본다. 이 표는 어느 학교의 수학 동아리 회원 구성을 나타낸 것이다.

회원 중에서 임의로 한 명을 뽑았더니 남자가 선택되었다. 이 학

생이 2학년 남학생일 확률을 구해보
자. 한 명을 뽑을 때 전체 사건을 S, 뽑
힌 사람이 남자일 사건을 A, 2학년일
사건을 B라고 하면

	1학년	2학년	합계
남자	9	7	16
여자	8	6	14
합계	17	13	30

$$n(S)=30,\ n(A)=16,\ n(B)=13,\ n(A\cap B)=7$$

이다. 회원 중에서 한 명을 뽑을 때 뽑힌 사람이 2학년 남자일 확률
은 A와 B의 교집합의 회원 수를 전체 회원 수로 나누면 된다. 즉,

$P(A\cap B)=\dfrac{n(A\cap B)}{n(S)}=\dfrac{7}{30}$ 이다. 그런데 뽑힌 사람이 남자

일때, 그 사람이 2학년일 확률은 A와 B의 교집합의 회원 수를 남

자 회원 수로 나누어야 한다. 즉, $\dfrac{n(A\cap B)}{n(A)}=\dfrac{7}{16}$ 이다.

일반적으로 어떤 시행에서 사건 A가 일어나고, 그 사건에 따라
사건 B가 일어날 확률을 '사건 A가 일어났을 때의 사건 B의 조건
부확률'이라고 하고 기호로 $\mathrm{P}(B|A)$로 나타낸다. 이때 다음 식이
성립한다.

$$\mathrm{P}(B|A)=\frac{n(A\cap B)}{n(A)}=\frac{\dfrac{n(A\cap B)}{n(S)}}{\dfrac{n(A)}{n(S)}}=\frac{\mathrm{P}(A\cap B)}{\mathrm{P}(A)}$$

(단, $\mathrm{P}(A)\neq 0$)

이제 이 조건부확률을 이용하여 벤이 풀었던 문제를 해결해보자.

처음에 우승자가 스포츠카가 있는 문을 선택하는 사건을 S, 염
소가 있는 문을 선택하는 사건을 G, 우승자가 최종적으로 스포츠카를
갖게 되는 사건을 T라 하자. 이때 $\mathrm{P}(S)=\dfrac{1}{3}$, $\mathrm{P}(G)=\dfrac{2}{3}$ 이다. 따라

서 조건부확률에 의하여 $P(T)$는 다음과 같다.

$$P(T)=P(S \cap T)+P(G \cap T)$$
$$=P(S)P(T|S)+P(G)P(T|G)$$

따라서 선택한 문을 바꾸지 않는 경우의 확률은 다음과 같다.

$$P(T)=P(S)P(T|S)+P(G)P(T|G)$$
$$=\frac{1}{3} \times 1+\frac{2}{3} \times 0=\frac{1}{3}$$

선택한 문을 바꾸는 경우의 확률은 $P(T|S)=0$, $P(T|G)=1$이므로 다음과 같다.

$$P(T)=P(S)P(T|S)+P(G)P(T|G)$$
$$=\frac{1}{3} \times 0+\frac{2}{3} \times 1=\frac{2}{3}$$

몬티 홀 딜레마는 우리가 객관식 문제를 해결할 때 많은 도움이 된다. 즉, 5지선다형 객관식 문제를 풀 때, 대개의 경우 답이 아니라고 생각되는 번호를 버린 나머지 2개 또는 3개의 번호 중에서 어느 것을 선택할지 갈등을 한다. 만약 3개의 번호 중에서 번호 하나를 선택한 상태에서 다른 번호가 답이 아니라는 것을 뒤늦게 깨닫는다면 이때 처음에 선택한 번호를 바꾸는 것이 좋은가, 아니면 바꾸지 않는 것이 좋은가? 이 문제를 몬티 홀 딜레마와 같이 생각하면 번호를 바꾸어서 답을 결정하는 것이 그 문제를 맞힐 확률을 더 높이는 것이다. 왜냐하면 3개의 번호 중에서 정답인 번호는 하나이므로 오답을 선택했을 확률이 $\frac{2}{3}$로 정답을 선택했을 확률 $\frac{1}{3}$보다 크기 때문이다.

● ● ● ● 카드의 합이 21을 넘어서는 안 된다
- 카드의 무게중심과 수열의 합

수업이 끝나고 미키 교수가 벤의 성적을 확인하는데 클래스에서 가장 뛰어난 성적이었다. 벤과 그의 친구, 마일스와 캠은 학교 운동장에서 MIT 최고의 미녀 질을 보게 된다. 친구들은 질에게 데이트를 신청해 보라고 하지만 벤은 용기가 없다. 그날 저녁 도서관에서 혼자 공부하는 벤에게 피셔가 찾아오고, 그를 따라간 곳에는 미키 교수와 키아니, 최, 질이 있었다. 이들은 '블랙잭 팀'이었다. 블랙잭은 가장 간단한 카드 게임의 일종으로 두 장의 카드를 받고 합이 21에 가까우면 이기는 게임이다. 게임을 하는 자가 21이 넘으면 딜러가 이기고, 딜러가 21이 넘으면 다른 모든 사람이 이기는 게임이다. 영화의 제목 〈21〉은 블랙잭 게임의 이 21에서 나온 것이다. '블랙잭 팀'은 벤에게 라스베이거스에 간다면 많은 돈을 벌 수 있다며 팀에 합류할 것을 권하지만 벤은 옷 가게 직원으로 승진도 했고 수업이 많다는 이유로 거절한다. 그러자 미키 교수는 하버드 의대의 비싼 등록금을 거론하며 MIT에서의 수업 일정은 자신이 조정해 주겠다며 벤을 유혹한다.

팀의 리더인 미키 교수는 최고의 수재들로 구성한 블랙잭 팀원들에게 카드를 외우는 일명 '카드 카운팅' 기술을 계속 연습시키는데 수학능력이 탁월한 벤이 필요했다. 하지만 벤은 과학경진대회에도 참가해야 한다며 재차 거절하는데, 그 대회는 벤이 마일스, 캠과 함께 1년 이상을 준비해온 대회이다. 다음날, 질이 벤을 찾아와 블랙잭 팀에 들어오라고 다시 한번 권유하자 벤은 고민에 빠진다. 그리고 사실은 질 때문이지만 친구들에게는 30만 달러인 의과대 등록금 때문이라며 돈이 모이면 그만둘 것이라고 말한 뒤 '블랙잭 팀'에 합류한다. 블랙잭 팀은 벤에게 이 팀에 대하여 설명하는데 팀원은 '스파이더'와 '빅 플레이어'라는 두 가지 역할로 나뉘어 있었다. 스파이더는 각 테이블에 앉아 눈에 띄지 않을 만큼만 베팅을 하며 이길 수 있는 '테이블'이 생길 때까지 '카운팅'을 하는 역할이다. 드디어 딸 수 있는 테이블이 생기면 빅 플레이어에게 신호를 한다. 신호를 받은 빅 플레이어는 그 테이블로 가서 큰돈을 걸고 딸 만큼 따게 되면 그 테이블에서 일어나 다른 테이블로 옮기는 것이다. 벤과 블랙잭 팀원들은 카드를 가지고 열심히 연습을 한다. 천재들의 라스베이거스 정복이 시작되는 것이다.

교수의 지휘 아래 MIT의 최고 수재들이 카드 카운팅 기술을 연마하고 있다. 〈21〉 중에서.

여기서 잠깐 블랙잭에 쓰이는 카드에 숨은 수학 이야기를 알아보자.

처마 끝, 현관의 차양, 발코니 등에 많이 이용되는 것으로 한쪽 끝만 고정되고 다른 쪽 끝은 받쳐지지 않은 상태로 있는 보나 들보를 외팔보라고 한다. 영화에서 벤과 블랙잭 팀원들이 카드 카운팅을 하면서 사용한 카드를 이용하여 오른쪽 그림과 같이 맨 위의 카드들을 탁자 가장자리 밖으로 점점 멀리 빼내서 일명 '카드 외팔보'를 만들어 보

자. 이때 풀이나 테이프 같은 접착제를 사용하지 않고 붙여야 한다. 카드가 무수히 많이 있다면 카드 외팔보는 무너지지 않고 얼마나 멀리 탁자 밖으로 뻗어 갈 수 있을까?

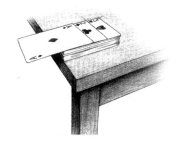

그 답은 '원하는 길이만큼 얼마든지 가능하다.'이다.

카드 외팔보를 만들기 위해선 우선 카드의 무게중심을 찾아야 한다. 카드의 무게중심은 카드를 얇은 핀 위에 올려놓았을 때 완벽하게 균형을 잡는 지점이다. 카드 위에 다른 카드를 올려놓을 때, 올려놓을 카드의 무게중심이 바로 아래 카드의 위에 있다면 올려놓는 카드는 바닥으로 떨어지지 않을 것이다. 그러나 무게중심이 아래 카드에서 벗어나면 바닥으로 떨어질 것이다. 그리고 무게중심이 아래 카드의 가장자리에 정확하게 걸쳐 있다면 올려놓은 카드는 균형이 잡혀 떨어지지 않고 제자리에 그대로 있을 것이다. 오른쪽 그림은 그런 상태를 나타낸 것이다.

위에 올려놓을 카드가 바로 아래 있는 카드에서 얼마나 벗어나도 좋은가를 결정하는 것은 생각만큼 어렵지 않다. 각 카드의 길이를 2라고 하면

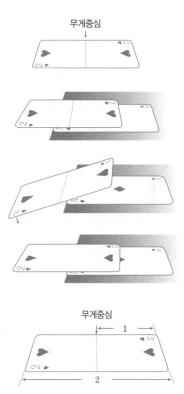

오른쪽 그림과 같이 카드의 무게중심은 카드의 가운데인 가장자리에서 길이가 1인 곳에 위치한다.

무게중심을 정확하게 구하기 위하여 지금부터는 카드를 쌓아가는 것이 아니라 놓인 카드 밑에 한 장씩 추가해 보자. 즉,

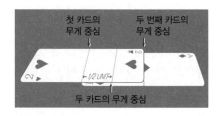

두 번째 카드를 첫 번째 카드 아래에 놓고 그 왼쪽 끝이 첫 번째 카드의 무게중심 바로 아래에 놓이게 하자. 그러면 오른쪽 그림과 같이 두 카드의 무게중심은 두 번째 카드의 가운데에서 왼쪽으로 $\frac{1}{2}$ 떨어진 곳이다.

다시 세 번째 카드를 이미 놓은 두 장의 카드 아래에 놓는데, 이때 오른쪽 그림과 같이 왼쪽 끝이 정확하게 두 카드의 무게중심 아래에 놓이도록 해야 한다.

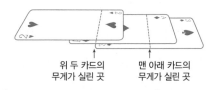

이제 세 장의 카드의 무게중심을 구해보자. 우리는 먼저 놓

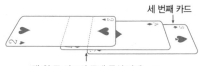

은 두 카드의 무게중심은 정확하게 세 번째 카드의 왼쪽 끝에 걸쳐져 있고, 세 번째 카드의 무게중심은 물론 그 카드 왼쪽 끝에서 1 떨어진 곳이라는 것을 알고 있다. 따라서 오른쪽 그림과 같이 세 번째 카드의 왼쪽 가장자리에 두 카드의 무게중심이 실려 있고, 한 카드의 무게는 거기서 오른쪽으로 1 떨어진 곳에 실려 있다.

따라서 세 번째 카드의 왼쪽 끝을 기준으로 할 때, 처음 놓은 두 장의 카드의 무게중심의 위치를 0이라고 하면, 세 번째 카드의 무게중심의 위치는 1이다. 이것의 평균 $\dfrac{2\times0+1}{3}=\dfrac{1}{3}$이 세 장의 카드 전체의 무게중심의 위치이다. 즉, 오른쪽 그림과 같이 세 번째 카드의 왼쪽 끝에서 오른쪽으로 $\dfrac{1}{3}$ 떨어진 곳에 무게중심이 위치하게 된다.

세 카드 전체의 무게 중심 (균형점)

$\dfrac{1}{3}$ ⸺ 1 ⸺

이제 네 번째 카드를 놓아보자. 먼저 놓은 세 카드의 무게중심이 네 번째 카드의 왼쪽 가장자리 위에 정확하게 위치하도록 네 번째 카드를 놓는다. 그러면 오른쪽 그림과 같이 네 장의 카드 전체의 새로운 무게중심은 네 번째 카드의 왼쪽 끝에서 오른쪽으로 $\dfrac{3\times0+1}{4}=\dfrac{1}{4}$만큼 떨어진 곳이다.

세 카드의 무게 중심

$\dfrac{1}{4}$ 네 카드 전체의 무게 중심

마찬가지 방법으로 999장의 카드를 쌓아 놓았다면 1000번째의 카드의 왼쪽 가장자리가 999장의 무게중심 바로 아래 놓이면 된다는 것을 알 수 있을 것이다. 그리고 1000장 전체의 새로운 무게중심은 $\dfrac{999\times0+1}{1000}=\dfrac{1}{1000}$만큼 떨어진 곳이라는 것도 짐작할 수 있다. 이와 같은 방법으로 카드를 계속해서 탁자 위에 놓는다면 전체 카드의 무게중심은 항상 탁자 위에 놓이기 때문에 밑으로 떨어지거나 무너지지 않는다.

그리고 네 장의 카드로 카드 외팔보를 만들었을 때 탁자 가장자리 너머로 얼마나 멀리 뻗어 나갈지 알고 싶다면 네 장의 무게중심이 맨 위 카드의 왼쪽 가장자리에서 얼마나 떨어져 있는지 계산해 보면 된다. 즉, $1+\dfrac{1}{2}+\dfrac{1}{3}+\dfrac{1}{4}=\dfrac{25}{12}>2$ 이므로 네 장의 카드 외팔보를 만들면 오른쪽 그림과 같이 네 번째 카드는 탁자에서 완전히 벗어나 있다는 것을 알 수 있다. 이런 사실은 독자 여러분이 직접 카드를 가지고 실험해 보면 쉽게 알 수 있다.

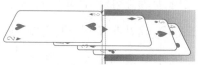

맨 위 카드는 탁자 가장자리를 완전히 벗어나 있다.

카드 네 장 전체의 무게 중심이 탁자 가장자리에 걸쳐져 있는 한 카드는 무너지지 않는다.

이제 탁자로 얼마나 멀리까지 카드를 보낼 수 있는지 알아보자.

우선 100장의 카드로 카드 외팔보를 만들어 보자, 그러면 탁자 가장자리에서 맨 위 카드 왼쪽 가장자리까지의 거리는

$1+\dfrac{1}{2}+\dfrac{1}{3}+\cdots+\dfrac{1}{99}+\dfrac{1}{100}\approx5.2$이다. 그런데 카드의 길이가 2라고 했으므로 100장으로 만든 카드 외팔보는 탁자의 가장자리로부터 두 장 반의 길이 이상 밖으로 뻗어나간다. 카드가 무수히 많다고 가정하면 카드 외팔보가 탁자로부터 얼마까지 멀리 뻗어 나갈 수 있는지는 $1+\dfrac{1}{2}+\dfrac{1}{3}+\cdots+\dfrac{1}{99}+\dfrac{1}{100}+\dfrac{1}{101}+\cdots$의 값을 구하면 된다는 것을 알 수 있다.

이 값을 쉽게 추측하기 위하여 여러 개의 분수의 합이 최소한 $\dfrac{1}{2}$이 되도록 묶어서 계산해 보자. 즉, 처음 1과 $\dfrac{1}{2}$은 $\dfrac{1}{2}$이상이다. 다음에 나오는 두 분수의 묶음의 합은 $\dfrac{1}{3}+\dfrac{1}{4}>\dfrac{1}{4}+\dfrac{1}{4}=\dfrac{1}{2}$이고, 그 다음

묶음인 네 분수의 합은 $\dfrac{1}{5}+\dfrac{1}{6}+\dfrac{1}{7}+\dfrac{1}{8}>\dfrac{1}{8}+\dfrac{1}{8}+\dfrac{1}{8}+\dfrac{1}{8}=\dfrac{1}{2}$
이다. 물론 다음에 나오는 분수는 차례로 8개, 16개, 32개, …를 묶으면 된다. 위의 분수의 합을 2의 거듭제곱의 개수만큼씩 묶으면 묶음의 합은 항상 $\dfrac{1}{2}$보다 크다.

예를 들어 길이가 2인 1024장의 카드를 위와 같은 방법으로 놓는다면 다음과 같은 식을 얻을 수 있다.

$$1+\dfrac{1}{2}+\dfrac{1}{3}+\cdots+\dfrac{1}{1023}+\dfrac{1}{1024}$$

그런데 $1024=1+2^0+2^1+2^2+2^3+\cdots+2^9$이므로 $\dfrac{1}{2}$보다 큰 묶음은 모두 11개이다. 즉 $\dfrac{11}{2}=6.5$이므로 1024장의 카드로 만든 외팔보는 탁자에서부터 6.5만큼 뻗어나가 있음을 알 수 있다.

앞에서 100장의 카드로 만들었을 경우는 약 5.2였는데 1024장으로 만들었을 때는 약 6.5가 되었다. 따라서 많은 카드를 사용하면 할수록 카드가 탁자 밖으로 뻗어나가는 속도는 그만큼 느려지지만 무한히 뻗어나갈 수 있음을 알 수 있다.

다시 영화로 돌아가면 블랙잭 팀에서 정한 신호와 방법을 완전히 숙지한 벤은 드디어 라스베이거스로 향한다. 가자마자 대성공이다. 돈 버는 게 이렇게 쉬울 줄이야! 블랙잭 팀은 주중엔 보스턴에서 조신한 학생으로, 주말엔 라스베이거스를 호령하는 도박사로 이중생활을 즐긴다. 블랙잭 팀은 계속해서 거액의 돈을 따고, 벤은 MIT 최고의 미녀 질과 사랑하는 사이가 된다. 하지만 여기서 잠깐, 도박 세계에서 카드 카운팅은 불법은 아니지만 아주 엄격하게 금지되어 있다. 라스베이거스의 베테랑 보안요원인 콜은 분명 누군가 카드 카운팅 기술을 사용

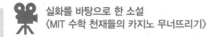
〈21〉은 하버드 대학교를 최우등으로 졸업한 벤 메즈리치의 소설 〈MIT 수학 천재들의 카지노 무너뜨리기〉가 원작이다. 그런데 이 소설은 실화에서 소재를 따와 쓴 것이다. 2003년 9월 15일 미국 ABC방송은 1990년대에 MIT의 천재들이 명석한 두뇌와 첨단 시스템을 이용해서 라스베이거스 카지노를 돌며 수년 동안 수백만 달러를 챙겨온 사실을 소개했다. 이들은 확률과 통계가 적용되는 블랙잭 게임을 겨냥해 카드 통에 남아 있는 카드를 추적하는 카드 카운팅이라는 기술을 사용해 도박을 해온 것으로 밝혀졌다. 이들은 1994년부터 5년 동안, MIT의 퇴직 교수를 주축으로 팀을 구성해 미국 전역의 카지노를 돌며 어마어마한 돈을 따왔다는 것이다. 하버드 의대 등록금을 마련하려고 팀에 끼게 된다는 식의 소박한 영화 설정과 달리 팀원들 모두 주중에는 버젓하게 직장인 생활을 하며 주말의 도박왕 생활을 철저히 감추어서 가족들조차 이들의 이중생활을 눈치채지 못했다고 한다. 불법은 아니나 금지된 카드 카운팅 기술을 사용해 거액의 돈을 따는 일이 계속되자 카지노들은 팀을 영구 출입금지시켰고, 이들은 더욱 정교한 기술로 무장하고 변장까지 하면서 카지노 출입을 멈추지 않았다고 한다. 돈을 따는 것 자체를 넘어 철저한 준비로 승리를 가져가는 것에 빠져든 것이다.

입체적인 인물들, 흥미진진한 승부, 팀원들 간의 관계와 감정이 얽히며 실화보다 더 실화 같은 소설로 재탄생한 것이 〈MIT 수학 천재들의 카지노 무너뜨리기〉이다. 영화 〈21〉보다 이 원작 소설이 더 재미있다는 평가를 받는다.

하고 있음을 눈치 챈다.

얻으면 잃을 때도 온다. 벤이 주말마다 라스베이거스로 도박을 하러 다니는 동안 '절친'인 마일스와 캠은 벤을 과학경진대회 구성원에서 빼버린다. 마음이 상한 벤이 실수를 하며 돈을 모두 잃자 미키 교수 또한 벤을 쫓아내 버린다. 잃어버린 돈은 원래 자신의 것이 아니었음에도 '본전' 생각이 났던 벤은 팀원들을 설득해 미키 교수 없이 일을 도모한다. 네 명이 카드 카운팅 기술로 돈을 따는 동안 몰래 지켜보던 미키 교수는 콜에게 이들을 신고해 버리고, 벤은 콜에게 잡혀가서 호되게 얻어맞은 뒤 풀려난다. 미키를 배신한 대가는 컸다. 그 동안 모았던 돈은 모두 잃어버렸고, 학점도 딸 수 없게 되었다. 결국 벤은 미키 교수에게 사과한 뒤 마지막으로 크게 한탕하자고 설득해 미키가 벤과 함께 빅 플레이어로 참여해 도박을 하기로 한다.

라스베이거스의 카지노에 도착한 팀은 작전대로 카드 카운팅을 시작하는데 뭔가 이상하다. 돈은 신나게 따고 있지만 왠지 위화감이 느껴진다. 뛰어난 두뇌와 교수라는 권력으로 학생들을 좌지우지하며 도박판에 끌어들인 교수의 마지막은 어떻게 될까? 블랙잭 팀은, 벤은 무사히 등록금을 마련하고 빠져나올 수 있을까?... 그리고 영화는 벤이 하버드의 필립스 교수와 면담하는 맨 처음 장면으로 돌아오고, 벤이 이 정도면 그 어떤 일보다 압도적이지 않냐고 교수에게 되물으며 영화는 끝이 난다.

기독교의 권위에 도전한 베스트셀러
다빈치 코드

- 다잉 메시지와 피보나치 수열
- 크립텍스와 중복 순열

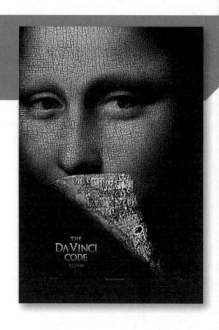

다빈치 코드 미국, 2006년

감독
론 하워드

출연
톰 행크스 (로버트 랭던 역)
오드리 토투 (소피 느뵈 역)
이언 맥켈런 (리 티빙 역)

● ● ● **기독교의 절대 권위에 도전하다**

〈다빈치 코드〉의 원작은 댄 브라운이 2003년 발표하여 베스트셀러가 된 동명 소설이다. 〈다빈치 코드〉는 많이 팔려서만이 아니라 민감한 내용으로 더욱 화제가 되었다. 서구 사회에서는 신성불가침 존재인 '예수 그리스도'를 정통적인 입장과는 전혀 다르게 해석하여 예수가 십자가에 못 박혀 죽어간 게 아니라 목숨을 부지하여 후손까지 남겼다는 이야기를 그렸기 때문이다. 게다가 댄 브라운은 이런 내용이 자신의 상상력에서 나온 것이 아니라 사실(Fact)에 근거한 것이라고 주장했다. 그러면서 자신의 소설은 허구의 픽션이 아니라 사실을 근거로 재구성한 팩션(Faction=Fact+Fiction)이라고 했다. 엄청난 화제를 모은 소설 〈다빈치 코드〉는 론 하워드 감독에 의해 영화화되었고, 영화 역시 소설처럼 로마 가톨릭과 개신교의 비판을 받았고 보이콧 운동도 일어났다. 그러나 소설을 이미 읽은 사람들이 대거 극장으로 몰려들면서 〈다빈치 코드〉는 무려 7억 5천만 달러가 넘는 수익을 올렸다.

영화로 들어가보자.

어느 늦은 밤, 파리 루브르 박물관의 대회랑에서 박물관장인 자크 소니에르는 두건을 쓴 정체불명의 괴한에게 쫓긴다. 이 괴한은 수도회의 쐐기돌의 위치를 묻는다. 죽음의 위협에 처한 소니에르는 쐐기돌이 성 쉴피르 성당의 성구실, '장미의 아래(Sub Rosa)'에 있다고 알려주지만 괴한은 그를 쏘고 사라진다. 소니에르는 죽기 전에 다잉 메시지(죽기 전에 범인을 암시하며 남기는 기호)를 남긴다.

한편 마침 파리에서 기호와 종교에서의 여성에 대한 강의를 하던 미국의 기호학자 로버트 랭던이 프랑스 경찰에 의해 루브르 박물관의 사건 현장으로 소환된다. 랭던은 죽은 소니에르가 자신의 몸과 피, 검은색 잉크로 복잡한 상징들을 남겼음을 보게 된다. 브쥐 파슈 국장은 랭던에게 수수께끼와 같은 이 암호들을 해석해달라고 요청한다. 그런데 랭던에게 프랑스 경찰 소속 암호학자인 소피 느뵈가 랭던에게 다가와 은밀한 정보를 알려준다. 소니에르는 마지막 메시지로 'PS. 로버트 랭던을 찾아라' 라는 구절을 남겼고, 그래서 국장은 랭던을 유력한 용의자로 지목하고 있다는 것이다. 소피는 소니에르가 자신의 할아버지임을 고백하고, 그가 남긴 메시지를 랭던과 함께 풀어내려 한다. 소니에르가 죽기 전에 남긴 기호 중 가장 중요한 것은 일련의 수

 소설 〈다빈치 코드〉와 영화 〈다빈치 코드〉

〈다빈치 코드〉는 엄청난 베스트셀러이며 영화로도 거대한 성공을 거두었다. 이미 수수께끼의 내용을 다 알고 있음에도 불구하고 영화가 기대 이상의 흥행을 기록한 이유는 무엇일까? 소설을 본 사람이라면 성배의 정체가 무엇인지, 어디에 가면 단서들이 있는지 다 알고 있다. 하지만 영화의 장점은 역시 눈으로 보고 확인할 수 있다는 것이다.

소니에르가 남긴 애너그램은 레오나르도 다 빈치의 그림이다. 소설에서는 그 장면을 문장으로 설명하지만, 영화에서는 그림을 직접 보여주면서 알려준다. 로슬린 성당도 마찬가지다. 로슬린 성당의 모습을 아무리 설명해준다 한들, 눈으로 직접 보는 것과는 전혀 다르다. 〈다빈치 코드〉는 수수께끼를 추적해가는 스토리와 액션만이 흥미로운 영화가 아니다. 소설에 나왔던 루브르 박물관과 로슬린 성당 그리고 템플 교회, 링컨 성당, 웨스트민스터 사원 등의 건축물과 레오나르도 다 빈치의 그림 등등 다양한 시각적 이미지가 영화 전체를 장식하고 있다.

소설이 나온 후 〈다빈치 코드 – 일러스트레이티드 에디션〉이란 책이 다시 나와 베스트셀러가 되었다. 소설의 내용을 그대로 보여주면서, 그 안에 나오는 장소와 그림 등을 사진으로 보여주는 책이었다. 〈다빈치 코드〉가 애너그램을 적극 활용한 소설인 만큼 시각적 이미지는 〈다빈치 코드〉를 더욱 잘 이해하기 위한 안내자인 셈이다.

13-3-2-21-1-1-8-5이다. 소피는 이 숫자들이, 순서는 틀리지만 피보나치수열이라고 말한다.

● ● ● 불규칙해 보이는 것들의 규칙성 – 피보나치수열과 주식시장

피보나치수열이란 무엇일까?

피보나치수열은 워낙 중요하고 많이 응용되기 때문에 자연현상뿐만 아니라 사회현상을 설명할 때도 빈번하게 등장한다. 또한 수학의 여러 수열 가운데 일반인들이 가장 많이 알고 있기도 하다. 이 수열의 역사는 13세기 초반으로 거슬러 올라가서 중세의 가장 뛰어난 수학자였던 이탈리아의 레오나르도 피보나치로부터 시작되었다.

많은 책에 소개되어 있듯이 피보나치수열은 1202년에 출판한 피보나치의 〈산반서〉에서 그 유래를 찾을 수 있다. 피보나치는 당시 상업의 중심지였으며 유명한 과학자인 갈릴레이가 수학 교수로 활동하던 피사에서 태어났다. 아버지가 세관원이어서 피보나치는 아버지를 따라 아라비아, 이집트, 시칠리아, 그리스, 시리아 등을 여행하며 동양과 아라비아 수학을 접하게 되었다. 그리고 이 책을 통해 현재 우리가 사용하고 있는 인도의 수 체계를 아라비아에서 배워 유럽에 소개하는 중요한 역할을 했다.

〈산반서〉에는 우리의 관심을 끄는 문제가 있는데, 아마 이 책에서 가장 흥미로운 문제일 것이다.

"한 쌍의 토끼가 매달 한 쌍의 토끼를 낳고, 새로운 토끼 쌍은 두 달 뒤부터 그와 같은 방법으로 새끼를 낳는다면, 한 쌍의 토끼는 일 년 동안 얼마나 많은 쌍의 토끼를 낳을 수 있을까?"

피보나치의 이 문제는 가장 널리 알려진 무한의 수열로서 '피보나치 수열'이라 부른다. 처음 12개의 피보나치 수는 1, 1, 2, 3, 5, 8, 13, 21, 34, 55, 89, 144와 같다.

'토끼' 문제와 해법은 흥미를 위하여 만들어진 문제이고 피보나치수열 자체는 다른 많은 경우에 응용되고 있다. 실제로 자연의 솔방울과 해바라기, 음악의 교향곡, 고대 예술, 컴퓨터, 태양계와 주식시장 등에서 피보나치수열은 자연스럽게 나타나고 있다. 여기서는 주식시장과 피보나치 수 사이의 관계를 간단하게 알아보자.

1930년에 엘리엇은 미국 주식시장의 변화를 주의 깊게 살피고 있었다. 당시 미국의 다우존스는 중요 기업 30개의 주식가격을 이용하여 평가를 내리고 있었는데, 이때 그는 주식시장이 자연계처럼 조화로운 변화가 있다는 것을 알아냈다. 그 후, 1939년 엘리엇은 그의 이론을 체계화하여 소위 '엘리엇 파동 원리(Elliot Wave Principle)'를 발표하였다.

이 이론에 따르면 아래처럼 주식시장은 항상 같은 주기를 반복하며 각 주기는 정확하게 8개의 파동으로 구성된 두 단계로 이루어진다.

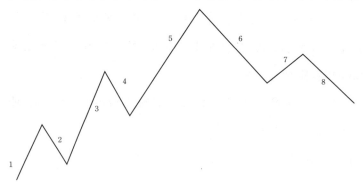

이 파동 그림을 잘 살펴보면 올라가는 단계와 내려가는 단계로 구성되어 있다. 즉, 1부터 5까지의 파동은 전체적으로 올라가고 6부터 8까지는 전체적으로 내려간다. 올라가는 단계 중에서 1, 3, 5번 파동을 추진파impulse waves라고 하고, 2와 4번 같은 파동을 조정파corrective waves라고 한다.

위의 그림을 살펴보면 전체적으로 1번 파동에서부터 5번 파동까지는 주가가 상승하고 6번 파동에서부터 8번 파동까지는 하락하고 있다. 그러나 주가가 상승하는 국면에서도 2번과 4번 같은 조정국면이 있고, 주가가 전체적으로 하락하는 국면에서도 7번 파동과 같이 상승하는 국면이 있다는 것을 알 수 있다. 상승국면에 있는 파동 수열 1-2-3-4-5는 매수장이 형성되고 6-7-8은 매도장이 형성된다.

이제 좀 더 자세하게 주식시장의 동향을 살펴보자. 다음 그림은 주가가 변하며 생기는 매수장과 매도장을 나타낸 그래프이다. 그러나 이 주가 그래프도 매일매일의 변화가 아니고 며칠 단위로 좀 간단하게 표시한 것이다.

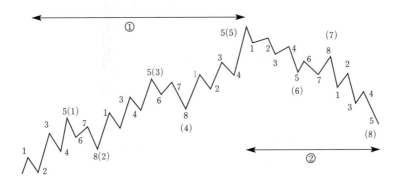

위의 주가 변동 그래프는 크게 보면 ①번 파동의 상승국면과 ②번 파동의 하락국면으로 나눌 수 있다. 이 경우는 파동이 2개로 구성된 다. 다시 좀 더 구체적으로 살펴보면, 추진파로 되어 있는 파동 수열 (1)-(2)-(3)-(4)-(5)를 찾을 수 있고, 조정파로 되어 있는 파동 수열 (6)-(7)-(8)로 구성되어 있음을 알 수 있다. 이 경우 파동의 개수는 8 개이다. 그러나 아주 자세하게 살펴보면 전체적으로 파동 수열

$$1-2-3-4-5-6-7-8-1-2-3-4-5-6-7-8-1-2-3-4-5-1-$$
$$2-3-4-5-6-7-8-1-2-3-4-5$$

이고, 이 경우 파동의 총 개수는 34개이다. 즉, 큰 파동 두 개는 중간 크기의 파동 8개로 구성되어 있고, 다시 이 파동은 작은 크기의 파동 34개로 구성되어 있음을 알 수 있다.

이제 매일매일 실제 주식시장에서 나타나는 그래프를 좀 더 자세하 게 살펴보자. 아래 그림은 실제로 주식시장에서 나타나는 그래프의 일 부분을 그린 것이다.

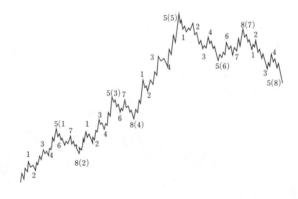

이제 이 그래프를 분석해 보자. 편의상 같은 그래프를 다시 한 번 그린 후 다음 그림과 같이 나누었다.

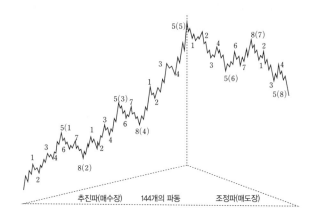

위의 그래프는 전체적으로 가장 큰 두 파동(제1파)인 추진파(매수장)과 조정파(매도장)로 구분할 수 있다. 또한 점선으로 나뉘어 있는 두 번째 파동(제2파)은 왼쪽에 5개, 오른쪽에 3개의 파동으로 구성되어 있다. 중간 크기의 파동(제3파)은 왼쪽에 21개, 오른쪽에 13개로 이루어져 있으며, 가장 작은 파동(제4파)은 왼쪽에 89개, 오른쪽에 55개로 이루어져 있다. 이것을 정리하면 다음 표와 같다.

파동	매수장	매도장	합계
제1파	1	1	2
제2파	5	3	8
제3파	21	13	34
제4파	89	55	144

이제 피보나치수열을 다시 한 번 생각해 보자.

1, 1, 2, 3, 5, 8, 13, 21, 34, 55, 89, 144, …

즉, 주식시장의 상승과 하락이 피보나치수열을 따라서 움직인다는 것을 알 수 있다. 주식시장에 투자하여 성공하려면 피보나치수열을 잘 알면 된다. 또한 앞에서 소개한 것 외에도 피보나치수열은 여러 곳에서 아주 빈번하게 나타난다. 다만 우리가 수학적 눈으로 바라보지 않기 때문에 보이지 않을 뿐이다.

●●●● 암호를 만드는 법 – 크립텍스와 중복순열

영화로 돌아가자.

랭던과 소피는 경찰들을 다른 곳으로 유인한 뒤, 루브르 박물관 곳곳을 탐색하면서 소니에르가 몰래 남긴 애너그램(단어의 순서를 바꾸어 다른 단어나 문장을 만드는 것) 메시지를 찾아낸다. 소니에르가 남긴 메시지는 모두 레오나르도 다 빈치의 그림과 연관되어 있는데, 마지막 메시지인 '암굴의 성모'에서 붓꽃 모양이 장식된 열쇠를 발견한다. 프랑스 경찰의 추적으로 둘은 볼로뉴의 숲으로 달아나고, 랭던은 그곳에서 열쇠를 조사한다. 그리고 열쇠에 취리히의 은행 창고를 가리키는 주소가 적혀 있고, 개인 금고를 열 수 있음을 알게 된다. 은행에서 그들은 소니에르가 남긴 피보나치수열이 금고의 비밀번호라는 걸 깨닫고 그

소니에르의 손녀인 소피는 비밀금고 안에 보관된 크립텍스를 단번에 열어야 한다고 한다. 〈다빈치 코드〉 중에서.

가 남긴 상자를 찾게 된다. 상자 안에는 크립텍스가 들어 있었다. 크립텍스는 다섯 개의 알파벳 다이얼이 적힌 원통형 상자로, 알파벳 다섯 개를 정확한 순서로 맞춰야만 메시지가 적힌 파피루스를 꺼낼 수 있다. 억지로 열려고 하면 안에 들어있던 식초병이 깨져서 파피루스를 녹이고 메시지도 사라지게 된다. 그런데 소피는 크랩텍스를 열 수 있는 방법이 1200만 가지라고 잘라 말한다. 즉, 1200만 가지 중에서 하나를 단번에 정확하게 찾아내야만 한다.

그렇다면 소피는 어떤 방법으로 1200만이라는 가짓수를 구한 것일까?

소피가 얻은 결론을 알기 위해 우리는 먼저 중복순열을 알아야 한다. 수학에서 집합을 나타낼 때에는 같은 원소를 중복해서 쓰지 않는다. 이를 테면 집합 $A = \{1, 2, 2, 2, 3, 4\}$에서 2는 3번 중복되어 있지만, 이 집합의 원소는 1, 2, 3, 4이기 때문에 2를 중복해서 쓰지 않고 $A = \{1, 2, 3, 4\}$와 같이 간단히 나타낸다.

그러나 통 속에 흰 바둑돌 2개, 검은 바둑돌 3개가 들어 있는 경우를 나타내려면 같은 원소를 반복하여 쓰는 다중집합을 생각해야 한다. 이를테면 흰 바둑돌을 w, 검은 바둑돌을 b라 하면 2개의 w와 3개의 b로 이루어진 집합을 $\{w, w, b, b, b\}$ 또는 $\{2 \times w, 3 \times b\}$와 같이 나타낸다. 또 무한개의 w와 5개의 b로 이루어진 집합은 $\{\infty \times w, 5 \times b\}$와 같이 나타낸다.

원소가 n개인 집합 $X = \{a_1, a_2, \cdots, a_n\}$에 대하여 이 집합의 원소가 각각 무한개씩 있는 다중집합 $Y = \{\infty \times a_1, \infty \times a_2, \cdots, \infty \times a_n\}$을 생각하자. 이렇게 하는 이유는 집합 Y에서 원소를 꺼낼 때, 개수에 구애받지 않고 마음대로 꺼낼 수 있게 하려는 것이다.

다중집합 Y에서 아무 것이나 k개를 선택하는 방법은 몇 가지일까?

예를 들면 2개의 원소를 갖는 집합 $\{a, b\}$에서 3개의 원소를 뽑는 방법은 aaa, aab, aba, baa, bba, bab, abb, bbb와 같이 모두 8가지이다. 일반적으로 n개의 원소를 갖는 집합 X의 원소 각각을 무한개라고 생각하고 그 중에서 마음대로 k개를 선택할 수 있는 방법의 수를 k-중복순열이라고 하며 기호로 $_n\Pi_k$와 같이 나타낸다. 앞에서 든 예와 같이 2개의 원소를 갖는 집합 $\{a, b\}$에서 3개의 원소를 뽑는 3-중복순열은 $_2\Pi_3$으로 나타내며, 그 방법이 8가지이므로 $_2\Pi_3=8$이다.

이제 $_n\Pi_k$를 구하는 일반적인 방법을 알아보자.

원소가 n개인 집합 X의 k-중복순열의 수 $_n\Pi_k$는 그림과 같이 일렬로 배열된 k개의 빈 상자에 집합 X의 원소를 넣는 방법의 수와 같다. 그런데 상자 1에 넣을 수 있는 집합 X의 원소의 수는 n개이고, 상자 2에 넣을 수 있는 집합 X의 원소의 수도 n개다. 마찬가지로 상자 k에 넣을 수 있는 집합 X의 원소의 수는 n개다. 따라서 k개의 상자에 집합 X의 원소를 넣을 수 있는 방법의 수는 $_n\Pi_k=n^k$이다.

n가지	n가지	n가지	$\cdots$	n가지
상자1	상자2	상자3	$\cdots$	상자k

예를 들어 3명에게 7통의 문자를 보내는 방법의 수를 생각해 보자. 각각의 문자를 보내기 위하여 사람을 한 명씩 선택해야 하며, 같은 사람을 여러 번 선택해도 되므로 구하는 수는 3개 중에서 중복을 허락하여 7개를 뽑아 나열하는 방법의 수와 같다. 따라서 $_3\Pi_7=3^7$이다.

영화에 나오는 크립텍스에 이와 같은 중복순열을 적용해 보자. 그러면 26개의 알파벳을 중복을 허락하여 5개를 선택하는 것이므로 $_{26}\Pi_5=26^5=11881376$가지다. 그래서 영화에서 소피는 크립텍스를 열 수 있는 방법이 11881376을 반올림한 1200만 가지라고 말했던 것이다.

● ● ● 밝혀지는 비밀들
− 예수, 마리아 막달레나, 로슬린 성당, 루브르 박물관

랭던과 소피는 크립텍스를 열기 위해 친구인 리 티빙을 찾아간다. 성배 추적자인 리 티빙은 성배가 잔이 아니라 마리아 막달레나라고 믿고 있다. 또한 마리아 막달레나가 예수의 아내이며 그녀가 낳은 예수의 후손을 보호하기 위해 비밀 조직이 만들어졌다고 말한다. 하지만 수상한 행동을 보이는 티빙을 피해 크립텍스의 암호를 풀어낸 랭던과 소피는 마리아 막달레나의 석관이 숨겨져 있다는 스코틀랜드의 로슬린 성당으로 간다. 그리고 드러나는 역사의 비밀들.

랭던과 소피는 '로슬린 아래에 성배는 기다리노라'란 암호를 따라 성당 지하에서 마리아 막달레나의 무덤이 있던 자리를 발견한다. 관은 이미 다른 곳으로 옮겨진 뒤였지만, 소피는 자신이 어떤 존재인지를 알게 된다. 소피와 작별하고 다시 파리로 돌아온 랭던은 면도를 하다 우연히 난 상처의 피가 줄을 남기며 세면대로 흐르는 것을 보고 무언가를 깨닫는다. '로즈 라인'의 정체를. 그리고 루브르 박물관을 통과하는 자오선을 생각하며 마리아 막달레나의 무덤이 있는 곳을 찾아간다.

여기서 잠깐 로슬린 성당에 대하여 알아보자. 15세기에 지어진 로슬린 성당은 영국 스코틀랜드 에든버러 남쪽 11㎞ 지점에 있는데, 이 성당의 기둥에 있는 '조각 암호'가 600년 만에 풀렸다고 로이터 통신이 2007년 5월 1일 보도했다.

영국 공군의 암호해독 요원이었던 토머스 미첼과 작곡가인 아들 스튜어트가 이 성당 기둥에 기하학적 상징물들로 새겨진 조각 암호가 중세의 찬송가란 사실을 밝혀낸 것이다. 기둥에 조각된 13인의 천사 음악가들과 213개의 기하학 무늬를 해독하는 데 27년 동안 매달려온 토머스는 이 조각들을 '얼어붙은 음악'이라고 했다. 미첼 부자는 성당

스코틀랜드 로슬린 성당 기둥의 기하학적 문양. 1446년 성당 기사단(Knights Templar)이 지은 예배당에는 유대교, 기독교, 이집트, 프리메이슨 및 이교도의 전통에서 비롯된 상징들로 가득하여, 오래전부터 성배가 숨겨져 있는 곳으로 믿어져 왔다.

에 조각되어 있는 형상들이 매우 정교하고 아름다워 반드시 그 안에 어떤 의미가 담겨 있을 것이라고 생각하게 되었고, 음향학을 활용해 상징물 조각들의 암호를 풀었다. 미첼 부자는 물리적인 성질은 소리에 영향을 받기 때문에 일정한 기하학적인 모양을 만들어낸다는 '클라드니 패턴'에 주목했다. 소리 파동을 시각적으로 보여주는 다양한 형태의 클라드니 도형을 성당의 상징물에 대입해본 결과 성당의 기하학적 무늬들이 중세 찬송가라는 것을 알아냈다.

거스르려 해도 순리대로 흐르게 된다
쥬라기 공원

- 반감기와 미분
- 공룡의 달리기 실력과 지수법칙

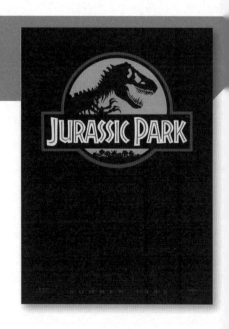

쥬라기 공원   미국, 1993년

감독
스티븐 스필버그

출연
샘 닐 (앨런 그랜트 박사 역)
로라 던 (엘리 새틀러 박사 역)
제프 골드브럼 (이언 말콤 박사 역)
리처드 애튼버러 (존 해먼드 역)

〈쥬라기 공원〉은 1990년에 출간된 마이클 크라이튼의 소설을 원작으로 만든 영화이다. 영화는 현재까지 여러 속편이 제작되었으며 그 가운데 1편과 2편의 감독을 스티븐 스필버그가 맡았다.

유전자 복제로 양도 소도 개도 똑같은 개체로 다시 만들어낼 수 있는 세상이 되었다. 유전자 복제는 '윤리'라는 벽 앞에서 고뇌하게 하지만 어떤 희생을 치르고서라도 파헤치고 알아내고 싶을 정도로 유혹적이다. 그런데, 만약 인간과 같은 시대에 있을 수 없는 생물을 바로 눈 앞에서 보게 된다면 우리는 공포감에 휩싸일까? 아니면 경이로움에 눈이 커다랗게 떠질까? 〈쥬라기 공원〉은 혼돈 이론의 개념 및 그것의 철학적 의미를 소재로 사용하는데 유전공학의 힘으로 복원해낸 생물체가 그들의 창조주인 인간들에게 안겨주는 혼돈과 공포를 그렸다.

영화는 공룡들이 뛰고 나는 백악기를 현세에 재현하는 테마파크를 만드는 데서 시작한다. 잠깐 '쥬라기(쥐라기) 공원'인데 백악기라고? '쥐라기'는 백악기에 앞선 시대이고, 대다수의 공룡들이 생존했던 시기는 백악기다. 브라키오사우르스 정도만이 '쥐라기' 후기부터 백악기 초기까지 서식했던 공룡이다. 학자들은 영화의 제목이 '쥬라기 공원'이 아닌 '백악기 공원'이 되어야 더 과학적 사실에 부합한다고 주장했지만, 어쨌거나 제목은 '쥬라기 공원'이다.

공룡 전문가인 그랜트 박사와 고식물 전문가인 엘리가 공룡을 발굴하고 있는 현장에 그들에게 연구비를 제공하고 있는 사업가 해먼드가 도착한다. 그는 코스타리카의 한 섬에 만든 '생물학적 보존지역'을 만들었다고 설명한다. 그곳을 테마파크로 바꾸고 싶은데 투자자들이 그곳이 안전하다는 확인을 받고 싶어 하니 두 사람에게 안전성을 확인해 달라고 부탁한다. 해먼드는 망설이는 그들에게 향후 3년간의 연구비를 지원하기로 하고 승낙을 얻는다.

이들 일행은 코스타리카로 향하는데 투자자들을 대변하는 변호사와 카오스 이론을 전공하고 있는 수학자 말콤 박사까지 동행했다. 그들이 도착한 곳은 '쥬라기 공원'이었는데, 그곳엔 공룡이 살아 움직이고 있었다. 공룡 전문가인 그랜트 박사는 놀라움을 금치 못하며 어떻게 공룡들을 되살려내었냐고 물었다. 이에 해먼드는 '1억 년 전에도 모기가 있었고, 모기는 공룡의 피를 빨아먹으며 살아가고 있었다. 공룡의 피를 빤 모기들이 나무에 앉았다가 수액 속에 갇혀 호박이 되었고, 호박 속에 갇혀 1억 년을 지난 모기의 피에서 공룡의 DNA를 뽑아내 복제에 성공했다'고 설명한다.

호박은 나무의 진 따위가 땅속에 묻혀서 탄소, 수소, 산소 등과 화합해 누렇게 굳어진 것이다. 호박 내부에 곤충이나 작은 포유류가 들어 있는 경우도 간혹 있다. 〈쥬라기 공원〉에서 해먼드는 호박 속에 공룡과 같은 시대를 산 모기가 있었다고 한다.

그렇다면 그들은 그 호박이 1억 년 전의 것이라는 것을 어떻게 알았
을까?

오래된 유적이나 유물, 암석이 어느 시대에 생성된 것인지를 밝혀
내는 데에는 여러 가지 측정 방법이 있다. 탄소 연대측정법, 칼륨 아
르곤 연대측정법, 루비듐 스트론튬 연대측정법 등 대략 10가지 정도
되는 연대측정 방법 대부분이 방사성원소의 반감기를 이용한다. 반감
기란 방사능에서 방사성 물질의 원자핵이 입자와 에너지를 방출해서
자발적으로 다른 종류의 원자핵으로 변하여 원래 양의 절반으로 감소
하는 데 걸리는 시간을 말한다.

반감기를 이용한 방법 중 500년에서 약 5만 년 사이의 연대를 추정
하는데 사용되는 방사성 탄소(^{14}C) 연대측정법은 반감기가 약 5730
년인 방사성 탄소가 질소(^{14}N)로 붕괴되는 것을 이용해 연대를 측정하
는 방법이다. 지구상의 생태계에서 일반적인 탄소(^{12}C)가 순환하는 시
간이 방사성 탄소의 반감기보다 훨씬 길므로 살아있는 전체 생물체들

 쥬라기? 쥐라기?

쥐라기는 프랑스어 Jura+한자어 紀(기)의 합성어이다. 중생대를 셋으로 나누었을 때 가운데
에 해당하는 지질 시대로 약 1억 8000만 년 전부터 약 1억 3500만 년까지의 시기이다. Jura
라는 이름은 이 시대에 생성된, 지층이 잘 발달되어 있는 프랑스의 산맥에서 따온 이름이다.
프랑스어 발음으로 하면 '쥐라'가 되고, 현지음 발음대로 적는다는 원칙에 따라 표준국어대
사전에도 '쥐라기'로 표기하고 있다. 하지만 영화 〈쥬라기 공원〉이 미국에서 만들어졌기 때
문에 이 영화를 수입한 배급사가 영어식 발음으로 〈쥬라기 공원〉이라고 한글 영화 제목을
붙였다.

이 갖고 있는 탄소는 두 가지 탄소의 비율이 거의 일정하게 유지된다.

방사성 탄소는 지구 대기에 있는 질소와 중성자의 상호작용으로 끊임없이 만들어지며, 대기 중에 존재하는 이산화탄소 분자와 섞인 방사성 탄소는 지구의 생태계를 순환한다. 즉, 녹색 식물이 광합성을 하기 위해 공기 중 방사성 탄소가 포함된 이산화탄소를 흡수하고, 식물로 들어간 방사성 탄소는 이 식물을 먹은 동물로 자연스럽게 이동하여, 자연스럽게 먹이사슬을 통해 지구상의 동물로 이동한다. 방사성 탄소는 몸속에서 서서히 붕괴되어 그 양이 감소하지만, 감소된 양은 공기와 먹이를 통해 다시 보충된다. 그러나 유기체가 죽으면 방사성 탄소의 공급은 끊기게 되어 유기체의 조직에 있는 방사성 탄소의 양은 점점 줄어든다. 결국 방사성 탄소는 5730년 동안 자연적으로 붕괴되어 양이 반으로 줄어든다. 방사성 탄소의 붕괴는 일정한 속도로 일어나기 때문에 결국 유기체에 남아 있는 탄소의 양을 측정하면 유기체가 죽은 연대를 알 수 있다.

주요 방사성 동위원소와 측정 연대

방사성 동위원소	반감기(년)	적용 연대	대상
Be-10(베릴륨)	1.51×10^6	1천만 년 이하	암석 표면 조사, 해양의 퇴적
C-14(탄소)	5.73×10^3	6만 년 이하	생물, 암석 표면 조사
Pb-210(납)	2.23×10^1	100년 이하	호수나 늪의 퇴적
K-40(칼륨)	1.28×10^9		
Th-232(토륨)	1.40×10^{10}	1억년 이상	암석 형성, 토기 연대, 공룡 화석
U-235(우라늄)	7.04×10^8		
U-238(우라늄)	4.47×10^{10}		

예를 들면, 몸속에 1g의 방사성 탄소를 유지하고 있는 동물이 있다고 하자. 그런데 그 동물의 오래된 유골을 발굴하여 방사성 탄소의 양

을 측정한 결과가 0.5g이었다면, 그 동물은 5730년 전에 살았으며, 만약 0.25g밖에 없다면 4분의 1로 줄었기 때문에 11460년 전의 동물인 것이다. 실제로 연대를 측정하기 위해서는 정확한 공식이 필요하며, 이 공식은 미분을 사용하여 얻는다.

만일 어떤 유기체에 들어 있는 방사성원소의 초기 질량이 m_0이고 시간 t가 지난 후 그 유기체에 남아있는 방사성원소의 질량을 m이라 하면, 미분을 이용하여 방사성원소의 붕괴율을 구할 수 있다. 그런데 붕괴율 $-\dfrac{1}{m}\dfrac{dm}{dt}$은 각 방사성원소와 관련된 일정한 값 k임이 실험적으로 밝혀져 있다. 결국 남아 있는 방사성원소의 질량을 시간에 관한 함수로 생각하여 풀면 $m(t)=m_0 e^{kt}$를 얻는데, 여기서 e는 자연대수로 약 2.718이다. 이 식으로부터 시간 t를 구하여 유물이나 유적 또는 유기체의 연대를 측정할 수 있게 되는 것이다. 이와 같은 수학을 이용하여 호박의 연대가 1억 년 전의 것임을 알아낸 것이다.

● ● ●　공룡이 뒤를 쫓으면 우리는 잡힐까 – 지수법칙

영화로 돌아가자.

연구실에 당도한 일행은 마침 알에서 깨어나고 있는 새끼 공룡을 목격한다. 그곳 과학자들은 첨단 유전공학으로 DNA를 조작해 공룡은 모두 암컷만 만들어내기 때문에 자연 생식은 일어날 수 없고 연구실에서 다 통제할 수 있다고 한다. 말콤 박사는 이에 반박한다. 진화를 거스를 순 없으며 암컷만 있어도 분명 새로운 번식 방법을 찾을 수 있을

것이라 한다. 그리고 자연 앞에 겸허할 줄 모른다면 자연이 '스스로 그러한' 모습으로 돌아가려는 움직임과 부딪치게 될 것이라고 주장한다. 이에 엘리와 그랜트 역시 동의하며 인위적인 조작만으로 새로 만들어 낸 생태계를 완벽하게 제어할 수 없고, 무슨 일이 벌어질지도 모른다며 위험을 경고한다. 하지만 투자자를 대변하는 변호사는 분명 떼돈을 벌게 해줄 거라며 해먼드를 옹호한다. 자연을 거스르는 자와 순리를 따르는 자 사이에 대립이 형성되는데 '쥬라기 공원'의 공룡들은 과연 누구의 손을 들어줄까?

전개는 빠르게 흘러간다. 어쨌든 그들은 공원 답사를 나섰는데, 곧 재앙에 직면하고 만다. 공원의 프로그래머 한 명이 막대한 돈을 노리고 공룡의 수정란을 빼돌리기 위해 통제 시스템을 수십 분간 정지시켜 버린 것이다. 이제 '테마파크'가 공룡 전성시대의 야생 상태로 변해 버렸다. 가장 무섭고 사나운 육식 공룡 티라노사우루스가 사람들이 탄 차를 보고 쫓아 달려오는데 일행은 속력을 높여 가까스로 벗어난다.

육식 공룡 티라노사우루스가 맹렬하게 추격하는 장면이다. '폭군 도마뱀'이라는 크고 튼튼한 뒷다리와 날카롭고 힘센 턱을 지녔다. 〈쥬라기 공원〉 중에서.

〈쥬라기 공원〉에서, 공룡이 초원을 내달리는 속도감은 무시무시하면서도 그럴 듯하다. 그렇다면 영화에서 공룡이 달리는 속력을 어떻게 구현했을까? 실제로 공룡이 그렇게 빨리 달렸을까? 오늘날에도 살고 있는 도마뱀과 같은 파충류의 속도를 보고 정했을까? 이 문제에 대한 해답은 1976년으로 거슬러 올라간다.

공룡 연구로 유명한 알렉산더 박사는 1976년 네이처지에 〈공룡의 속도 측정Estimates of speeds of dinosaurs〉이라는 논문을 발표했다. 이 논문에서 박사는 중력가속도를 g, 공룡이 달릴 때의 보폭을 s, 공룡의 다리의 길이(둔부까지)를 h라 할 때 공룡의 달리는 속도는 다음과 같은 공식으로 주어진다고 주장했고, 이것은 현재도 공룡의 속도를 가늠하는 공식으로 자주 사용되고 있다.

$$\text{공룡이 달리는 속력}(\text{m/sec}) \approx 0.25 g^{0.5} s^{1.67} h^{-1.17}$$

여기서 중력가속도는 $g = 9.8(\text{m/s})$이므로 실제로 공룡의 속력을 알기 위해서는 공룡의 보폭과 다리의 길이만 알면 된다. 즉 위의 식은 다음과 같다.

$$\text{속력}(\text{m/sec}) \approx 0.25 \times 9.8^{0.5} \times s^{1.67} \times h^{-1.17}$$

이 식을 사용하여 보폭이 $s = 8\text{m}$이고 다리의 길이가 $h = 4\text{m}$인 티라노사우루스가 얼마나 빨리 달렸는지 알기 위하여 s와 h를 위 식에 대입하면

$$\text{속력}(\text{m/sec}) \approx 0.25 \times 9.8^{0.5} \times 8^{1.67} \times 4^{-1.17}$$

이다. 그런데 여기서 또 한 가지 의문이 생긴다. 과연 $9.8^{0.5}$와 $8^{1.67}$ 그리고 $4^{-1.17}$의 값은 도대체 어떻게 구할까?

이와 같은 식의 값을 구하려면 문자를 사용하는 방법과 거듭제곱이 무엇인지 알아야 한다. 그런데 문자를 사용하여 식을 나타내는 방법과 자연수의 거듭제곱은 중학교에서 배운다. 이를테면 '한 변의 길이가 $a$cm인 정사각형의 둘레의 길이'는 $4a$와 같이 간단히 나타낼 수 있

고, 4a는 a를 계속해서 4번 더하라는 뜻으로 $4a = a + a + a + a$이다.

4a의 경우와 비슷하게 a를 계속해서 4번 곱하는 $a \times a \times a \times a$의 경우는 문자를 사용하여 간단히 a^4으로 나타낸다. 이와 같이 a를 4번 거듭하여 곱하는 것을 a의 4제곱이라고 한다. 일반적으로 자연수 n에 대하여 n 제곱인 a^n은 a를 거듭하여 n번 곱하라는 뜻으로 a를 거듭제곱의 밑, n을 거듭제곱의 지수라고 한다. $a \neq 0$, $b \neq 0$이고 m, n이 자연수일 때 거듭제곱의 지수에 관하여 다음과 같은 법칙이 성립한다.

$$① \ a^m a^n = a^{m+n} \quad ② \ (a^m)^n = a^{mn}$$
$$③ \ (ab)^n = a^n b^n \quad ④ \ a^m \div a^n = a^{m-n}$$

한편, 제곱하여 8이 되는 수를 8의 제곱근, 세제곱하여 8이 되는 수를 8의 세제곱근이라고 한다. 일반적으로 자연수 n에 대하여 어떤 수 x를 n번 곱하여 a가 되는 수, 즉 방정식 $x^n = a$를 만족시키는 x를 a의 n 제곱근이라고 한다. 그리고 a의 n 제곱근을 기호로 $\sqrt[n]{a}$로 나타내고 'n 제곱근 a'라고 읽으며 $\sqrt[2]{a}$는 간단히 $\sqrt{a}$로 나타낸다. 예를 들어 $2^3 = 2 \times 2 \times 2 = 8$이므로 8의 세제곱근은 2이고, 기호로 나타내면 $\sqrt[3]{8} = 2$이다. 그리고 2를 3번 곱하면 8이고 $2 = \sqrt[3]{8}$이므로 $2^3 = (\sqrt[3]{8})^3 = 8$임을 알 수 있다. 따라서 양수 a와 자연수 n에 대하여 $\sqrt[n]{a}$는 a의 양의 n 제곱근이므로 $(\sqrt[n]{a})^n = a$이 성립함을 알 수 있다. 그리고 위의 지수법칙과 함께 이 식은 n이 정수일 때도 성립한다.

정수를 지수로 갖는 거듭제곱에 대하여 알아보았으니 이제 공룡의 속력을 구할 수 있을까?

하지만 공룡의 속력을 구하는 공식에 있는 $9.8^{0.5}$와 $8^{1.67}$ 그리고 $4^{-1.17}$의 지수는 정수가 아니고 유리수이다. 따라서 유리수를 지수로 갖는 거듭제곱에 관해 알아야 한다.

다행스럽게도 0보다 큰 수 a와 두 정수 m, n에 대한 지수법칙 $(a^m)^n = a^{mn}$이 지수가 유리수 $\frac{m}{n}(n \geq 2)$일 때도 성립한다면 다음을 얻는다.

$$(a^{\frac{m}{n}})^n = a^{\frac{m}{n} \times n} = a^m$$

따라서 $a^{\frac{m}{n}}$은 양수 a^m의 양의 n 제곱근, 즉, $\sqrt[n]{a^m}$이 된다. 그러므로 유리수 지수를 다음과 같이 자연스럽게 정의할 수 있다.

$a > 0$이고, m, n이 정수이며 $n \geq 2$일 때

$$a^{\frac{m}{n}} = \sqrt[n]{a^m}, \quad a^{\frac{1}{n}} = \sqrt[n]{a}$$

이를테면 $0.5 = \frac{1}{2}$이므로 $9.8^{0.5} = 9.8^{\frac{1}{2}} = \sqrt{9.8}$이고, $1.67 = \frac{167}{100}$이므로 $8^{1.67} = 8^{\frac{167}{100}} = \sqrt[100]{8^{167}}$임을 알 수 있다.

한편

$$a^2 \div a^6 = (a \times a) \div (a \times a \times a \times a \times a \times a)$$

$$= \frac{a \times a}{a \times a \times a \times a \times a \times a}$$

$$= \frac{1}{a \times a \times a \times a} = \frac{1}{a^4}$$

이고, $a^2 \div a^6 = a^{2-6} = a^{-4}$이므로 $a^{-4} = \frac{1}{a^4}$ 이다. 일반적으로 자연수 n에 대하여 $a^{-n} = \frac{1}{a^n}$이다. 그리고 n이 자연수가 아닌 유리수일 때도 이 식이 성립한다는 것을 쉽게 알 수 있고,

$$4^{-1.17} = \frac{1}{4^{1.17}} = \frac{1}{4^{\frac{117}{100}}} = \frac{1}{\sqrt[100]{4^{117}}}$$

이다.

같은 고민을 다른 방식으로 풀어낸 공룡 이야기
〈블루 홀〉

〈쥬라기 공원〉이 과학을 이용해 공룡을 현대로 불러들였다면, 호시노 유키노부는 걸작 만화 〈블루 홀〉에서 과거의 흔적을 찾다가 공룡시대로 흘러들어간 현대인의 이야기를 펼쳐놓는다. 이야기의 입구는 정반대지만, 결론은 비슷해 인간의 이기심으로 이들을 이용하는 건 순리를 거스르는 것이라는 경고이다.

'블루 홀'은 심해에 생긴 거대한 구멍으로, 주변에 비해 월등하게 깊은 곳을 뜻하는 단어다. 다이버들의 도전 의식을 불태우는 장소이자 무덤이 블루 홀이다. 블루 홀에서 살아 있는 화석으로 알려진 실러캔스가 발견된다. 어느 날 실러캔스를 몰래 잡던 가이아 일행은 괴생명체의 공격을 받았다가 겨우 구조되는데 이때부터 블루 홀에 대한 조사가 진행된다. 가이아도 이 조사에 참여하게 되어 블루 홀에 들어갔는데 그 순간 믿을 수 없는 광경을 목격한다. 구멍 너머로 대륙이 보이고, 공룡이 살고 있는 것이다! 즉, 블루 홀은 시공을 넘나드는 통로였던 것이다. 탐사선에 탑승하고 있던 각계각층의 사람들은 미지의 영역에 들어온 것을 두려워하지만 곧 각자의 목적에 따라 움직인다. 다가올 지구의 재앙에 대처하는 방법을 연구하는 이, 잘나가는 저널리스트가 되기 위해 취재 노트와 펜을 사수하며 보고 듣는 모든 것을 기록하는 이, 단지 생존과 귀환에만 집중하는 이 등등. 그 와중에 백악기 공룡들의 운명이 인간의 손에 달리는 상황에 부딪힌다. 인간은 그대로 신이 될 것인가, 아니면 다른 시대의 생물들과 공존할 것인가. 문명을 유지하기 위한 인간의 거대한 이기심과 '섭리' 사이에서 갈등이 일어난다. 늘 우주로 눈길을 돌리던 SF 만화가 호시노 유키노부가 스케일 작은 지구로 시선을 옮겼는데 작아진 만큼 밀도는 높아졌다. 〈쥬라기 공원〉을 넘는 재미를 선사한다.

드디어 우리는 $9.8^{0.5}$와 $8^{1.67}$ 그리고 $4^{-1.17}$의 의미를 알게 되었으므로 공룡의 달리는 속도를 구할 수 있게 되었다. 하지만 이런 값들을 손으로 계산하는 것은 매우 번거롭기 때문에 계산기를 사용하여 소수 둘째 자리까지의 근삿값을 구하면 각각 다음과 같다.

$$9.8^{0.5} = \sqrt{9.8} \approx 3.13, \quad 8^{1.67} = \sqrt[100]{8^{167}} \approx 32.22,$$

$$4^{-1.17} = \frac{1}{\sqrt[100]{4^{117}}} \approx 0.20$$

이 값을 앞에서 주어진 공식에 대입하면

$$속력(m/sec) \approx 0.25 \times 9.8^{0.5} \times 8^{1.67} \times 4^{-1.17}$$

$$=0.25 \times 3.13 \times 32.22 \times 0.2 \approx 5$$

그러므로 보폭이 $s=8\text{m}$이고 다리의 길이가 $h=4\text{m}$인 티라노사우루스는 1초에 약 5m를 가는 속력으로 달렸음을 알 수 있다. 1초에 5m를 달리는 속력을 우리가 보통 사용하고 있는 시속으로 바꾸려면 1시간은 3600초이므로 $5 \times 3600 = 18000(\text{m})$이다. 따라서 이 티라노사우루스는 시속 18km 정도로 달렸음을 알 수 있다. 실제로 티라노사우루스는 약 20km의 속도로 달렸다고 알려져 있다. 그런데 영화 속의 티라노사우루스는 달리는 자동차를 쫓아간다. 이것은 단지 극적인 효과를 높이기 위한 상냥한 거짓말일 뿐, 자동차를 타면 티라노사우루스로부터 달아날 수 있다.

영화는 이제 종반으로 치닫는다. 생존을 위해 죽을힘을 다해 도망쳐 겨우 살아남은 사람들은 뜬눈으로 하루를 지새우고 안전한 곳을 찾아 이동한다. 그러다 발견한 것은, 다름 아닌⋯ 무엇이었을까?

갈등과 혼란 속에서 희생된
여성 수학자 히파티아

아고라

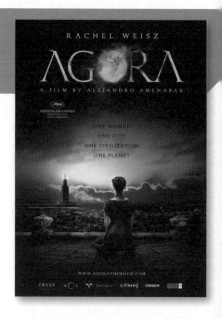

아고라　　스페인, 2009년

감독
알레한드로 아메나바르

출연
레이첼 와이즈(히파티아 역)
오스카 아이삭(오레스테스 역)
맥스 밍겔라(다보스 역)

　알레한드로 아메나바르가 연출한 〈아고라〉는 위대한 수학자이자 천문학자인 여성 히파티아의 일대기를 그린 영화로, 로마제국의 속주이던 이집트의 알렉산드리아를 배경으로 한다. 로마제국기이지만 배경 도시 알렉산드리아와 영화 제목 '아고라'는 상당히 그리스적이다. 아고라는 집결지(Gathering Place)라는 의미로 고대 그리스의 도시국가에서는 자유 시민들이 자유롭게 토론을 벌이던 장소를 일컬었다. 하지만 장소라는 의미를 넘어 종교 활동, 정치 행사, 재판, 사교, 상업 활동을 모두 아고라라고 했으며, 토론과 공유를 통한 소통으로까지 해석된다. 영화 제목이 〈아고라〉인 것은 다양한 의미를 지닌다고 할 수 있다.

　〈아고라〉에서 히파티아는 미모와 지성을 겸비하여 많은 남성들이 선망하는 알렉산드리아의 천문학자로 나온다. 4세기경 알렉산드리아는 이교도, 유대교, 기독교인 들의 갈등으로 혼란스러웠다. 신의 이름으로 폭력과 전쟁을 주장하는 주교 키릴로스(라틴어 기반의 한국 천주교 명명으로는 치릴로)는 권력을 독차지하고자 음모를 꾸민다. 총독 오레스테스는 히파티아의 제자이고, 그녀를 사랑하지만 권력을 더 소중히 여긴다. 키릴로스와 오레스테스의 대립이 강해지는 상황에서 히파티아는 오로지 학문에 대한 사랑을 강조하며 진리의 길을 걸어갔다. 하지만 결과는 비극이다. 키릴로스는 히파티아를 이교도 마녀라며 대중에게 선동해 그녀를 죽음의 길로 몰아가고, 오레스테스는 권력을 위해 그녀를 외면한다.

〈아고라〉를 만든 스페인 감독 알레한드로 아메나바르는 스릴러 〈떼시스Thesis on a Homicide〉와 SF 〈오픈 유어 아이즈〉로 인정을 받은 후, 바로 할리우드에 발탁되어 니콜 키드먼이 주연한 〈디 아더스〉를 연출하며 성공을 거두었다. 〈오픈 유어 아이즈〉는 톰 크루즈 주연의 〈바닐라 스카이〉로 리메이크작이 만들어졌다. 다이빙 사고로 전신마비가 된 남자의 인간적인 죽음을 위한 고군분투를 그린 〈씨 인사이드(원제 Mar adentro)〉는 아카데미 외국어영화상을 받으면서 높은 평가를 받았다. 2009년 연출한 이 영화 〈아고라〉가 흥행에서 실패하며 슬럼프에 빠지게 되었지만, 영화 자체가 낮은 평가를 받은 것은 아니었다. 작품에 대한 평가는 준수했지만, 주제가 워낙 논쟁적이었다.

〈아고라〉는 학문을 지침으로 삼아 자신의 길을 걸어가는, 지성과 미모를 겸비한 여성 히파티아의 삶을 유려하게 조명한다. 그리고 어리석은 남자들을 주변에 배치한다. 권력의 미망에 빠지거나, 사랑 때문에 스스로를 망치거나, 자신의 이익만을 따지며 우유부단하게 흔들리거나 하는 남자들이다. 주연을 맡은 레이첼 와이즈는 〈미이라〉, 〈런어웨이〉 등 상업적인 영화에 출연하는 한편 페르난도 메이렐레스의 〈콘스탄트 가드너〉 등 작가주의적인 영화에도 참여하며 자기만의 길을 걸어온 배우다. 레이첼 와이즈는 〈아고라〉에서도 지적이고 강인한 히파티아 역에 너무나 잘 맞는, 누구도 부정할 수 없는 탁월한 연기력을 보여준다.

〈아고라〉의 영문 포스터에는 한 여성, 하나의 도시, 하나의 문명, 하나의 행성이라는 문구가 쓰여 있다. 히파티아는 오로지 진리를 추구했다. 기독교도, 유대교도 히파티아에게는 중요하지 않았다. 히파티아

는 기계적인 중립을 지키는 것이 아니라 진리를 위해 나아갈 뿐 무엇도 사사로이 편들지 않았다. 하지만 세상은 광신도의 폭력과 음모로 뒤틀려 있다. 영화는 교권주의자인 키릴로스와 비교적 온건한 오레스테스의 권력을 둘러싼 싸움 속에서 희생되는 히파티아의 역경을 처절하지만 강건하게 그려낸다. 알렉산드리아의 주교가 된 키릴로스가 이끄는 집단은, 사교를 믿고 마법을 행하는 마녀라며 히파티아를 음해하고 마침내 살해한다. 가장 끔찍한 방법으로, 군중의 광기와 폭력을 이용하여 가장 지성적이고 논리적인 지식인을 세상 밖으로 몰아낸 것이다.

● ● ● 〈아고라〉의 주인공, 히파티아는 누구인가

영화의 주인공인 히파티아Hypatia(355?-415)는 기원후 4세기 로마제국 치하의 알렉산드리아 도서관에서 수학을 강의한 당시 최고의 학자이자 정치적 영향력도 강한 명망가였다. 히파티아는 여성이었는데, 당시에는 여성을 교육하거나 여성의 강의를 듣는 것은 극히 드문 일이었다. 그러나 히파티아는 알렉산드리아의 도서관에서 유력한 남성들을 상대로 천문학과 수학에 대한 수준 높은 내용을 강의하고 토론했다. 남성 중심의 로마제국에서 독보적 존재라고 할 수 있다. 당대의 명성에 비해 후대에 덜 알려졌지만 소크라테스와 버트런드 러셀을 비롯한 수많은 학자들의 책에 직간접적으로 언급되고, 히파티아의 발견과 이론이 얼마나 중요한 것이었는지 재평가되면서 그녀의 생애도 다양하게 조명되고 있다.

히파티아는 수학의 역사에 기록된 최초의 여성 수학자이자 천문학자로 알려져 있으며, 대단한 미인이라고 전해지고 있다. 그녀의 애제자였던 시네시우스가 그녀를 가리켜 '플라톤의 머리와 아프로디테의 몸'을 지녔다고 묘사했다고 전해진다. 히파티아의 제자 중에서 유명한 인물이 많이 배출되었는데, 제자들은 학문의 여신 이름을 따서 그녀를 '뮤즈의 딸'로 불렀다고 한다.

히파티아는 당시 알렉산드리아 도서관의 관장인 테온의 유일한 딸로 수학자이자 천문학자인 아버지의 각별한 지도를 받으며 자랐다. 테온은 딸에게 자신이 아는 지식을 전수했을 뿐 아니라 지식을 형성하고 받아들이는 데 필요한 식별력도 가르쳤다. 게다가 그녀가 나고 자란 알렉산드리아는 모든 문명국에서 학자들이 모여들어 자신들의 학문을 나누던 세계적인 학문의 중심지였다. 덕분에 그녀는 예술, 문학, 자연과학, 철학까지 균형 잡힌 교육을 받을 수 있었다.

히파티아는 고등교육을 받기 위해 한동안 아테네에 머물렀으며, 이때 그녀의 수학적 천재성이 널리 알려지기 시작했다. 알렉산드리아의 행정장관은 그녀에게 수학과 철학을 가르쳐달라며 대학으로 초빙했다. 이렇게 해서 마침내 히파티아는 알렉산드리아의 도서관에서 학생을 가르치게 됐고, 당시 그녀의 강의를 듣기 위해 세계 각 지역에서 몰려들었다고 한다.

학생들을 가르치기 위해 히파티아가 여러 권의 책을 썼다고 하지만 현재 온전히 남은 저서가 없어 그 업적을 제대로 알기는 어렵다. 다만 유명한 천문학 책이자 수학 책인 프톨레마이오스의 《알마게스트》와 디오판토스의 《산학》, 그리고 아폴로니오스의 《원뿔곡선론》의 주석을 달았다고 전해진다.

'히파티아의 죽음, 알렉산드리아'라는 그림, 1885년

명민하고 찬란했던 삶에 비해 히파티아의 죽음은 비참했다. 폭동에 휘말려 끔찍한 폭력에 희생된 것이다. 위의 그림은 폭도들에 의하여 최후를 맞는 히파티아를 극적으로 묘사하고 있다.

뛰어난 지성과 비극적인 죽음의 간극으로 히파티아는 여러 예술가에게 영감을 주었고, 문학작품으로도 창작되었다. 과학의 역사를 연구하는 어떤 학자는 히파티아의 죽음이 유럽에서 있었던 천 년의 문화적 암흑기의 시작이라고 주장하기도 한다.

히파티아는 죽는 날까지 학문 연구와 강의에 몰두하며 독신을 고집했다. 왕자나 귀족, 부자들이 그녀에게 구혼할 때마다 히파티아는 "나는 진리와 결혼했다."라고 말했다고 한다. 그녀의 성품과 삶은 영화 속 대사로 정리된다. "아주 조금이라도 정답에 근접한다면 기꺼이 죽어도 좋아."

〈아고라〉는 히파티아가 알렉산드리아의 대학에서 강의하는 장면으로 시작한다. 분명히 자신이 쓴 어떤 교재를 사용하여 학생들에게 천문학적 내용을

히파티아가 제자들과 함께 있는 장면

전달하고 있으리라 짐작된다. 이때 히파티아는 만유인력과 관련된 내용을 강의하지만 정확한 결론을 내리지 못한다. 당시는 아직 미분에 대한 개념이 없었기 때문에 단순히 우주는 지구를 중심으로 움직이고 있다고 생각했다.

특히 원은 신이 만든 완벽한 도형이라고 여겼기에 하늘의 모든 별은 지구를 중심으로 하는 원 궤도를 돈다고 생각했다. 그 결과 고대 천문학자인 프톨레마이오스는 주전원이라는 개념을 생각하게 되었다. 주전원은 간단히 행성이 지구를 중심으로 큰 원을 궤도로 움직이는 동안 스스로 작은 원을 그리면 돌기도 한다는 것이다. 하지만 주전원 개념으로 하늘의 별은 매우 복잡한 움직임을 갖는다. 영화에서 히파티아는 분명 하늘이 이런 복잡한 체계를 갖고 있지는 않을 것이라고 추측하

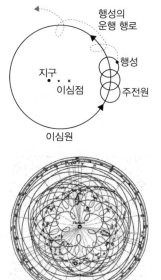

주전원으로 그린 행성들의 움직임

고, 자신의 생각이 옳음을 원뿔곡선을 이용하여 증명하려고 노력한다.

히파티아가 가르친 학생들 중에서 오레스테스는 알렉산드리아의 총독인 행정장관이 되고, 기독교인이던 시네시우스는 키레네의 주교가 된다. 당시 알렉산드리아는 이집트의 토착 종교와 유대교, 그리고 기독교가 서로 반목하며 싸우는 상황이었다. 마침내 토착 종교와 기독교가 충돌하여 유혈 사태가 발생하면서 히파티아의 아버지 테온은 사고를 당해 죽는다. 그 뒤엔 다시 유대교와 기독교가 반목하는 상황이 심해지며 사태는 진정되지 않는데, 그때 마침 시네시우스가 히파티아를 찾아온다. 시네시우스는 히파티아의 집에서 '아폴로니안 콘'(아폴로니오스 원뿔)을 발견하고, 히파티아에게 원뿔곡선에 대한 설명을 듣던 시절을 회상한다.

원뿔곡선은 원뿔을 평면으로 절단하여 얻을 수 있는 포물선, 타원, 쌍곡선을 말한다. 원뿔곡선은 고대 그리스의 수학자 아폴로니오스가 쓴 《원뿔곡선론》을 통해 체계적으로 정리되었으며, 17세기 독일의 천문학자 케플러가 태양계 행성의 공전궤도가 타원임을 밝힘으로써 그 중요성이 재조명되었다.

영화에서는 히파티아가 바로 행성의 궤도가 타원임을 추측하게 되는 장면이 나온다. 실제로 히파티아는 원뿔곡선에 대한 책을 쓴 것으로 알려져 있다.

원뿔곡선은 다음 그림과 같이 마주 보는 두 원뿔을 평면으로 자를 때, 자르는 각도에 따라 그 단면에 나타나는 곡선이다. 또 좌표평면에서 원뿔곡선은 x와 y에 대한 이차방정식

$$Ax^2 + By^2 + Cxy + Dx + Ey + F = 0$$

으로 표현되기 때문에 원뿔곡선을 이차곡선이라고도 한다.

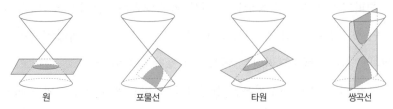

| 원 | 포물선 | 타원 | 쌍곡선 |

사실 세 가지 원뿔곡선을 식으로 나타내면 각각 다음과 같다.

포물선: 초점이 $F(p,0)$이고 준선이 $x=-p$인 포물선의 방정식은

$$y^2=4px \ (\text{단}, \ p\neq0)$$

타원: 두 초점 $F(c,0)$, $F'(-c,0)$에서의 거리의 합이 $2a(a>c>0)$인 타원의 방정식은

$$\frac{x^2}{a^2}+\frac{y^2}{b^2}=1 \ \ (\text{단}, \ b^2=a^2-c^2)$$

쌍곡선: 두 초점 $F(c,0)$, $F'(-c,0)$에서의 거리의 차가 $2a(c>a>0)$인 쌍곡선의 방정식은

$$\frac{x^2}{a^2}-\frac{y^2}{b^2}=1 \ \ (\text{단}, \ b^2=c^2-a^2)$$

이렇게 식으로 나타내면 수학자들은 쉽게 받아들이지만, 일반 독자들은 내용을 이해하는 데 큰 어려움을 겪을 것이다. 그래서 동심원을 이용하여 세 가지 원뿔곡선의 그래프를 그리는 정도로만 소개하겠다.

먼저 포물선을 그려보자.

오른쪽 그림은 점 F를 중심으로 하고 반지름의 길이가 각각 1, 2, 3, …, 7인 원들과 반

지름의 길이가 2인 원에 접하는 직선 l, 직선 l과 평행하고 간격이 1인 직선들을 그린 것이다. 점 F와 직선 l에 이르는 거리가 같은 점들을 찾아 매끄러운 곡선으로 연결하면 그림과 같은 모양의 도형이 나타난다. 이와 같이 평면 위의 한 점 F와 이 점을 지나지 않는 한 직선 l이 주어질 때, 점 F와 직선 l에 이르는 거리가 같은 점들의 집합을 포물선이라고 한다.

우리 주변에서 찾아볼 수 있는 위성 방송 안테나, 자동차의 전조등, 천체 망원경 등은 포물선의 성질을 활용한 것이다.

이제 타원을 그려보자.

오른쪽 그림은 중심이 각각 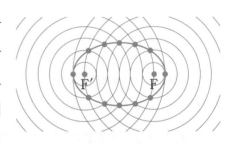 F, F′이고 반지름의 길이가 각각 1, 2, 3, …, 7인 원들을 그린 것이다. 이때 두 점 F, F′에서의 거리의 합이 8이 되는 점

들을 찾아 매끄러운 곡선으로 연결하면 오른쪽 그림과 같은 모양의 도형이 나타난다. 이와 같이 평면 위의 서로 다른 두 점 F, F′에서의 거리의 합이 일정한 점들의 집합을 타원이라 하며, 두 점 F, F′을 타원의 초점이라고 한다.

〈아고라〉에서 히파티아는 마침내 행성들의 궤도가 원이 아닌 타원일 수 있다는 가정을 하고 이를 설명하는 장면이 나온다. 이때 히파티아는 두 개의

히파티아가 행성들의 궤도를 설명하는 영화 장면

등불을 초점으로 삼고, 등불에 줄을 묶은 후에 막대를 이용하여 모래 위에 그림을 그린다. 줄은 두 초점에 묶여 있기에 막대를 이리저리 움직여도 거리의 합은 변하지 않는다는 타원의 성질로부터 행성의 궤도가 중심이 두 개인 원, 즉 타원임을 추측하게 된다.

이 영화의 백미는 바로 이 장면이라고 생각한다. 마침내 인류가 몇천 년 동안 신이 우주를 창조할 때 완벽한 원을 이용했다는 고정관념에서 벗어나 세상은 완벽하지 않을 수 있다는 생각을 갖게 되는 장면이다. 새로운 세상을 여는 장면이지만 안타깝게도 히파티아는 자신의 생각을 증명하지 못하고 죽임을 당하게 된다. 그래서 인류는 행성의 궤도가 타원임을 알기까지 1200년을 기다려야 했다.

마지막으로 쌍곡선을 그려보자.

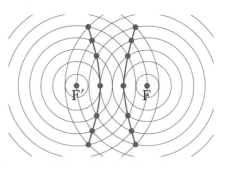

오른쪽 그림은 중심이 각각 F, F′이고 반지름의 길이가 각각 1, 2, 3, …, 7인 원들을 그린 것이다. 이때, 두 점 F, F′에서의 거리의 차가 2가 되는 점들을 찾아 매끄러운 곡선으로 연결하면 오른쪽 그림과 같은 모양의 도형이 나타난다. 이와 같이 평면 위의 서로 다른 두 점 F, F′에서의 거리의 차가 일정한 점들의 집합을 쌍곡선이라 하며, 두 점 F, F′을 쌍곡선의 초점이라고 한다.

원자력 발전소의 냉각탑이나 고층 건축물에서 쌍곡선 모양을 찾아볼 수 있다. 이와 같이 쌍곡선 모양으로 건물을 짓는 이유는 원기둥보다 외부의 충격에 더 강하기 때문이다. 또 종종 영화 속에서 우주의 미

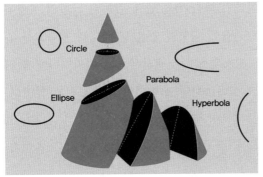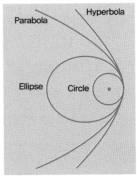

확인 물체나 혜성의 궤도가 쌍곡선이라고 하기도 한다. 이는 타원에서 초점이 매우 멀리 있으면 마치 쌍곡선처럼 되기 때문이다. 즉, 초점(중심)이 하나일 때는 바로 원이고, 두 개면 타원이 된다. 이때 한 초점은 고정되어 있고 다른 한 초점이 점차 멀어지면 타원은 차츰 포물선이 되고, 아주 멀리 멀어지게 되면 마침내 쌍곡선이 된다.

쌍곡선은 제2차 세계대전 중에 항공기의 위치를 파악하는 데 이용하기도 했다. 당시 미국 해군은 쌍곡선 항법 장치를 개발하여 선박 또는 항공기의 위치를 파악하고 항로를 결정하는 데 이용했다. 이 쌍곡선 항법은 두 점에서의 거리의 차가 일정한 점의 자취는 쌍곡선이 된다는 원리를 이용한 것으로, 현재 휴대전화를 이용한 위치 추적에도 활용되고 있다.

예를 들어 두 송신국 A, B에서 동시에 발사되는 전파가 휴대전화에 도착하는 시간차를 이용하여 휴대전화가 곡선 f상에 있음을 알고, 두 송신국 A, C에서 동시에 발사되는 전파가 휴대전화에 도착하는 시간차를 이용하여 휴대전화가 곡선 g상에 있음을 알 때, 두 곡선 f, g의 교점으로 휴대전화의 위치를 알아낼 수 있는 것이다.

영화의 마지막은 히파티아의 죽음이다. 종교 갈등이 극한의 상황이었지만 히파티아는 이교도 관습에 관심이 없을 뿐 아니라 기독교를 믿지도 않았다. 영화에서 오레스테스와 시네시우스는 히파티아에게 신념을 꺾으면 살 수 있다고 설득하지만 히파티아는 흔들리지 않았다. 오로지 연구와 강의에만 몰두하며 종교적 중립이었다. 그런 그녀가 마녀로 선동되어 광신도들에게 납치되어 죽임을 당하게 된다. 종교적, 정치적 제물이 된 것이다.

일설에 의하면 히파티아는 종교에 대하여 다음과 같은 입장을 취했다고 한다.

'우화는 우화로, 신화는 신화로, 불가사의는 시적인 판타지로 가르쳐져야만 한다. 미신 따위를 진리처럼 가르치는 것은 끔찍한 일이다. 사람들은 그런 가르침을 진리로 받아들이고 나서 엄청난 고통을 겪지만, 더 비극적인 것은 결국 그들은 그러한 가르침에 만족함을 느낀다는 점이다. 인간은 살아있는 진리를 위해 그러하듯, 미신을 위해 싸울 것이다. 비록 더욱 심해진다 하더라도 미신은 막연하고 실체가 없는 것이기 때문에 그것을 결코 반박할 수는 없다. 하지만 진리는 시야의 관점이기 때문에 바뀔 수 있다.'

가장 순수한 마을을 지키자

웰컴 투 동막골

- 벌집과 평면 채우기
- 데카르트와 좌표평면

웰컴 투 동막골　한국, 2005년

감독
박광현

출연
정재영 (리수화 역)
신하균 (표현철 역)
강혜정 (여일 역)

●●●● **두메산골에 국군, 미군, 인민군이 모이다**

한국전쟁이 한창이던 1950년 11월, 태백산맥 줄기에 있는 함백산에 자리 잡은 작은 마을 동막골에 뜻밖의 손님들이 찾아든다. 국군과 연합군에 쫓겨 태백산맥을 헤매던 인민군 리수화 일행은 부대원을 모두 잃고 세 명만이 살아남았다. 그들은 동막골 근처 뱀골에서 여일을 만나 동막골의 존재를 알게 된다. 한편 국군에서 탈영한 의무병 문상상은 자살하려는 소위 표현철과 마주치고 그의 자살을 막는다. 그리고 둘은 주민인 달수의 안내로 동막골로 향한다. 동막골로 가는 길은 평화롭기 그지없다. 전쟁의 손길이 미치지 않은 동막골은 토종 꿀벌 집이 늘어서 있고 그 너머로는 밭이 펼쳐진 아름다운 마을이다.

동막골에는 며칠 전 불시착한 전투기에서 나온 미군 스미스가 먼저 와 있었다. 동막골에서 최고로 유식한 김 선생이 영어 교과서대로 미군에게 말을 걸지만 대화는 통하지 않는다. 그때 마침 표 소위가 동막골에 도착하고 스미스는 자기를 구하려고 파견되었다고 생각하지만 역시 서로 말을 알아듣지 못한다. 여기에 여일이 인민군들까지 동막골로 데리고 온다. 전장에서 서로 죽고 죽이던 국군, 미군, 인민군이 동막골에 다 모인 것이다.

동막골 사람들은 표현철 일행한테서 산 아래 세상에서 전쟁이 났다는 소식을 전해 듣지만 왜 전쟁 같은 걸 하는지 도저히 이해하지 못한다. 그런 순박한 마을 사람들을 가운데 두고 국군과 인민군은 순식간에 서로 총을 겨누고 대치하게 된다. 순수한 마을 주민들은 무장한 채로 대치중인 그들을 손님으로 대접하며 걱정하고 수류탄을 꺼내들어도 그것이 뭔지도 모르고 옷 색깔이 어떻다는 둥 하며 심각한 상황과는 동떨어진 언행들만 한다. 인민군이 시키는 대로 평상 위에 올라가 모여 앉았지만 벌통 옆에 있는 감자밭을 멧돼지가 망쳐놔서 큰일이라느니, 작년에는 옥수수 밭을 망쳐놔서 겨울 한 달을 굶었다느니 하면서 먹고사는 이야기만 늘어놓는 사람들이다.

● ● ● 전쟁이 뭐드메? 벌 치러 가야제 − 벌집과 평면 채우기

날이 밝자 모두들 아무 일 없었다는 듯 아이들은 뛰어 놀고 꿀벌을 치는 사람은 벌을 돌봐야 한다며 평상을 떠나고, 다른 마을 사람들도 하나 둘 평상을 떠난다. 비가 내리는 가운데 국군과 인민군만 움직이지 못하고 서로 대치하며 그대로 서 있을 뿐이다.

〈웰컴 투 동막골〉에서는 벌과 벌통이 자주 등장한다. 벌은 수학에서도 빈번하게 나오는 소재인데 그중 벌집과 관련된 것을 알아보자.

벌통 안을 들여다보면 벌들이 만든 정육각형 모양의 작은 방들이 빼곡히 들어차 있다. 그런데 벌들은 왜 정육각형 모양으로 집을 만들까? 그걸 알기 위해 먼저 평면을 채우는 문제부터 시작해 보자. 평면을 빈틈없이 채우려면 한 꼭짓점을 중심으로 몇 개의 도형을 모아 360°가 되도록 하면 된다.

먼저 여러 종류의 정다각형을 적당히 섞어 평면을 채우는 방법을 생각해 보자. 한 꼭짓점에 모인 도형의 내각의 합이 360°가 되면 가능하다. 예를 들어 아래 그림과 같이 정삼각형과 정사각형, 정삼각형과 정육각형, 정팔각형과 정사각형의 조합을 이용할 수 있다. 또는 정다각형인 정육각형과 정사각형 그리고 정삼각형을 모두 동원해 면을 채울 수도 있다.

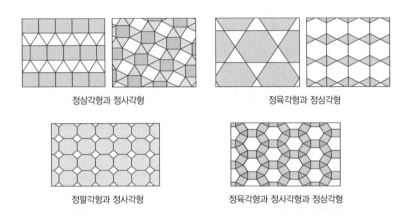

정삼각형과 정사각형   정육각형과 정삼각형

정팔각형과 정사각형   정육각형과 정사각형과 정삼각형

그리고 같은 종류의 합동인 정다각형만으로 평면을 채운다고 해보자. 아래 그림과 같이 정삼각형은 한 각이 60°이므로 한 꼭짓점에 6개씩, 정사각형은 한 각이 90이므로 한 꼭짓점에 4개씩, 한 각이 120인 정육각형은 한 꼭짓점에 3개씩 모으면 360°가 된다.

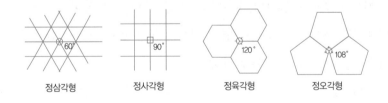

정삼각형   정사각형   정육각형   정오각형

그렇다면 정오각형은 어떨까? 정오각형은 한 내각의 크기가 108이므로 3개를 한 꼭짓점에 모으면 $108° \times 3 = 324°$가 되어 36° 만큼 빈틈이 생기는데 이 틈에 정오각형을 끼워 넣을 수 없기 때문에 정오

각형만으로는 평면을 채울 수 없다. 정칠각형 이상은 한 내각의 크기가 120°보다 크므로 당연히 한 꼭짓점에 3개를 모을 수 없다. 일반적으로 정n각형의 한 내각의 크기를 구하는 식은 $180° \times \dfrac{(n-2)}{n}$이므로 정칠각형 이상의 정다각형으로는 평면을 채울 수 없다. 그러므로 평면을 채울 수 있는 정다각형은 정삼각형, 정사각형, 정육각형의 세 개뿐이다.

그리고 합동인 정다각형만으로 평면을 채우는 것이 가장 간단하면서도 효율적이다.그래서 자연에서는 합동인 정다각형으로 평면을 채우는 경우를 많이 볼 수 있는데 그 가운데 정육각형을 이용하는 것이 바로 벌이다.

벌집의 비밀

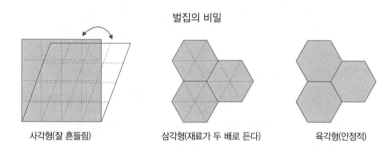

사각형(잘 흔들림)　　　　삼각형(재료가 두 배로 든다)　　　　육각형(안정적)

벌은 평면을 빈틈없이 채우되 가장 안전하고 간단하며 효율적인 방법을 선택해야 한다. 그러려면 앞에서 알아본 것과 같이 정삼각형, 정사각형, 정육각형 중에서 골라야 한다.

만약 정사각형으로 집을 만든다면 양쪽 옆에서 조금만 건드려도 잘 흔들리기 때문에 바람이나 외부의 충격 등으로부터 알이나 식량인 꿀을 보호하기 힘들 것이다. 정삼각형의 경우는 튼튼하기는 하지만 경제적이지 못하다. 그림과 같이 정육각형 모양으로 방을 만들 때보다 힘이 더 들 것이기 때문이다. 따라서 벌은 남아 있는 한 가지 방법, 정육각형을 선택하여 방을 만드는 것이다. 벌 이외에도 곤충의 눈, 잠자리의 날개, 양파 세포, 눈의 결정 등 정육각형을 이용해 평면을 채우는 경우를 자연에서는 가장 흔하게 볼 수 있다.

●●●● 동막골은 어디에 있는가 – 데카르트의 좌표평면

다시 영화로 돌아가자.

비가 오는 가운데 여일이 나타나서 자기가 신고 있던 버선으로 인민군의 얼굴에 흐르는 빗물을 닦아준다. 그러고는 수류탄 안전핀을 반지라 생각하고 빼서 좋아라하고 갖고 간다. 심각한 상황임에도 동막골 사람들은 아랑곳없이 생업을 이어가고, 인민군과 국군은 지쳐서 양쪽 다 졸고 있다. 어쩌면 동막골의 온화한 공기에 마음이 풀어졌을지도 모른다. 그때 인민군 막내가 안전핀이 뽑힌 수류탄을 손에서 놓치고 만것이다. 순간 표 소위가 몸을 날려 수류탄을 덮치지만 다행히 터지진 않는다. 불발탄이다. 그래서 안심하며 수류탄을 뒤로 던지자 옥수수를 쌓아둔 곳간으로 굴러 들어간 수류탄이 터지는데 영화의 명장면 중 하나인 팝콘 비가 내리는 풍경이 펼쳐진다. 마을 식량이 든 곳간을 날려 먹었으니 일을 해서 채워 넣어야 한다. 인민군이고 국군이고 미군이고 점점 동막골 주민들에게 동화되어 간다. 미식축구를 가르치고, 함께 농사짓고 벌을 친다. 평화로운 일상이 계속되자 리수화는 촌장에게 큰소리 한번 내지 않고 인민들을 이끄는 위대한 영도력의 비밀이 무엇인지 묻는다. "많이 먹여야지." 우문현답이다.

동막골은 드디어 곳간을 가득 채우고 동네잔치를 여는데 그러는 동안 그들에게 새로운 시련이 다가오고 있었다. 연합군 조종사였던 스미스가 본부에 무전을 치지만 연락이 잘 되지 않았는데, 본부에서는 그가 살아 있다는 것을 알게 되고 비행기가 추락한 지역에 인민군의 대공포 진지가 있는 것으로 판단한다. 동네잔치가 열리는 동안 연합군이 낙하산을 타고 내려오다가 뜻하지 않은 나비 떼의 방해로 다섯 명만 살아남지만 그들은 동막골의 정확한 위치를 본부에 전달한다.

이들은 지도를 보며 본부에 동막골의 좌표를 불러주는데, 좌표는 어떤 것의 위치를 정확하게 나타내는 방법이다. 물론 군대에서 사용하는 좌표와 수학적 좌표가 약간 다르긴 해도 기본적인 원리와 표현 방법은 동일하다. 연합군이 사용했던 좌표에 대하여 알아보자.

좌표평면은 프랑스의 수학자 데카르트가 처음 도입했는데 그 동기가 매우 흥미롭다.

어느 날, 데카르트가 침대에 누워 있는데 그때 방 천장 구석을 기어다니는 파리 한 마리를 보았다고 한다. 무심코 그걸 보다가 천장에서 파리가 움직이는 경로를 '서로 접하고 있는 두 벽으로부터 그 파리까지의 거리'를 연결시키는 관계로 묘사할 수 있다는, 해석기하학에 대한 영감이 떠올랐다는 것이다.

다른 이야기 하나는 그의 꿈에 대한 것으로 데카르트 자신이 직접 말한 것이다. 데카르트는 성 마틴 축제일 이브였던 1616년 11월 10일, 다뉴브 강둑에 주둔한 군대의 막사에서 야영을 하면서 자신의 인생을 완전히 변화시키는 계기가 되는 중요한 꿈을 꾸었다. 그 꿈은 기이하고 생생하며 조리 있는 몇 편이었다. 그의 말에 따르면 그 꿈들이 인생의 목표를 명확하게 해주었고 '경이로운 과학'과 '놀라운 발견'을 밝히는데 모든 노력을 다하기로 결심하게 해 주었다고 한다. 데카르트는 무엇이 경이로운 과학이며 놀라운 발견인지를 명백하게 밝히지는 않았지만 사람들은 그것이 해석기하학 또는 대수학의 기하학에의 응용, 그리고 모든 과학적 방법의 기하학에의 적용일 것이라고 믿고 있다. 데카르트는 꿈을 꾼 지 18년 뒤인 1637년에 비로소 그의 착상 일부를 '방법서설'에 상술했고, 그것은 오늘날의 수학으로 발전시키는 데 밑거름이 되었다.

그럼 우리가 직접 데카르트가 되어 천장에 앉아 있는 파리의 위치를 나타낸다고 생각해 보자. 형광등은 가운데에 있고 파리는 형광등의 오른쪽 구석 또는 왼쪽에 있다고 표현하는 게 가장 쉬울 것이다. 하지만 사람이 있는 장소에 따라 왼쪽은 오른쪽이 될 수도 있고, 오른쪽이 왼쪽이 될 수도 있다. 또 형광등이 천장의 가운데에 없는 경우도 있다. 그래서 서로 오해하는 일 없이 위치를 정확하게 표현하는 것이 필요하다.

천장을 몇 개의 구역으로 나누어서 수로 표시하면 다른 사람에게 전달하기도 쉽고, 받아들이는 사람도 이해하기 쉬워진다. 이런 생각으로 만들어진 것이 바로 좌표평면이다. 좌표평면의 시작이 파리의 위치를 정확하게 표현하기 위한 것이라니 수학은 어디에서 시작될지 모르는 재미있는 학문임에 틀림없다.

좌표평면이 어떻게 구성되어 있는지 다음 그림을 보자. 먼저 평면 위에 두 직선을 수직으로 그리자. 이때 가로로 그린 직선을 x축이라고 하고, 세로로 그린 직선을 y축이라고 한다. 그리고 두 축을 통틀어 좌표축이라고 하고, 좌표축이 그려져 있는 평면을 좌표평면이라고 한다.

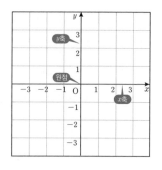

이 좌표평면에서 두 좌표축이 서로 만나는 곳을 원점이라 하며 O로 나타내고 숫자로는 기준인 0으로 나타낸다. 그러면 좌표평면은 두 좌표축이 직교하며 4개의 영역으로 나뉘게 된다. 좌표축에 의해 나뉜 4개의 영역을 오른쪽 위부터 시계 반대 방향으로 제1사분면, 제2사분면, 제3사분면, 제4사분면이라고 한다.

이제 좌표평면 위에 점을 찍고 그 점의 위치를 수로 나타내면 된다. 오른쪽 그림에서 점 P는 제1사분면 위에 있다. 그리고 x축의 3과 y축의 2를 이어 만나는 곳에 있다는 것을 한 눈에 알 수 있다. 이것을 알아보기 쉽게 (3, 2)로 나타내보자.

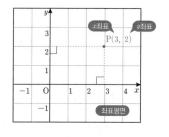

이처럼 괄호 안에 (x축의 수, y축의 수)로 나타내는 것을 순서쌍이라고 한다. 순서쌍을 나타낼 때는 반드시 x축의 수를 먼저 쓰고, 그 다음에 y축의 수를 써야 한다. 즉, 순서를 지켜서 수를 써야 한다. 만약 뒤집어서 쓴다면 그 의미는 달라진다. 예를 들어 (3, 2)를 (2, 3)으로 적을 경우, (3, 2)는 x축의 3과 y축의 2를 이어 만나는 곳에 점이 있다는 것이지만 (2, 3)은 x축의 2와 y축의 3을 이어 만나는 곳에 점이 있으므로 전혀 다른 위치를 나타내는 것이다.

아래 그림과 같이 좌표평면 위에 있는 몇 개의 점을 좌표로 나타내면, 점 A의 x좌표는 3이고 y좌 표는 3이므로 A(3, 3), 점 B의 x 좌표는 -3이고 y좌표는 2이므로 B(-3, 2), 점 C의 x좌표는 -1이 고 y좌표는 -2이므로 C(-1, -2), 점 D의 x좌표는 2이고 y좌표는 -3이므로 D(2, -3)이다.

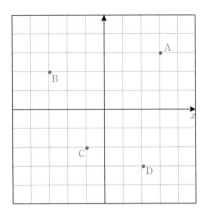

실생활에서 좌표평면이 실제로 이용되는 경우를 많이 찾을 수 있다. 특히 세계지도를 보면 세로줄과 가로줄이 그려져 있다. 이 세로줄과 가로줄은 지구 위를 거대한 좌표 평면이라 생각하고, 좌표를 나타내기 위해 가상의 선을 그은 것이다.

지도 위에 가로로 그어진 선을 위도, 세로로 그어진 선을 경도라고 한다. 위도는 적도를 중심으로 하여 상하로 지구를 각각 90등분한 것 이고, 경도는 영국 런던 근처의 그리니치 천문대를 중심으로 하여 지 구를 동서로 각각 180등분하여 숫자를 붙인 것이다. 이러한 경도와 위도를 이용하면 특정한 지점의 위치를 쉽게 알 수 있다. 예를 들어 서 울의 경우는 동경 126도 북위 37도이다. 그리고 독도의 경우는 동경 131도, 북위 37도이다. 이와 같이 좌표를 이용하여 위치를 정확하게 표시하는 일은 자동차의 내비게이션이나 휴대전화로 위치 찾기, 영화 에서처럼 군사적 목적 등에 상당히 중요하게 사용되고 있다. 파리의 위치를 알아내려고 시작한 데카르트의 관찰이 좌표평면으로 발전하였 고, 순서쌍을 이용하여 점의 위치를 정확하게 나타낼 수 있게 된 것이 다.

〈웰컴 투 동막골〉의 O.S.T를 만든 영화음악의 거장
히사이시 조

"영화음악은 영상과 음악이 함께 있을 때 비로소 하나의 작품이 된다고 생각합니다. 음악이 너무 자기주장이 강하면 영상의 장점을 뭉개버리기도 합니다. 그래서 모든 부분이 제가 표현하고 싶은 대로 되지는 않습니다. 그런 점이 바로 영화음악의 어려움이고 또 즐거움이기도 합니다. 저는 영상을 방해하지 않는 음악을 만드는 것이 아니라 영상의 효과를 좀 더 높여줄 수 있는 음악을 쓰려고 노력합니다. 감독이 표현하고 싶어 하는 세계관을 잡아내서, 최대한의 효과를 얻을 수 있는 음악을 쓰는 것, 그게 가장 중요하다고 생각합니다."
영화음악의 거장이라 불리는 히사이시 조의 음악관은 이렇듯 반듯하다. 그는 〈바람 계곡의 나우시카〉(1984) 〈이웃집 토토로〉(1988) 〈하울의 움직이는 성〉(2004)를 비롯한 지브리 스튜디오 애니메이션의 음악을 다수 만들었고 〈소나티네〉(1993) 〈키즈 리턴〉(1998) 〈기쿠지로의 여름〉(1999) 등 일본의 거물 개그맨이자 감독인 기타노 다케시와 작업했다. 〈웰컴 투 동막골〉의 사운드트랙도 그의 손을 거친 작품이다. 오케스트라를 동원한 웅장한 느낌의 곡부터 소박한 어쿠스틱 기타와 피아노에 의지해 만든 곡까지 마치 지문처럼 히사이시 조의 스타일이 녹아 있다. 기교에 크게 치우치지 않는 점, 여유로운 곡 전개, 여운이 남는 엔딩까지… 히사이시 조의 스타일이다. 지금도 많은 사랑을 받고 있는 〈웰컴 투 동막골〉 사운드트랙의 'Waltz Of Sleigh'는 영화 속의 아름다운 동막골을 잘 표현하면서도 어딘지 모르게 슬픔이 묻어 있다. 아직 들어보지 못했다면 반드시 들어보길 권한다. 영화를 보지 않아도 눈을 감으면 동막골의 언덕이 펼쳐지는 듯할 것이다.

그런데 영화에서 스미스를 구하려고 파견된 연합군이 본부에 보낸 동막골의 좌표 '델타 호텔 4045'는 앞에서 설명한 위치 표시 방법과는 다르다. 물론 군사적인 목적 때문에 암호를 사용했을 수도 있지만, 그래도 '델타 호텔 4045'는 위치를 정확하게 나타내지 못하고 있다. 예를 들어 델타가 x좌표를 나타내고 호텔이 y좌표를 나타낸다고 생각하여 순서쌍으로 나타내면 $(40, 45)$ 지점을 말한다. 이것은 동경 40, 북위 45라는 것으로 해석할 수 있고, 이 지점의 위치를 검색하면 아르메니아의 한 지방을 나타낸다. 한편 반대로 생각하여 $(45, 40)$으로 검색하면 러시아의 한 지방을 나타내고 있다. 함백산의 정확한 좌표를 위도와 경도로 나타내면 $(37.161685, 128.917351)$이고 근사값은

(37.16, 128.9)이다.

여하튼 '델타 호텔 4045'라는 좌표에 따라 동막골에 들어온 연합군은 마을 사람과 촌장을 폭행한다. 화가 난 표 소위는 연합군을 죽이고, 문상상과 인민군 그리고 스미스가 힘을 합쳐 그들을 처치한다. 사로잡힌 국군은, 본부에선 동막골을 인민군의 진지로 알고 있어서 곧 폭격할 것이라고 알려준다. 그 이야기를 듣고 일행은 추락한 비행기에서 발견한 각종 무기들을 이용해 표적을 다른 곳으로 유도하기로 하고 마을 사람들과 작별한다. 그리고 마을에서 멀리 떨어진 곳에 마치 인민군 본부가 있는 것처럼 꾸미고, 이를 진지로 오인한 연합군 폭격을 한다. 그들은 불시착하고, 탈영하고, 산속을 헤매다 그곳 동막골에서 잠시 지냈을 뿐인데 필사적으로 마을을 지키려 한 것이다. 그들에게 그 산골 마을은, 내가 살았고 내 어머니가 살던 곳과 같았을 것이다. 아름답고 순박한 보통 사람들이 살고 있는 곳, 그곳이 동막골이라고...

지질한 날들이 뒤집어진다

원티드

- 총알과 벡터
- 코드

원티드　　　미국, 2008년

감독
티무르 베크맘베토브

출연
제임스 맥어보이 (웨슬리 역)
안젤리나 졸리 (폭스 역)
모건 프리먼 (슬론 역)

● ● ● 러시아 감독이 기묘한 할리우드 액션영화를 만들다

마크 밀러가 쓰고 J.G.존스가 그린 그래픽 노블을 각색한 〈원티드〉의 감독은 러시아 출신의 티무르 베크맘베토브다. 티무르 베크맘베토브는 러시아에서 〈나이트 워치〉와 〈데이 워치〉 두 편의 판타지 액션영화를 만들면서 눈길을 끌었다. 수 세기에 걸친 선과 악의 싸움을 그린 〈나이트 워치〉〈데이 워치〉〈더스크 워치〉로 이어지는 시리즈의 작가는 세르게이 루키야넨코이다. 〈나이트 워치〉 시리즈는 〈반지의 제왕〉과 〈언더월드〉를 섞어놓은 것처럼 마녀와 마법사와 흡혈귀, 온갖 기묘한 존재들이 어우러진 환상의 세계를 만들어낸다. 티무르 베크맘베토브는 러시아 작가의 판타지를 러시아 스타일로 활기차면서도 신비로운 블록버스터로 만들어냈다. 거친 면도 분명 있지만 '러시안 스타일'이라고 부를 만한 기운이 있다.

〈나이트 워치〉의 성공으로 할리우드에 발탁된 티무르 베크맘베토브는 당대 최고의 여전사라 할 안젤리나 졸리를 주연으로 쓰는 영광을 얻었다. 주인공인 웨슬리 깁슨 역의 제임스 맥어보이는 〈어톤먼트〉에 출연한 영국 배우이고, 〈원티드〉에 출연한 후 〈음모자〉와 〈엑스맨:퍼스트 클래스〉에 출연하며 각광받고 있다. 할리우드가 러시아의 티무르 베크맘베토브에게 〈원티드〉를 맡긴 데는 이유가 있다. 〈원티드〉의 원작자인 마크 밀러는 가장 독특한 그래픽 노블을 만들어내는 작가로 평가받고 있다. 영화는 다소 평범한 액션영화로 축소되었지만, 원작은 어디에서도 보지 못했던 이상한 슈퍼히어로와 악당들이 등장한다. 선과 악은 온통 뒤죽박죽이고, 진정한 목적이 무엇인지조차 제대로 파악되지 않는다. 마크 밀러가 만들어낸 초현실주의적인 세계는 티무르 베크맘베토브의 〈나이트 워치〉 시리즈처럼 혼돈의 세계였다. 아마도 그런 점 때문에 〈원티드〉를 그에게 맡겼을 것이다. 영화로 만들어진 〈원티드〉가 다른 할리우드 액션영화들과는 다른, 거칠고 야성적인 느낌을 주는 건 분명하다.

공황 발작으로 치료제를 먹어야만 진정되는 웨슬리 깁슨은 하루 종일 지겨운 업무에 시달리고, 동거하는 애인은 웨슬리의 친구 배리와 바람을 피우고 있다. 너무나도 지루하고 한심한 일상이지만, 소심한 웨슬리는 도망칠 엄두조차 내지 못한다. 여느 날처럼 피곤한 하루를 보내고 퇴근하던 웨슬리 앞에 매력적인 여성 폭스가 등장한다. 아니 그냥 등장한 게 아니라, 웨슬리를 죽이려는 킬러와 총격전을 벌이며 그를 구출해내는 것이다. 그 순간 웨슬리의 일상은 송두리째 날아가 버리고 전혀 새로운 세상이 펼쳐진다.

웨슬리를 구해낸 폭스는 놀라운 사실을 알려준다. 어린 시절 웨슬리를 떠나간 아버지는 암살 조직에서 일한 최고의 킬러였고, 얼마 전 암살당했다는 것이다. 웨슬리는 폭스와 함께, 100여 년간 비밀리에 존재해온 암살 조직 프러터니티로 향한다. 프러터니티의 지도자인 슬론은 웨슬리에게 위대한 재능이 감춰져 있고 그 능력이 아직 훈련되지 않았기 때문에 공황 발작이라는 형태로 나타난다고 말해준다. 스트레스를 받으면 급격하게 심장 박동 수와 아드레날린이 증가하여 특별한 힘과 스피드, 반사 작용이 나타난다는 것이다. 프러터니티에서 훈련을 받으면 그 능력을 제어할 수 있는 것은 물론 아버지의 뒤를 이어 최고의 암살자가 될 수 있다고 슬론은 제안한다. 물론 수백만 달러에 달하는 아버지의 유산도 물려받게 된다고. 고민 끝에 프러터니티에 들어간 웨슬리는 가혹한 훈련을 받는다. 그중 하나는 총알을 곡선으로 날아가게 하는 방법이다. 대체 어떻게 해야 총알이 휘어질 수 있을까?

● ● ● ● **총알은 어떻게 날아가는가 - 벡터**

그렇다면 과연 진짜로 총알이 곡선을 그리며 날아가게 할 수 있을까?

오른쪽 그림에서와 같이 직선방향으로 날아가려는 성질이 있는 총알을 곡선으로 날아가게 하려면 총알의 방향을 휘어지게 만드는 어떤 힘이 필요하다. 그런데 그런 힘이 어느 순간 딱 한 번 작용한다고 해서 총알이 곡선으로 날아가지는 않는다. 총알은 매 순간마다 앞으로 날아가려하기 때문에 그 매 순간마다 총알을 휘어지게 하여 곡선을 만드는 힘이 필요한 것이다.

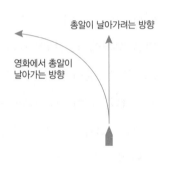

총알이 날아가려는 방향

영화에서 총알이 날아가는 방향

좀 더 자세히 말해서, 처음부터 총알은 앞으로 날아가려는 힘과 방향을 가지고 총구를 떠난다. 그런데 총의 성능에 따라 어떤 총알은 10의 힘으로 날아가고 어떤 총알은 20의 힘으로 날아간다. 그리고 그런 힘은 간단히 10, 20과 같이 수로 나타낼 수 있다. 그렇다면 총알이 날아가는 방향은 어떻게 나타내야 할까? 짐작했겠지만 화살표를 이용하

는 것이다. 즉, 총알이 총구를 떠나 날아가는 힘은 수로, 방향은 화살
표로 표시하면 된다.

하지만 방향을 정한 화살표의 위나 아래에 항상 그 화살표 방향으
로 날아가는 총알의 힘을 써 넣어야 하는 번거로움이 아직 남아 있다.
이런 번거로움을 피하는 방법은 무엇일까? 그것은 화살표를 그릴 때
화살표의 길이를 그 방향에 작용하는 힘의 크기만큼으로 길게 그리는
것이다.

이를 테면 점 A에서 시작하여 점 B의 방향으로 날아가는 총알의
힘의 크기가 3이라면 오른쪽 그림과
같이 길이가 3인 반직선을 그리는 것
이다. 이와 같이 크기와 방향을 갖는
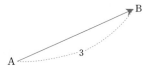
양을 수학에서는 벡터vector라고 한다. 이 벡터는 시작하는 점이 A이
고 끝나는 점이 B이므로 그 방향을 나타내기 위하여 점 A를 먼저 써
서 $\overrightarrow{AB}$와 같이 나타낸다. 또 벡터의 크기는 절댓값 기호를 사용하여
$|\overrightarrow{AB}|$＝3과 같이 나타낸다.

반면 선분의 길이, 도형의 넓이나 부피, 온도 등과 같은 양은 하나
의 실수로 온전히 나타낼 수 있다. 이와 같이 크기만을 갖는 양을 스칼
라scalar라고 한다.

벡터는 크기와 방향에 의해서만
정의되므로 오른쪽 그림과 같이 크
기와 방향이 각각 같은 벡터는 어
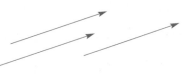
디에서 시작했는지에 관계없이 모두 같은 것으로 여긴다는 것이다.
즉, 오른쪽 그림의 세 벡터는 놓여 있는 위치는 다르지만 크기와 방향

이 같기 때문에 모두 같은 벡터이다.

벡터는 평면에서뿐만 아니라 공간에서도 생각할 수 있는데, 평면에서의 벡터를 평면벡터, 공간에서의 벡터를 공간벡터라고 한다. 평면이나 공간에 있는 두 벡터를 서로 합하면 새로운 벡터가 만들어진다. 오른쪽 그림과 같이 두 벡터 $\overrightarrow{AB}$와 $\overrightarrow{AD}$의 합은 시작하는 점 A를 일치시키고 평행사변형 ABCD를 그려서 나타낸다.

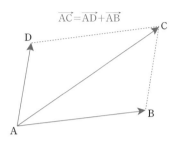

즉, 평행사변형 ABCD에서 가운데 대각선을 화살표로 나타낸 것이 두 벡터의 합으로 새로 생긴 벡터 $\overrightarrow{AC}$이고, 식으로는 $\overrightarrow{AC}=\overrightarrow{AB}+\overrightarrow{BC}$와 같이 나타낸다.

이제 영화에서 나오는 휘어지는 총알을 살펴보자.

총구에서 발사된 총알은 발사되는 순간부터 중력의 영향을 받기 때문에 직진하는 것처럼 보이지만 사실은 곡선으로 움직이고 있다. 다음 그림과 같이 총구를 떠나는 순간 총알은 매 순간마다 똑바로 직진하려고 하지만 매 순간 총알에 중력이 작용하기 때문에 총알은 점점 밑으로 향한다. 이것을 벡터로 표시하면 총알의 방향은 두 벡터의 합 벡터의 방향인 지표면을 향하여 진행하게 됨을 쉽게 알 수 있다.

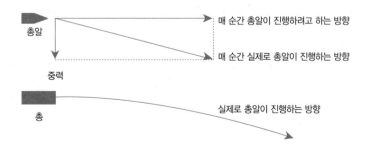

마찬가지 이유로 영화에서 발사된 총알을 곡선으로 날아 가게 하려면 벡터의 합을 이용 하여 휘어지게 하면 된다. 예를 들어 오른쪽 그림과 같이 총알

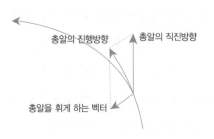

을 왼쪽으로 휘어지게 하려면 왼쪽 안으로 작용하는 벡터를 주면 되는 것이다. 결국 영화에서 슬론과 폭스 그리고 웨슬리가 총알을 휘어지게 할 수 있는 능력을 터득했다는 것은 수학적으로 벡터를 조절할 수 있는 능력을 얻었다는 것이다.

벡터는 16세기 네덜란드의 수학자 스테빈에 의하여 힘의 삼각형에 대한 문제가 제기되면서 등장하였다. 그러나 벡터에 관한 이론은 뉴턴 의 역학 연구에서 출발하였다고 볼 수 있으며 19세기에 들어와 수학 자이며 물리학자인 영국의 해밀턴, 미국의 깁스 등이 벡터를 수학적으 로 다루기 시작했다. 특히 그라스만은 벡터를 n차원 공간의 기하학으 로 설명하였으며 벡터의 내적과 외적을 정의하였다. 수학에서 벡터를 다루는 분야를 벡터해석학이라고 하는데, 벡터해석학에서 가장 중요 한 내용은 벡터의 내적과 외적이다.

드디어 총알을 휘게 하는 훈련을 마친 웨슬리는 이제 실전에 나가
야 한다. 영화에서 프러터니티의 본부는 직물 회사로 위장하고 있다.
그런데 가만히 보니 그게 단순한 위장이 아니었다. 웨슬리는 운명의
베틀을 보게 된다. 슬론은 운명의 베틀이 직물을 짤 때 잘못 짜진 부분
을 통해 2진 코드가 나오게 되고, 그 코드를 해석하면 암살할 표적의
이름이 나오게 된다고 설명한다. 베틀에서 잘못 짜진 실이 위로 향하
면 1, 밑으로 향하면 0을 배정하여 2진 코드를 만드는 것이다. 웨슬리
가 처음 암살 표적으로 받은 8자리로 된 2진 코드는 로버트 딘 달든이
었다.

r : 01010010, o : 01001111, b : 01000010, e : 01000101,
r : 01010010, t : 01010100
d : 01000100, e : 01000101, a : 01000001, n : 01001110,
e : 01000101
d : 01000100, a : 01000001, r : 01010010, d : 01000100,
e : 01000101, n : 01001110

그렇다면 과연 영화에서 말하는 코드란 무엇일까?

코드란 통신에서 글자나 단어 또는 구절과 같은 한 단위의 정보를
그에 상당하는 임의로 선택된 어구로 바꾸는 데 사용하는 일정한 규칙
을 말한다. 그래서 코드는 흔히 암호와 같은 의미로 사용되기도 한다.
과거에는 코드와 암호를 혼동해서 사용하는 것이 별로 문제되지 않았
으며, 실제로 과거의 많은 암호들은 현재의 기준에 따르면 코드로 분

류하는 것이 훨씬 적합하기도 하다. 그러나 현대 통신체계에서는 정보를 흔히 코드나 암호로 바꾸는 경우가 많기 때문에 코드와 암호의 차이를 이해하는 것이 중요하다. 코드와 암호는 모두 전달하고자 하는 메시지를 다른 기호로 바꾼다는 점에서는 같지만, 코드와 달리 암호는 메시지를 보내는 사람과 받는 사람만이 알고 있는 특별한 방법을 사용하여 일정한 규칙에 따라 메시지의 내용을 바꾸는 것이다. 따라서 암호를 푸는 방법이 없으면 다른 사람들은 암호화된 메시지를 알아볼 수 없게 된다.

오늘날 우리가 흔히 사용하고 있는 코드는 0과 1만을 사용한 '이진코드'이다. 이진코드는 이진법을 이용하기 때문에 우선 이진법의 원리에 대해서 알아야 한다.

이진법은 간단히 말해 자리가 하나씩 올라감에 따라 자리의 값이 2배씩 커지도록 수를 나타내는 방법이다. 모든 자연수는 이진법으로 나타낼 수 있는데, 예를 들어 19를 이진법으로 나타내기 위해 몫이 0이 될 때까지 19를 2로 나누어 나머지를 거꾸로 써서 나타낸다. 그래서 19를 이진법으로 나타내면 $10011_{(2)}$이다.

$$19 = 9 \times 2 + 1$$
$$9 = 4 \times 2 + 1$$
$$4 = 2 \times 2 + 0$$
$$2 = 1 \times 2 + 0$$
$$1 = 0 \times 2 + 1$$

19를 이진코드로 나타내려면 이 수를 이진법으로 나타낸 수 $10011_{(2)}$에서 밑에 붙은 첨자 (2)를 빼고, 10011로 나타내면 된다. 그런데 이진코드로 나타낼 때에는 코드들의 길이를 같게 해야 한다. 보통은 8비트나 16비트 또는 32비트를 사용하여 코드화하는데, 예를 들어 16비트로 코드화했다면 0과 1의 개수가 모두 16개가 되어야 한다. 즉 19를 8비트와 16비트 코드로 나타내면, 코드 전체의 길이가 각각 8과 16이며 다음과 같다.

8비트로 나타낸 경우 : 19＝00010011

16비트로 나타낸 경우 : 19＝0000000000010011

이와 같은 이진코드의 가장 대표적인 것이 아스키코드ASCII code이다. ASCII는 미국정보교환표준부호(American Standard Code for Information Interchange, ASCII)의 약어로, 소형컴퓨터에서 문자, 숫자, 문장 부호와 컴퓨터 제어문자를 나타내는 데 사용되는 표준 데이터 전송 부호이다. 아스키코드는 정보를 표준화된 디지털 형식으로 바꿈으로써 컴퓨터 상호 간에 정보를 주고받고, 데이터를 효율적으로 처리 및 저장할 수 있게 해준다. 8비트 코드를 사용하여 아스키코드가 나타낼 수 있는 문자의 수는 2^8＝256가지이다. 8비트 체계 코드는 1981년 IBM에서 생산하기 시작한 PC의 첫 모델에 사용되었으며, 곧 컴퓨터산업에서 PC의 표준으로 자리 잡게 되었다. 오른쪽 표는 영문 알파벳에 해당하는 아스키코드의 일부분이다.

A → 01000001	J → 01001010	S → 01010011
B → 01000010	K → 01001011	T → 01010100
C → 01000011	L → 01001100	U → 01010101
D → 01000100	M → 01001101	V → 01010110
E → 01000101	N → 01001110	W → 01010111
F → 01000110	O → 01001111	X → 01011000
G → 01000111	P → 01010000	Y → 01011001
H → 01001000	Q → 01010001	Z → 01011010
I → 01001001	R → 01010010	space → 00100000

이를테면 컴퓨터 자판에서 알파벳 'A'를 누르면 컴퓨터는 이것을 01000001로 알아듣게 되는데, 컴퓨터는 이 부호를 반도체에서 0은 전기를 통하지 않게 하고 1은 전기를 통하게 하는 방식으로 'A'로 인식하여 화면에 나타내는 것이다.

코드에는 앞에서 설명했던 이진코드 이외에 주민등록번호, 은행에서 발행하는 통장번호와 신용카드 번호 등 여러 가지가 있다. 이중 우리가 슈퍼마켓에서 물건을 살 때 흔히 볼 수 있는 상품에 찍혀 있는 바코드에 대하여 알아보자.

바코드는 굵거나 가는 검은 막대와 빈 공간의 조합을 이용하여 숫자 또는 특수 기호를 광학적으로 판독하기 쉽게 부호화한 것이다. 문자나 숫자를 나타내는 검은 막대와 빈 공간을 적당히 배열하여 이진수 0과 1의 비트로 바꾸어 만들어진 하나의 컴퓨터 언어인 바코드는 바의 두께와 빈 공간의 폭의 비율에 따라 여러 종류의 코드 체계가 있다. 이 인쇄된 코드는 바코드 인식 장치에 빛의 반사를 이용하여 데이터를 재생시켜 상품을 확인하고 정해진 값을 출력하는 것이다.

바코드는 미국의 식료품 소매산업의 발전과 함께 생겨났는데, 우여곡절 끝에 AIM(Automatic Identification Manufacture)에서는 기술표준 위원회를 구성하여 표준 기호를 정하게 되었다. AIM은 1972년 설립된 후 바코드를 포함한 자동인식 기술의 세계 최대 유일의 단체이며, 우리나라의 경우 1988년에 정식으로 KAN(Korean Article Number) 코드를 취득하면서 본격적인 바코드 체계를 세우게 되었다. 현재 전 세계적으로 코드 체계가 표준화되어 있고, 일반적으로 널리 사용되는 표준형은 자리 수가 13자리이며, 단축형은 표준형의 크기로는 인쇄 공간이 부족한 일부 제품에 8자리로 사용된다.

13자리를 사용하는 표준형 바코드의 시작과 끝에는 여백이 있는데, 이 여백을 비밀구간(Quiet zone)이라고 하며 바코드의 시작과 끝을 명확하게 해주는 구간이다. 시작문자는 바코드의 맨 앞부분에 기록된 문자

에 데이터의 입력 방향과 바코드의 종류를 스캐너에게 알려주는 역할을 한다. 끝나는 문자는 바코드의 심벌이 끝났다는 것을 알려주어 바코드 스캐너가 양쪽 어느 방향에서든지 데이터를 읽을 수 있도록 해준다. 검사 숫자는 메시지가 정확하게 읽혔는지를 검사하고 상품에 부여된 번호가 정확한지 확인하는 숫자이다.

위의 바코드에서 알 수 있듯이 모두 13개의 숫자로 구성된 바코드는 제조국 코드 2자리, 제조업체 코드 5자리, 상품 코드 5자리, 검사 숫자 1자리로 구성되어 있다. 국제적으로 부여받은 우리나라의 제조국 코드는 '880'으로 슈퍼마켓의 식품류에 붙어있는 바코드는 거의 대부분이 880으로 시작한다. 그런데 우리나라의 코드는 2자리가 아닌 3자리이므로 표준형에서 5자리인 제조업체 코드는 4자리가 된다.

위에 주어진 바코드에 붙은 번호와 검사 숫자를 정하는 방법에 대하여 다음과 같이 단계별로 알아보자.

8 8 0	**4 5 5 4**	**0 1 1 1 4**	_X_
국가식별 코드	제조업체 코드	상품 코드	검사숫자

① 검사 숫자를 포함하여 오른쪽에서 시작하여 왼쪽으로 다음과 같이 번호를 붙인다.

$$8 \quad 8 \quad 0 \quad 4 \quad 5 \quad 5 \quad 4 \quad 0 \quad 1 \quad 1 \quad 1 \quad 4 \quad X$$

$$13 \quad 12 \quad 11 \quad 10 \quad 9 \quad 8 \quad 7 \quad 6 \quad 5 \quad 4 \quad 3 \quad 2 \quad 1$$

② 짝수 번째의 수를 모두 더한다. $4+1+0+5+4+8=32$

③ ②에서 구한 값에 3을 곱한다. $32 \times 3 = 96$

④ X를 제외하고 홀수 번째의 숫자를 모두 더한다.

$$1+1+4+5+0+8=19$$

⑤ ③과 ④에서 구한 값을 더한다. $96+19=115$

⑥ ⑤에서 얻은 결과에 10의 배수가 되도록 더해진 최소수가 검사 숫자가 된다. $115+X=120$

따라서 이 바코드의 검사 숫자는 5가 된다. 즉 코드가 880 4554 01114 5이면 올바르게 만들어진 것이고, 만일 880 4554 01114 7과 같다면 위조되었거나 변조 바코드인 것이다.

이상에서 우리는 코드와 코드의 가장 간단한 형태의 응용이라고 할 수 있는 바코드에 대하여 알아보았다. 우리가 늘 이용하는 바코드에도 그것이 만들어지기까지의 오랜 역사와 여러 수학 이론이 합쳐져 있음을 생각하면 고개를 들어 주위를 조금만 살펴보아도 세상이 수학으로 꽉 차 있다는 것을 알게 될 것이다.

이제 영화로 돌아가보자. 프러터니티의 회원들은 운명의 베틀이 미래의 비극적인 사건을 막을 수 있다고 믿는다. 웨슬리 역시 슬론이 코드를 해석해준 대로 임무를 수행한다. 그리고 마침내 아버지를 죽인 암살자 크로스와도 만나게 된다. 하지만 슬론은 폭스에게 웨슬리를 죽이라는 지령을 내리고, 크로스를 쫓던 웨슬리는 배후에 거대한 음모가 숨겨져 있었음을 알게 되고, 영화는 다시 반전을 거듭하게 된다.

 마크 밀러와 〈킥 애스〉

지금 마크 밀러는 그래픽 노블계에서 가장 주목받는 작가다. 〈원티드〉와 〈킥 애스〉를 비롯하여 슈퍼맨이 공산주의 소련에 떨어졌다면 어떤 일이 벌어졌을지를 그린 〈슈퍼맨:레드 선〉, 마블의 슈퍼히어로들이 대거 등장하는 〈시빌 워〉와 〈얼티미츠〉 등을 만들었다. 슈퍼히어로의 내전을 그린 〈시빌 워〉도 걸작으로 평가되지만, 가장 마크 밀러다운 작품은 역시 〈원티드〉와 〈킥 애스〉다. 하지만 영화로 만들어진 〈원티드〉는 원작의 초현실주의적인 부분을 거의 없애버렸다. 악당도 평범한 존재이고, 웨슬리 역시 평범한 영웅으로 그려졌다. 티무르 베크맘베토브가 연출한 액션은 볼 만하지만, 전체적으로는 무난한 액션영화 정도다. 원작을 봤다면 영화에 실망할 수밖에 없다. 원작보다 뛰어난 각색은 별로 없지만, 마크 밀러의 또 하나의 걸작 그래픽 노블 〈킥 애스〉는 원작 못지않은 영화로 재탄생했다.

슈퍼히어로가 사라지고 초악당들이 지배하는 〈원티드〉의 세계에서, 마크 밀러는 코믹스의 핵심이라고 할 '슈퍼히어로'란 존재 자체를 의심한다. 그런 문제의식은 〈킥 애스〉에서 '현실의 슈퍼히어로'라는 주제로 강화된다. '지질한' 고등학생 데이브는 어느 날, 슈퍼히어로 '킥 애스'가 되기로 결심한다. 쫄쫄이 의상을 입고 거리에 나가 세상의 악에 맞서기로 한 것이다. 불량배에게 몰매를 맞는 사람을 도와줬다가 그 광경을 찍은 동영상이 유튜브에 오르는 바람에 '슈퍼히어로' 취급을 받지만 현실은 녹록치 않다. 도시를 장악한 범죄조직의 보스 디아미코는 대중의 영웅이 된 킥 애스를 본보기 차원에서 응징하려 한다. 거기에 디아미코에게 원한을 지닌 전직 경찰 데이먼이 또 다른 슈퍼히어로 '빅 대디'로 모습을 드러내는데, 데이먼의 11살짜리 딸 '힛 걸' 역시 슈퍼히어로이다.

영화로 만들어진 〈킥 애스〉를 지극히 현실적인 원작과 비교한다면 아쉬울 수도 있지만 영화는 원작과는 다른 자신의 방향으로 간다. 어쩌다 게이로 소문이 나버린 데이브는 멋진 동급생 여자의 다정한 '게이 남자친구'이자 대중의 영웅인 '슈퍼히어로'가 되면서야 현실을 알게 된다. 왜 사람들이 '슈퍼히어로'가 되기를 원치 않는지, 슈퍼히어로로 살아갈 때 포기해야만 하는 것이 얼마나 많은지 배우는 것이다. 그런데 여기서 제대로 된 성장영화가 되려면 데이브는 영웅놀이를 포기해야만 한다. 그게 현실의 어른이 되는 법이다. 하지만 〈킥 애스〉는 적절하게 '판타지'를 수용한다. 현실의 대리만족으로서 영웅놀이를 그려내고, 스크린을 바라보는 관객이 카타르시스를 느낄 자리를 마련해주는 것이다. 즉, 〈킥 애스〉는 성장이라는 현실과 권선징악이라는 판타지를 절묘한 배합으로 섞어낸다. 데이브의 일상은 재치 넘치는 청춘영화 같다가도, 힛 걸의 복수는 어떤 액션영화 이상으로 잔혹하고 무자비하다. 〈스파이더맨〉처럼 내적인 고통과 성장이 진정한 슈퍼히어로가 되는 과정과 연결되어 있는 〈킥 애스〉는 충실한 성장영화이자 화끈한 슈퍼히어로 영화이다.

시처럼 다가오는 수

박사가 사랑한 수식

- 우애수 · 완전수 · 도형수
- 오일러 공식과 자연대수

기억은 80분밖에 지속되지 않지만,
당신은 영원히 남아있습니다!

박사가 사랑한 수식 일본, 2005년

감독
고이즈미 다카시

출연
데라오 아키라 (박사 역)
후카쓰 에리 (교코 역)
우에다 쇼지 (루트 역)

● ● ● ● 　보고 있지만 느끼지 못하는 아름다운 수의 세계로 인도하다

　수학을 싫어하는 사람은 동의하기 힘들겠지만 수학에 매혹된 사람은 수학이야말로 우주에서 가장 아름답고 순수하다고 생각한다. 하지만 말이나 영상으로 그걸 전달하는 것은 결코 쉽지 않다. 〈박사가 사랑한 수식〉은 순수한 수학의 세계와 우리의 마음이 맞닿을 수 있음을 따뜻한 영상으로 잘 표현하고 있다.

　이 영화의 원작은 아쿠다가와상 수상 작가인 오가와 요코가 2004년에 발표한 동명 소설로 일본 서점들이 뽑는 '서점 대상'(대중적이면서 감동적인 소설들이 주로 이 상을 수상한다)을 받은 베스트셀러이다. '정수, 소수 같은 수학 용어가 서서히 시의 언어로 다가왔다'는 시상 평처럼 이 책은 얼핏 차가워 보이는 수의 세계와 사람들 사이의 이야기를 씨실과 날실처럼 조화시키며 따스하고 잔잔하게 풀어낸다. 소수, 약수, 우애수, 완전수, 오일러의 공식 등 수학 개념이 많이 등장해 어렵다고 생각할 수도 있지만, 우리 머리를 아프게 하는 그런 수식들이 사람 사이의 관계를 회복시키고 인생을 깨닫게 하는 마법 같은 도구가 된다.

　영화도 원작에서 크게 벗어나지 않아 구로사와 아키라 감독 밑에서 오랫동안 조감독을 지낸 고이즈미 다카시 감독은 감성적인 연출력으로 차분한 소설을 정갈한 영상으로 잘 표현해냈다. 수학에 빠져 사는 박사와 마음이 따뜻한 가정부의 이야기는 많은 이의 마음속에 잔잔한 파문을 일으키며 '이 영화를 보면 수학을 사랑하게 될 것'이라는 흐뭇한 입소문이 퍼지기도 했다.

영화는 학생들이 π에 대하여 토론하는 데서 시작한다. 잠시 후 교실에 '루트'라고 불리는 선생님이 들어와 자신이 루트라고 불리게 된 사연을 들려주면서 본격적으로 이야기가 전개된다.

교코는 10살짜리 아들과 단 둘이 살아가는 싱글맘이다. 배운 게 없어 할 수 있는 일이라곤 육체노동 즉 가정부 일뿐이지만 언제나 활기차게 살아간다. 어느 날 교코는 몇 년간 가정부를 계속 갈아치웠다는 '박사'의 집으로 파견되어 노신사를 만난다. 노신사는 양복 곳곳에 메모지를 붙이고 있었다. 메모지 하나엔 '내 기억은 80분간만 지속된다' 라고 씌어 있었다. 박사는 오래전에 교통사고를 당해 기억을 유지할 수 있는 시간이 80분밖에 안 되어 그 시간이 지나면 잊고 만다. 더 이상 기억할 수도, 추억을 만들 수도 없기에 한때 수학 교수였던 박사는 되풀이되는 하루하루를 외롭게 '수'만을 벗 삼아 살아가고 있다.

그런 박사가 처음 본 교코에게 신발의 수치가 어떻게 되냐고 묻는다. 24라고 답하자, 24는 4의 계승이고 고결한 숫자라고 말해준다. 어느 날은 전화번호를 물어보는데, 576-1455라고 답하자 박사는 5761455는 1억까지의 수 가운데 소수의 개수라고 말하며 좋아한다. 박사는 교코의 아들을 보고는 루트라는 별명을 붙여 주면서 루트는 어떤 숫자이건 공평하게 감싸준다고 말해준다.

이처럼 박사는 세상의 모든 것을 숫자로 설명할 수 있고 치환할 수 있다. 자신이 기억하지 못하는 동안 일어난 일을 잘못 언급하여 상대방에게 상처를 줄까봐 늘 걱정하는 박사에게 타인과 만나는 최고의 수단은 변하기 쉬운 사람 사이 얘기가 아니라 영원한 진리를 품은 수학이다. 그래서 박사는 다른 사람과 처음 만날 때 인사나 기본적인 사항

들 대신 사소한 숫자들을 물어보는 것이다. 박사에게 수학은 세상과 만나는 입구이자 자신의 존재 의미인 것이다.

처음엔 어딘가 괴팍한 사람이 아닐까 하고 걱정했던 교코는 박사가 너무나도 순수한 사람이라는 것을 알게 된다. 교코가 박사를 돌보는 동안 루트가 혼자 있다는 것을 안 박사는 교코에게 매일 루트를 데려와 함께 지내다 저녁을 먹고 가라고 한다. 그날부터 박사와 교코, 그리고 루트는 기묘한 가족이 된다. 모든 것이 다른 그들을 이어주는 것은 수학과 야구이다.

이 영화를 보면 우리는 원작 소설가가 수학의 성격을 잘 이해하고 있음을 알 수 있다. 기억을 지속하는 시간이 80분에 불과한 박사에게는 보통 사람이 하는 먹고, 잠자고, 여행하는 것과 같은 행위는 순간의 배고픔이나 피로를 면할 정도로 무의미한 것이다. 하지만 수학은 다르다. 수학은 아는 것과 아직 모르는 것 사이의 구분이 명확하다. 박사는 수학 잡지를 통해 아직 모르는 수학의 영역과 계속 만난다. 박사가 더 익혀야 할 지식은 많지 않고 헤쳐 나가야 할 부분은 많지만 80분만 지속되는 기억으로도 충분히 수학에 전념할 수 있다.

어느 날 심부름으로 수학 잡지 〈JOURNAL OF MATHEMATICS〉에 박사의 논문을 투고하고 온 교코에게 박사는 생일을 묻는다. 교코가 2월 20일이라고 답하자, 박사는 220이 매력적인 수라며 자신의 시계를 봐 달라고 한다. 대학 때 상으로 받은 시계에는 '학장상 제284호'라고 적혀 있었다. 박사는 220과 284는 우애수라고 말한다.

"284의 약수의 합은 220, 220의 약수의 합은 284이지. 이 둘은 우애수이다." 메모지가 더덕더덕 붙은 양복을 입은 박사가 교교에게 우애수를 설명하고 있다. 〈박사가 사랑한 수식〉 중에서.

● ● ● 관계없어 보이지만 기묘한 고리로 연결되어 있다
　　　　 – 우애수・완전수・도형수

　여기서 잠깐 피타고라스가 시작한 것으로 알려진 우애수와 완전수에 대하여 알아보자. 수를 신성시한 피타고라스학파는 각기 다른 성질을 갖고 있는 여러 가지 종류의 수를 만들어냈는데 그중에서 형상수와 우애수(또는 친화수라고도 함) 그리고 완전수 등이 유명하다. 그중 우애수에 대하여 알아보자.

　피타고라스가 어느 날 제자로부터 "친구란 어떤 관계입니까?"라는 질문을 받았는데, 피타고라스는 이렇게 대답했다. "친구란 또 다른 나다. 마치 220과 284처럼."

　그 이후 피타고라스학파들은 220과 284를 우애수라고 하게 되었다. 피타고라스가 220과 284를 친구라고 한 까닭은 220의 진약수 1, 2, 4, 5, 10, 11, 20, 22, 44, 55, 110을 모두 더하면 합이 284가 되고, 284의 진약수 1, 2, 4, 71, 142를 모두 더하면 220이 되기 때문

이다. 이처럼 어떤 두 수가 우애수라는 것은 한 수의 진약수의 합이 다른 수와 같고, 그 반대도 동시에 성립할 때다.

고대 그리스인들은 우애수를 더 찾으려 노력했지만 220과 284 외에는 발견하지 못했다. 그래서 피타고라스학파뿐만 아니라 고대 수학자들은 이 한 쌍의 우애수를 신성하게 여겨 종교 의식과 점성술 그리고 마법과 부적을 만드는 데 이용하기도 했다. 고대 그리스인들은 숫자를 당시 자신들이 사용하던 알파벳을 이용해 나타냈기 때문에 어떤 이름이든지 수로 바꿀 수 있었다. 따라서 모든 사람은 자신의 이름에 대응하는 수가 있었다. 만일 결혼을 약속한 젊은 남녀가 그들의 이름에서 얻은 두 수가 우애수라면 행복하고 완벽한 결혼이라고 여겼다. 이는 마치 우리나라에서 결혼할 때 궁합을 따지는 것과 비슷하다.

17세기 초반까지는 220과 284 이외의 다른 우애수의 쌍은 발견되지 않았다. 그러다가 드디어 1636년 프랑스의 수학자 페르마가 두 수 17296과 18416이 우애수라는 것을 밝혀냈고, 곧이어 1638년 프랑스의 또 다른 뛰어난 수학자인 데카르트가 세 번째 우애수 쌍인 9363584와 9437056을 찾았다. 그 뒤 1747년에 스위스의 수학자 오일러는 30쌍의 우애수를 찾았고, 더 연구한 끝에 모두 60쌍의 우애수를 찾았다. 흥미로운 것은 1866년에 16살의 이탈리아 소년 니콜로 파가니니가 그동안 아무도 발견하지 못했던 작은 우애수의 쌍 1184와 1210을 발견했다는 것이다. 현재까지 알려진 우애수는 약 400쌍 가량 되며 14595와 12285도 그중 한가지이다.

수의 신비로운 성질에 관심을 가졌던 피타고라스학파들은 6의 진약수 1, 2, 3으로부터 $1+2+3=6$이라는 성질을 발견했다. 그래서 6처럼 진약수의 합이 자신과 같아지는 수를 완전수라고 한다. 피타고라스 학파를 포함하여 고대 그리스인들은 이미 소개한 우애수와 더불어 완전수를 찾으려 많은 노력을 했는데, 그 과정에서 두 가지 다른 종류의 수도 있음을 알게 되었다. 예를 들어 15의 경우는 진약수가 1, 3, 5이고, 그들의 합은 $1+3+5=9$이다. 15처럼 자신의 진약수 합이 자신보다 작은 수를 부족수라고 한다. 또, 12의 진약수는 1, 2, 3, 4, 6이고, 이들의 합은 $1+2+3+4+6=16$이다. 이처럼 진약수의 합이 자신보다 큰 수를 과잉수라고 한다.

최초의 완전수 6 이후에 찾아낸 또 다른 완전수는 28인데, 어떤 이들은 두 완전수 6과 28을 최고의 건축가라고 했다. 왜냐하면 세상은 6일 만에 창조되었고, 달은 지구의 둘레를 28일에 1바퀴씩 회전하기 때문이다. 특히 성 아우구스투스는 "신이 세상을 6일 동안 창조하신 이유는 6이 완전수이기 때문이다." 라고 말했다.

고대 그리스 시대 이래로 완전수는 그 신비로운 성질 때문에 수학자뿐만 아니라 일반인들에게도 관심의 대상이었지만 완전수를 찾는 것은 대단히 어렵다. 2000년이 넘도록 수학자들은 6을 포함하여 단지 11개의 완전수만을 찾을 수 있었다. 그 뒤 1877년 이전에 1개의 완전수가 더 찾아졌고, 20세기 후반에 접어들면서 컴퓨터의 놀라운 발달로 인하여 새로운 완전수를 찾아내기 시작했다. 1952년 캘리포니아 대학의 로빈슨은 컴퓨터 SWAC를 사용하여 75년 만에 새로운 완전수를 발견했고, 그 후 몇 달 동안 네 개의 완전수를 더 발견하여 모두 17개의 완전수를 찾아냈다. 그 후 컴퓨터의 성능이 좋아지면서 현재까지 약 50개의 완전수가 발견되었다.

사실 완전수라는 이름은 유클리드가 처음 붙였다. 그는 자신의 책인 〈원론〉에 다음과 같이 완전수를 구하는 방법을 소개했다.

"1보다 큰 소수 p에 대하여 2^p-1이 소수이면, $2^{(p-1)}(2^p-1)$은 짝수인 완전수이다."

예를 들어, $p=2$, 3, 5, 7, 13, 17에 대하여 2^p-1을 계산하면 모두 소수이므로, 각각의 p에 대하여 완전수 $2^{(p-1)}(2^p-1)$을 구하면 다음과 같다.

$p=2 \Rightarrow 6$

$p=3 \Rightarrow 28$

$p=5 \Rightarrow 496$

$p=7 \Rightarrow 8128$

$p=13 \Rightarrow 33550336$

$p=17 \Rightarrow 8589869056$

완전수를 찾기 위해선 2^p-1이 소수인지 아닌지가 중요하다. 2^p-1 꼴의 수를 우리는 메르센 수라고 하며, 특히 소수인 경우 메르센 소수라고 하고 $M_p=2^p-1$로 나타낸다. 즉, 지수 n에 대한 메르센 수는 $M_n=2^n-1$로 나타내는데, 다음은 몇 개의 메르센 수이다.

프랑스 수학자 메르센
(Marin Mersenne, 1588-1648)

1, 3, 7, 15, 31, 63, 127, 255, 511, 1023, 2047, …

메르센 수에서 3, 7, 31과 같이 특히 소수인 것을 메르센 소수라고 하는데, 메르센 수가 메르센 소수이기 위해서는 2의 지수인 n이 소수라는 사실이 밝혀졌다. 메르센 소수는 몇 년에 하나씩 발견되다가 최근에는 거의 매년 하나씩 새로 발견되고 있는데 메르센 소수를 찾기 위한 수학자들의 노력과 경쟁도 치열하다.

기원전 4세기 유클리드의 주장에 따르면 M_p가 메르센 소수이면 $\dfrac{M_p(M_p+1)}{2} = 2^{p-1} \times (2^p-1)$은 짝수인 완전수임을 알 수 있다. 이후 18세기에 이르러 오일러는 모든 짝수 완전수는 이 같은 형태를 갖는다는 것을 증명했다. 그리고 홀수 완전수는 아직 발견되지 않았으며 존재하지 않는 것으로 추측되고 있지만 확실하지 않다.

수학의 역사를 연구하는 사람들 중엔 우애수와 완전수가 피타고라스학파가 만들었다고 주장하는 쪽과 그렇지 않다고 하는 쪽이 있다. 하지만 도형수의 경우는 피타고라스학파가 만들었다고 하는데 모두 동의한다.

도형수는 일정한 모양을 유지하는 점들의 개수로 결정되는데, 이는 당시 기하학이 산술과 밀접한 관계가 있다는 증거이기도 하다. 다음 그림은 이런 도형수 중에서 삼각수와 사각수 그리고 오각수들이다.

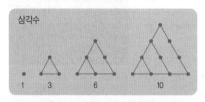

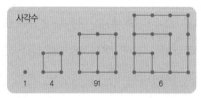

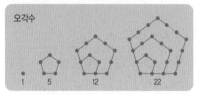

우리는 도형수에 관한 흥미로운 사실들을 그림으로 쉽게 입증할 수 있다. 이를테면 '임의의 사각수는 연속하는 두 삼각수의 합이다.'를 입증하기 위해 오른쪽 그림과 같이 사각수를 연속하는 두 삼각수로 나누면 된다. 즉, 4번째 사각수는 4번째 삼각수와 3번째 삼각수로 나눠진다.

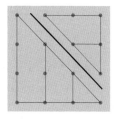

또 다른 예는 'n번째 오각수는 n과 $n-1$번째 삼각수의 3배의 합과 같다'인데, 이것에 관한 증명은 다음 그림과 같다.

앞서 예를 든 것들은 대수적으로도 증명이 가능하다. n번째 삼각수 T_n은 등차수열의 합에 의하여 다음과 같다.

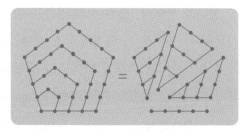

$$T_n = 1 + 2 + 3 + \cdots + n = \frac{n(n+1)}{2}$$

n번째 사각수 S_n이 n^2이므로 임의의 사각수는 연속하는 두 삼각수의 합임을 다음과 같이 증명할 수 있다.

$$S_n = n^2 = \frac{n(n+1)}{2} + \frac{(n-1)n}{2} = T_n + T_{n-1}$$

또한, n번째 오각수 P_n도 삼각수의 등차수열의 합으로 표현된다. 즉,

$$P_n = 1 + 4 + 7 + \cdots + (3n-2)$$
$$= \frac{n(3n-1)}{2} = n + \frac{3n(n-1)}{2}$$
$$= n + 3T_{n-1}$$

● ● ● ● 모순된 것들이 모여 통일을 이루는 수
– 오일러의 공식과 자연대수 e

많은 사람이 수학 문제를 풀지만 수학의 본질을 깨닫기는 쉽지 않다. 박사는 수학과 가장 닮은 것이 농업이라고 말한다. 농부가 땅을 고르고, 씨앗을 뿌리고 보살피듯이 수학자도 자신의 영역을 정하고, 사색을 시작하고, 온갖 노력을 한다. 하지만, 모든 것을 결정하는 것은 씨앗 자신의 자라는 힘이다. 농부도, 수학자도 단지 그것을 북돋아주고 발견할 뿐이다. 물론 이런 통찰은 아무에게나 주어지지 않는데 박사는 수학을 통해 이 세계의 본질을 깨달은 현자이다. 하지만 그는 이 세계에서 벗어난 존재가 되어 누군가 돌봐주지 않으면 살 수가 없고, 세상에 아무런 도움도 주지 못한다. 게다가 그의 기억에 멈춘 채 있는 과거는 슬픔뿐이다. 아침마다 일어나 양복에 매달린 쪽지, '내 기억은 80분간만 지속된다.'란 글을 보며 그는 탄식한다. 박사에게 시간은 흐르지 않는다. 모든 이들이 지나온 과거에 박사 혼자만이 머물러 있다. 그런 박사에게 남은 것은 수학밖에 없다.

수학의 본질은, 완전수처럼 그 자체로 완전하다. 실생활에 전혀 도움이 되지 않아도 그 질서는 아름답다. 박사는 수학을 하는 목적은 진실을 찾는 것이라고 말한다. 진실이 있기에 그 안으로 들어가는 것이다. 현실과는 더 이상 아무런 관계가 없지만 박사는 진실 찾기를 멈추지 않고, 그 용기와 현명함은 새로운 관계를 만들어낸다. 교코와 루트가 박사를 통해 세계의 다른 얼굴을 만나가게 된 것이다.

어느 날 박사의 상태가 악화되면서 박사의 형수는 교코에게 일을 그만두라고 하면서 비밀을 들려준다. 박사와 형수는 사랑하는 사이였다. 이미 형수는 미망인이 되었지만 박사는 수십 년 전에 사랑했던 그녀의 모습밖에는 기억하지 못한다. 형수는 매일 아침 슬퍼하는 박사를 위로하면서도 자신이 누구인지 알아보지 못하는 박사를 보며 아파한 날을 이어왔다. 사랑하면서도 어긋나는 그들 사이에는 오로지 수학만이 존재한다.

교코는 다른 집에서 일을 하게 되는데 형수에게서 다시 연락이 온다. 박사의 집으로 간 교코는 형수와 말다툼을 하게 되었고, 이걸 본 박사는 "안 돼, 아이를 괴롭히면 못써!"라 외치면서 쪽지 하나를 내려 놓고 나간다. 그 쪽지엔 $e^{\pi i}+1=0$이라는 식이 적혀 있다.

영화에서 루트는 학생들에게 이 식을 "원은 없는데 하늘에서 파이가 e곁으로 내려와 수줍음 많은 i와 악수를 한다. 그들은 서로 몸을 마주 기대고 숨죽이고 있는데 한 인간이 1을 더하는 순간 세계가 전환된다. 모든 것이 합쳐져 0이 되었다."라고 설명한다.

수학 선생님이 된 루트가 $\sqrt{}$처럼 생긴 머리 모습을 하고 수식에 나오는 허수 i를 설명하고 있다. 〈박사가 사랑한 수식〉 중에서.

박사가 진정으로 사랑했던, 형수에게 준 이 식이야말로 박사가 가장 사랑한 수식이었다. 이 영화에서 박사가 가장 사랑한 수식

$e^{\pi i}+1=0$에 대하여 알아보자. 그러기 위해선 먼저 자연대수 e에 대하여 알아야 한다. 이 내용이 어렵다면 건너뛰어도 된다.

e가 어떤 수인지 이해하기 위해 먼저 10의 제곱근에 대하여 알아보자. 어떤 수의 제곱근은 제곱했을 때 그 수가 되는 수이다. 이를테면 2의 제곱근은 $2^{\frac{1}{2}}=\sqrt{2}$로 $(\sqrt{2})^2=2$이다. 10의 제곱근은 $\sqrt{10}=10^{\frac{1}{2}}$이고, 제곱하면 $(\sqrt{10})^2=(10^{\frac{1}{2}})^2=10$이다. 그리고 10의 제곱근인 $\sqrt{10}$ $=10^{\frac{1}{2}}$, 10의 제곱근의 제곱근인 $\sqrt{\sqrt{10}}=(10^{\frac{1}{2}})^{\frac{1}{2}}=10^{\frac{1}{4}}$, 10의 제곱근의 제곱근의 제곱근인 $\sqrt{\sqrt{\sqrt{10}}}=((10^{\frac{1}{2}})^{\frac{1}{2}})^{\frac{1}{2}}=10^{\frac{1}{8}}$, ⋯ 등을 계산기를 이용하여 차례로 구하면 다음과 같다.

$10^{\frac{1}{2}}=3.162277660168379331,$
$10^{\frac{1}{4}}=1.778279410038922801,$
$10^{\frac{1}{8}}=1.333521432163324025,$
$10^{\frac{1}{16}}=1.154781984689458179,$
$10^{\frac{1}{32}}=1.074607828321317497,$
$10^{\frac{1}{64}}=1.036632928437697997,$
$10^{\frac{1}{128}}=1.018151721718181841,$
$10^{\frac{1}{256}}=1.009035044841447437,$
$10^{\frac{1}{512}}=1.004507364254462515,$
$10^{\frac{1}{1024}}=1.002251148292912915,$
$10^{\frac{1}{2048}}=1.001124941399879875,$
$10^{\frac{1}{4096}}=1.000562312602208636,$
$10^{\frac{1}{8192}}=1.000281116787780132,$

$10^{\frac{1}{16384}}=1.00014054851694725 8,$

$10^{\frac{1}{32768}}=1.00007027178941143 5,$

$10^{\frac{1}{65536}}=1.00003513527746185 6$

필자는 계산기를 사용하여 위의 16개 값을 얻었지만, 헨리 브리그스(Henry Briggs, 1561~1630)라는 영국의 수학자는 오직 종이와 펜만을 써서 위와 같은 수 54개를 계산했다. 어쨌든 위 등식의 우변에 나타나는 소수에서 소수점 아래의 수들을 유심히 살펴보면 일정한 패턴이 있다.

그 패턴은 등식의 좌변에서 지수를 반으로 나눠갈수록, 우변에서 소수점 아래는 거의 절반으로 줄어드는 것이다. 이것은 지수와 소수점 아래가 비례한다는 것을 뜻한다. 그렇다면 비례상수는 얼마일까? 비례상수를 구하기 위해 다시 몇 개를 계산해 보면 비례상수는 2.302…쯤인 어떤 값이다.

$2048 \times 0.00112\,49413\,99879\,875\cdots = 2.30387\,99869\,539\cdots$

$4096 \times 0.00056\,23126\,02208\,636\cdots = 2.30323\,24186\,465\cdots$

$8192 \times 0.00028\,11167\,87780\,132\cdots = 2.30290\,87254\,948\cdots$

$16384 \times 0.00014\,05485\,16947\,258\cdots = 2.30274\,69016\,638\cdots$

$32768 \times 0.00007\,02717\,89411\,435\cdots = 2.30266\,59954\,339\cdots$

$65536 \times 0.00003\,51352\,77461\,856\cdots = 2.30262\,55437\,402\cdots$

이 계산을 정리하면 $10^x \approx 1+2.302\cdots \times x$라고 할 수 있지만, 물론 이 식은 수학적으로 정확한 표현은 아니다. 여기서 기호 $\approx$는 x가 0에 충분히 가까운 값일 때 양변의 값이 서로 아주 비슷해진다는 뜻이다. 이 식을 좀 더 알기 쉽고 예쁘게 만들기 위하여 비례상수를 조절하여 1로 만들려면 x 대신에 $\dfrac{x}{2.302\cdots}$를 대입한다. 그러면 앞의 식은 $10^{\frac{x}{2.302\cdots}} \approx 1+x$와 같이 쓸 수 있다.

하지만 이 식에는 아직도 거추장스러운 $2.302\cdots$이 따라다니고 있다. 그래서 더 간단히 하기 위하여 $e=10^{\frac{x}{2.302\cdots}}$라 하면 $10^{\frac{x}{2.302\cdots}}=\left(10^{\frac{x}{2.302\cdots}}\right)^x=e^x$이므로 $e^x\approx1+x$이다.

이 식의 양변에 $\dfrac{1}{x}$ 제곱을 하면 $(e^x)^{\frac{1}{x}}=e\approx(1+x)^{\frac{1}{x}}$을 얻는다. 앞에서 우리는 x가 0에 충분히 가까운 값일 때를 말했으므로 이 식을 수학적으로 정확하게 표현하면 $e=\lim\limits_{x\to0}(1+x)^{\frac{1}{x}}$임을 알 수 있다.

이 식을 좀 더 변형하기 위하여 위에서 구한 $e^x\approx1+x$의 x 대신에 $\dfrac{x}{n}$를 대입하면 $e^{\frac{x}{n}}\approx1+\dfrac{x}{n}$이 된다. 그리고 이 식의 양변을 n 제곱하면 $(e^{\frac{x}{n}})^n=e^x\approx\left(1+\dfrac{x}{n}\right)^n$을 얻는다. 이 식에서 n이 클수록 $\dfrac{x}{n}$는 0에 가까운 수이다. 그리고 그 경우는 $e=\lim\limits_{x\to0}(1+x)^{\frac{1}{x}}$에서 x가 0에 가깝게 다가간다는 $x\to0$을 $n\to\infty$로 바꾸는 것과 같다. 즉, 다음 등식을 얻는다.

$$e^x=\lim_{n\to\infty}\left(1+\frac{x}{n}\right)^n$$

위의 식에서 $x=1$인 경우가 바로 우리가 알고 싶어 했던 자연대수 e이고, 이것의 실제 값은 $e=2.71828182845904523\cdots$인 무리수이다. 이 수를 자연대수라고 하는 이유는, 위와 같이 복잡한 과정을 거쳐서 얻어지지만 실제 우리의 생활과 자연 현상에 매우 빈번하게 등장하기 때문이다.

박사가 사랑했던 수식 $e^{\pi i}+1=0$에 대하여 알아보기 위해 또 필요한 것이 허수 $i=\sqrt{-1}$을 포함한 복소수이다. 복소수 $z=a+bi$를 복소평면에 나타낼 때, 두 실수만을 이용하여 $(a,\,b)$로도 나타낸다. 또 원점과의 거리를 r이라 하고, 실수축의 양의 방향으로부터 잰 각을 θ

라 하면, 다음처럼 쓸 수 있다.

$$a+bi=r(\cos\theta+i\sin\theta)$$

복소수를 이런 식으로 표현한 것을 '극형식'으로 표현했다고 말한다.

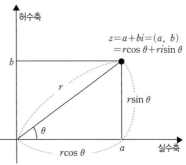

이제 다시 e로 돌아가자. e에 대하여 제곱근 계산을 몇 번 반복하여, 지수함수의 다른 표현인 $e^x=\lim\limits_{n\to\infty}\left(1+\dfrac{x}{n}\right)^n$을 얻었다. 이 식에서 x 대신에 $1+2i$를 넣으면 어떻게 될까?

실제로 x 대신에 $1+2i$를 넣으면 $e^{1+2i}=\lim\limits_{n\to\infty}\left(1+\dfrac{1+2i}{n}\right)^n$ 여기서 $n=2,\ 3,\ 4,\ \cdots$을 생각했을 때, 이 수들이 접근해 가는 값으로 e^{1+2i}를 정의하면 된다. 즉, 다음과 같은 값들의 결과가 어디로 수렴하는지 알아보면 된다.

$$\left(1+\frac{1+2i}{2}\right)^2,\ \left(1+\frac{1+2i}{2}\right)^3,\ \left(1+\frac{1+2i}{2}\right)^4,\ \left(1+\frac{1+2i}{2}\right)^5,\ \cdots$$

그리고 이 값들은 항상 일정한 값으로 수렴한다는 것을 증명할 수 있다. 따라서 우리는 복소수 지수를 정의할 수 있다.

이와 마찬가지로 e^x의 x대신에 $1+bi$를 대입하여 e^{1+bi}를 쉽게 계산할 수 있다. 그리고 오른쪽 그림은 이것을 복소수 평면에 나타낸 것이다.

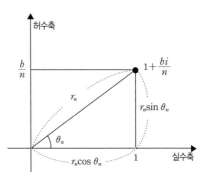

복소수 $z_n = 1 + \dfrac{bi}{n}$ 과 원점과의 거리를 r_n이라 하고, z_n가 실수 축의 양의 방향과 이룬 각을 θ_n이라 하면, 이 복소수는 다음과 같이 삼각함수로 나타낼 수 있다.

$$\left(1 + \frac{bi}{n}\right)^n = r_n^n(\cos n\,\theta_n) + i\sin(n\theta_n))$$

이 값은 n이 커질수록 $e^0 = 1$에 가까워진다. 한편 n이 큰 수이면 θ_n은 작은 수이다. 작은 값에 대해 사인 극한 정리를 쓰면

$$\theta_n \approx \sin\theta_n = -\frac{\dfrac{b}{n}}{r_n}$$ 을 얻는다. 따라서 $n\theta_n$은 $\dfrac{b}{n^2}$에 가까우므로 n이 커질수록 b에 가까워진다. 이 결과를 정리하면 $e^{bi} = \cos b + i\sin b$ 을 얻는다. 그리고 우리는 이 공식을 오일러의 공식이라고 한다. 오일러의 공식 $e^{bi} = \cos b + i\sin b$에서 b 대신 원주율 π를 대입하면 $e^{\pi i} = \cos\pi + i\sin\pi$이다. 여기서 $\cos\pi = -1$이고 $\sin\pi = 0$이므로 드디어 우리가 영화에서 보았던 바로 박사가 사랑한 공식 $e^{\pi i} = -1$, 즉 $e^{\pi i} + 1 = 0$이 나온다.

이 공식을 왜 박사가 사랑했을까? 수학자들은 이 공식을 '수학자들이 뽑은 가장 아름다운 공식'으로 뽑았다. 그렇다면 뭐가 그리 아름답고, 사랑스러운 식이라는 걸까?

오일러의 공식 $e^{bi} = \cos b + i\sin b$는 복소수를 사용하면 지수함수와 삼각함수가 본질적으로 한 가족이라는 사실을 말해준다. 바꾸어 말하면 어려운 삼각함수가 간단한 지수함수라는 얘기다. 삼각함수에 대한 많은 식을 복소수 지수를 이용하면 쉽게 증명할 수 있는 경우가 많고, 미분방정식, 푸리에 해석 이론 등에 오일러 공식을 쓰면 많은 사실

을 체계적으로 파악할 수 있다. 왜 파인만이 오일러의 공식을 '수학자들이 내놓은 보석'으로 불렀는지 미루어 짐작할 수 있다.

아무런 관계가 없어 보이는 것, 모순되는 것들이 하나로 통일되어 결국은 무를 이루는 것, 그것이 바로 박사가 사랑한 수식의 정체다. 아무런 관계가 없는, 박사와 교코와 루트가 만나 서로의 마음이 연결될 때 영원한 아름다움을 느끼는 것과 같다. 그건 절대로, 이해하는 것이 아니라 느끼는 것이다. 교코는 다시 박사의 집에서 일하게 되었고, 어른이 된 루트는 수학 교사가 되었다. 루트 역시 수학의 아름다운 세계를 발견하게 된 것이다.

**어둠을 알고 밝음을 이해한
오가와 요코의 작품 세계**

오가와 요코의 〈박사가 사랑한 수식〉에 감동을 느꼈다면 그녀의 다른 작품들을 읽고는 조금 혼란스러울 수도 있다. 따뜻하고 감동적인 〈박사가 사랑한 수식〉과는 다른 우울한 악몽들이 도사린 소설들이 의외로 많기 때문이다. 1991년 일본 최고의 문학상인 아쿠다가와상을 받은 〈임신 캘린더〉도 그렇다. 이 작품은 일종의 악몽이다. 이 악몽은 순간의 공포라기보다는 일상적으로 겪어야 하는 절망감 같은 것이다. 결코 원하지 않고 어떻게든 피하고 싶지만 반드시 겪어야만 하는 일들이다.

1962생인 오가와 요코는 지금 일본 문단은 물론 해외에서도 주목받는 작가이다. 1988년에 〈상처 입은 호랑나비〉로 가이엔 신인문학상을 받으며 등단한 뒤 아쿠다가와상, 서점 대상, 이즈미 교카 문학상 등을 받으며 예술성과 대중성을 겸비한 작가로 인정받고 있다. 특히 프랑스와 독일 등에서 높은 평가를 받으며 많은 작품이 10여 국에서 번역 출간되었다. 1999년 '프랑스에서 발간된 가장 훌륭한 소설 20'에 선정된 〈약지의 표본〉을 비롯해 〈침묵 박물관〉 〈호텔 아이리스〉는 프랑스에서 영화화되었고, 독일 일간지 〈프랑크푸르트 알게마이네 차이퉁〉은 '실험 정신이 돋보이는 새로운 세대의 작가'로 추켜세웠다.

오가와 요코는 '나의 임신 체험 따위는 슈퍼마켓에서 사온 신선한 양파처럼 아무 얘깃거리도 갖고 있지 않다. 나는 그 양파가 싱크대 밑 수납장에서 아무도 모르게 고양이 시체로 변하는 과정에 소설의 진실이 존재한다고 생각한다.'고 말한다. 오가와 요코가 〈박사가 사랑한 수식〉을 쓸 수 있었던 것은 〈임신 캘린더〉의 어둠을 포착할 수 있기 때문일 것이다. 어둠을 알기에 빛을 더 잘 알고, 빛을 느끼기 때문에 어둠을 감싸 안을 수 있었던 것이다.

차별에 맞선
미국 우주 항공국 여인들의 이야기

히든 피겨스

- 고차방정식의 풀이, 인수분해
- 프러넬 방정식
- 컴퓨터의 기본, 비트와 바이트

히든 피겨스　　미국, 2016년

감독
데오도르 멜피

출연
타라지 P. 헨슨(캐서린 존슨 역)
옥타비아 스펜서(도로시 본 역)
자넬 모네 (메리 잭슨 역)
케빈 코스트너(알 해리슨 역)

● ● ● ● **흑인 여성들이 NASA에 근무하는군요!**

출근길, 흑인 여성 셋이 타고 가던 차가 고장 나 도로 가운데 멈춰 섰다. 멀리서 경찰차가 다가오는 것이 보이자 이들은 지레 걱정한다. 흑인 차별이 일상적인 시절이었기 때문이다. 경찰이 다가와 신분증을 요구하자 이들은 나사(미국 항공 우주국, NASA) 사원증을 건넨다. 흑인 여성들이 나사에 근무한다고 하자 백인 경찰은 놀라워하는데...

제2차 세계대전이 끝난 뒤 미국과 소련은 세계적 차원에서 치열하게 경쟁했고, 우주개발 분야도 예외는 아니었다. 소련이 미국보다 먼저 우주로 인공위성을 쏘아올리자 미국은 큰 충격에 빠졌고, 이에 항공 우주국을 설립해 우주개발에 박차를 가한다. 〈히든 피겨스〉는 우주 경쟁이 숨가빴던 1960년대를 배경으로 나사에서 일한 실제 인물 캐서린 존슨, 도로시 본, 메리 잭슨의 이야기를 다룬 영화이다.

1960년대 미국은 아직 인종차별이 합법적이었고, 흑인은 백인과 분리되어 생활해야 했다. 사무실, 식당, 대중교통 등에서 백인과 흑인은 자리가 따로 나뉘어 있었다. 하늘 위로 우주를 향하는 나사에서도 인종차별과 성차별은 별반 다르지 않았다. 백인과 흑인이 근무하는 사무실은 다른 동에 있었다. 흑인이 잠깐 백인의 사무실에 들어갈 수는 있어도 그곳에서 업무를 하는 건 불가능했고, 흑인은 백인들이 근무하는 건물의 화장실도 쓸 수 없었다.

이 영화의 주요 인물인 캐서린, 도로시, 메리는 나사에서 '유색 인종' 전산실에서 근무한다. 로켓을 쏘아 올리고, 다시 지구로 돌아오게 하려면 고도의 수학적 계산이 필요했는데 컴퓨터가 지금처럼 고사양이 아니어서 나사는 수학 능력이 뛰어난 계산원을 모아 전산실을 만든 것이다. 그리고 백인이 아닌 유색 인종들은 따로 모아 별도의 건물에 있는 전산실에서 임시직으로 근무하게 한다.

이중 캐서린은 수학 영재로 초등 6학년 나이로 대학에 조기 입학했지만 흑인이기 때문에 나사의 전산실에서 임시직으로 일할 수밖에 없다. 그러다 수학 능력을 인정받아

캐서린 존슨이 NASA에서 수식을 해결하는 장면

백인들만 있는, 우주 비행궤도 연구팀인 STG(Space Task Group)에 차출되어 일하게 되지만 모든 것이 장벽이고 차별이다. 백인들 사이에 혼자인 캐서린은 날마다 차별과 모욕을 감내해야 한다. 화장실을 가려면 800미터 떨어진 흑인 사무실 건물로 뛰어가야 하고, 캐서린이 쓰는 커피포트에는 유색 인종용이라는 딱지가 붙는다. 또 일은 엄청 하지만 필요한 정보는 받지 못하고 성과는 가로채인다.

영화의 다른 두 주인공 도로시 본과 메리 잭슨 또한 캐서린만큼이나 고군분투한다. 도로시는 유색 인종 전산실 전체를 책임지고 있음에도 불구하고 정식 주임으로 발령받지 못하고 임시직에 불과하다. 여성, 흑인, 임시직이라는 3중 차별 아래서 도로시는 나사가 IBM 컴퓨터를 도입하자 새로운 흐름을 누구보다 빨리 읽어낸다. 독학으로 컴퓨터를 다루는 법을 배우고, 컴퓨터 도입이 계산원들의 일자리를 위협할

거라 판단하고는 리더십을 발휘해 함께 일하는 흑인 여성 동료들에게도 프로그래밍을 가르치며 미래를 대비한다.

메리는 전산실에서 엔지니어팀으로 발령을 받는다. 나사의 전문 엔지니어가 되려면 버지니아대학의 심화 과정을 들어야 하지만, 버지니아대학은 흑인의 입학을 허용하지 않는다. 그러자 메리는 법적 투쟁을 벌인다.

캐서린, 도로시, 메리는 흑인, 여성, 임시직이라는 차별에 맞서 실력과 열정으로 전진하고 쟁취해간다. 세 여성에게는 조력자도 있었다. 케빈 코스트너가 연기하는 알 해리슨은 나사 STG의 수장이고, 실력을 중시하는 현실주의자다. 인종과 성차별이 나사의 효율성과 진보에 문제라는 것을 알게 되자 나사의 차별적인 관행을 바꿔버린다. 계산팀의 팀장인 비비안 미첼이나 캐서린의 상사인 폴도 현실을 인정하고, 차별을 철폐하는 그들에게 도움을 주게 된다. 〈히든 피겨스〉는 차별에 굴복하지 않고 싸워서 쟁취하는 흑인 여성들의 이야기를 감동적으로 그려낸 영화다. 개인에게만 초점을 맞추지 않고 주변의 다양한 인물과의 관계를 보여주면서 전체적인 사회상을 잘 이해하게 도와주는 영화이다.

● ● ● 어릴 때부터 수학 영재이던 캐서린 존슨
- 고차방정식의 풀이, 인수분해

영화의 첫 장면은 고차방정식으로 시작한다. 고등학생쯤으로 보이는 학생들과 함께 공부하던 어린 캐서린이 다들 어려워하는 고차방정식을 막힘없이 풀자 다들 놀란 눈으로 바라본다. 캐서린이 푼 문제는 다음과 같다.

$$(x^2+6x-7)(2x^2-5x-3)=0$$

우리도 이 방정식을 풀어보자.

그 전에 우선, 두 수 a와 b의 곱이 0일 경우를 생각해 보자. 영화에서 어린 캐서린은 두 수의 곱이 0이면 두 수 중에서 적어도 하나는 0이어야 한다고 말한다. 이를 식으로 쓰면

$$ab=0$$이면 $a=0$ 또는 $b=0$

이 역도 성립한다. 즉

$$a=0$$ 또는 $b=0$이면 $ab=0$

캐서린은 위와 같은 사실로부터 주어진 방정식을 푼다. 캐서린이 푼 방정식의 좌변은 두 다항식 x^2+6x-7과 $2x^2-5x-3$의 곱이므로 주어진 방정식의 해는 두 방정식 $x^2+6x-7=0$와 $2x^2-5x-3=0$의 해를 구하면 얻을 수 있다. 그리고 이때 필요한 것이 바로 인수분해이다. 인수분해가 무엇인지 알아보자.

다음 그림과 같은 6개의 정사각형과 직사각형을 겹치지 않게 이어 붙여 큰 직사각형을 만들었다고 생각해 보자.

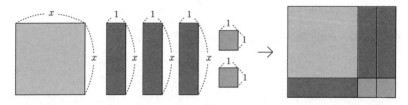

이때, 6개의 정사각형과 직사각형의 넓이의 합은 x^2+3x+2이고, 큰 직사각형은 가로가 $(x+2)$이고 세로가 $(x+1)$이므로 넓이는 $(x+1)(x+2)$이다. 그런데 6개의 정사각형과 직사각형의 넓이의

합은 큰 직사각형의 넓이와 같으므로 다음이 성립한다.

$$x^2+3x+2=(x+1)(x+2)$$

즉 다항식 x^2+3x+2는 다항식 $x+1$과 $x+2$의 곱으로 나타낼 수 있다.

이와 같이 하나의 다항식을 두 개 이상의 다항식의 곱으로 나타낼 때, 각각의 식을 처음 다항식의 인수라고 한다. 또 하나의 다항식을 두 개 이상의 인수의 곱으로 나타내는 것을 '인수분해 한다'라고 한다. 한편, 다항식의 곱을 괄호를 풀어서 하나의 다항식으로 나타내는 것을 '전개한다'라고 한다. 이를테면 위의 예에 대하여 인수분해와 전개를 그림으로 나타내면 다음과 같다.

$$\overset{\displaystyle\text{인수분해}}{x^2+3x+2}=\underset{\displaystyle\text{전개}}{(x+1)(x+2)}$$

우리는 이미 중학교 때 다항식의 전개와 인수분해를 자세히 배웠다. 그 내용을 그림을 이용하여 간단히 알아보자.

다항식 $ma+mb$에서 두 항 ma와 mb에 공통으로 들어 있는 인수는 m이다. 이때 분배법칙을 이용하여 인수 m을 묶어 내면

$$① \quad ma+mb=m(a+b)$$

와 같이 인수분해 할 수 있다. 그런데 이것은 오른쪽 그림으로 보면 쉽게 이해할 수 있다. 세로가 m이고 가로가 각각 a와 b인 직사각형의 넓이의

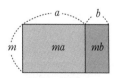

합은 $ma+mb$인데, 가로를 합하여 $a+b$로 만든 직사각형과 넓이가 같으므로 위의 등식이 성립한다.

앞의 ①과 같이 다음 인수분해 공식을 그림으로 알아보자. 이때 인수분해 공식은 곱셈 공식의 좌변과 우변을 바꾼 것이므로 그림으로 이를 설명할 때는 사각형을 먼저 생각하자.

② $(a+b)^2=a^2+2ab+b^2$

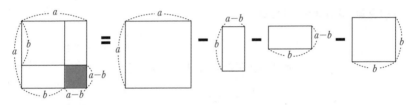

③ $(a-b)^2=a^2-2ab+b^2$

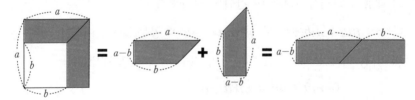

④ $a^2-b^2=(a+b)(a-b)$

⑤ $(a+b)(c+d)=ac+ad+bc+bd$

앞의 설명 중에서 ③ $(a-b)^2 = a^2 - 2ab + b^2$의 왼쪽 그림은 한 변의 길이가 a인 정사각형의 넓이 a^2에서 $b(a-b) = ab - b^2$과 $(a-b)b = ab - b^2$을 빼고 다시 한 변의 길이가 b인 정사각형의 넓이 b^2을 뺀 것과 같다. 즉,

$$(a-b)^2 = a^2 - (ab - b^2) - (ab - b^2) - b^2$$
$$= a^2 - ab + b^2 - ab + b^2 - b^2$$
$$= a^2 - 2ab + b^2$$

인수분해 공식을 알았으므로 캐서린이 푼 방정식 $(x^2 + 6x - 7)(2x^2 - 5x - 3) = 0$을 풀어보자.

먼저 $x^2 + 6x - 7$와 $2x^2 - 5x - 3$을 각각 인수분해 하면 $x^2 + 6x - 7 = (x+7)(x-1)$, $2x^2 - 5x - 3 = (2x+1)(x-3)$이므로 $(x^2 + 6x - 7)(2x^2 - 5x - 3) = (x+7)(x-1)(2x+1)(x-3) = 0$ 이다. 따라서 이 식을 만족하는 x를 구하면 다음과 같다.

$$x = -7, \ x = 1, \ x = -\frac{1}{2}, \ x = 3$$

이처럼 어린 캐서린은 인수분해를 자유자재로 할 수 있었기에 주어진 고차방정식을 쉽게 풀 수 있었다.

● ● ● ● 캐서린이 우주 비행 궤도 계산실에서 받은 첫 질문
－ 프레넬 방정식

나사의 '유색 인종 전산실'은 서관에 있고, 주요 프로젝트는 백인들이 일하는 동관에서 진행된다. 애초에 흑인은 나사의 중요한 임무에

끼어들 수 없었다. 하지만 우주 비행 궤도 계산에 필요한 수학적 능력을 가진 직원이 부족하여, 전산원으로 일하는 캐서린을 동관으로 차출한다. 전출된 캐서린은 책임자인 해리슨 부장을 만나는데, 해리슨은 데이터 처리에 이용할 프레넬 공식(Fresnel's formulas)을 아는지 묻는다.

과연 프레넬 공식이 무엇이길래 다짜고짜 물어 보았을까?

프레넬 방정식(Fresnel equations)이라고도 하는 프레넬 공식은 반사계수와 투과계수에 관한 것이다. 이 공식은 빛이 굴절률이 다른 두 물질을 통과할 때 생기는 반사율과 투과율을 이용하여 얻은 것으로 프랑스의 물리학자 프레넬Augustin Jean Fresnel이 유도하였다.

예를 들어 빛이 공기를 통과할 때와 물을 통과할 때 빛이 굴절되는 비율이 다른데, 빛이 공기를 통과할 때는 반사가 거의 일어나지 않으나 물을 통과할 때는 빛이 많이 반사된다. 또 물을 통과할 때는 빛이 굴절되기도 한다. 즉, 굴절률이 n_1인 매질에서 n_2인 매질로 빛이 투과할 때 반사와 굴절이 일어난다. 프레넬 공식은 이 성질을 반사계수, 투과계수로 나누어 성분을 분석하여 표현한 것이다.

프레넬 공식 중에서 특히 반사에 관한 것을 스넬의 법칙(Snell's law)이라고도 한다. 프레넬 공식이 약간 복잡하므로 여기서는 반사에 대한 스넬의 법칙에 대하여만 간단히 알아보자.

종종 횟집에 가서 수조에 있는 물고기를 보면 매우 커 보인다. 크다고 생각한 물고기를 골라 맛있는 회를 많이 먹을 것을 기대하지만, 물속에 있을 때는 크게 보였던 물고기가 물 밖에서

빛의 굴절

는 생각만큼 크지 않다. 이는 공기와 물의 굴절률이 다르기 때문이다. 빛의 굴절 현상 때문에 물이 들어 있는 그릇에 펜을 비스듬히 넣으면 펜이 꺾인 것처럼 보이고, 물에 있는 물고기는 원래의 크기보다 더 커 보인다. 사막의 신기루 또한 빛의 굴절 현상으로 일어난다.

네덜란드의 수학자이자 천문학자인 스넬Snell, W. R.은 1621년에 빛이 서로 다른 두 물질을 지날 때 다음과 같은 법칙이 성립함을 발견했다.

빛이 A 물질에서 B 물질로 입사할 때 빛의 입사각을 θ_1, 굴절각을 θ_2라 하고, 두 물질 A, B의 굴절률을 각각 n_1, n_2라 하면

$$\frac{\sin\theta_1}{\sin\theta_2}=\frac{n_2}{n_1}$$

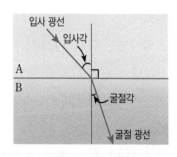

가 성립한다. 이때 $\frac{n_2}{n_1}$는 상수이므로 $\frac{\sin\theta_1}{\sin\theta_2}$의 값 또한 각의 크기에 관계없이 일정하다. 공기의 굴절률은 1, 물의 굴절률은 $\frac{4}{3}$, 유리의 굴절율은 1.5이다. 빛이 공기에서 물로 입사한다면 굴절률은 $\frac{n_2}{n_1}=\frac{1}{\frac{4}{3}}=\frac{3}{4}$이다. 빛을 물에 입사각이 30°가 되게 비췄다면 $\sin\theta_1=\sin30°=\frac{1}{2}$이다. 그러면 $\frac{\sin\theta_1}{\sin\theta_2}=\frac{n_2}{n_1}$ 에서 $\sin\theta_2=\frac{n_2}{n_1}\times\sin\theta_1$ 이므로 $\sin\theta_2=\frac{3}{4}\times\frac{1}{2}=\frac{3}{8}=0.375$ 이다. 이때 $\sin22°\approx0.375$이므로 빛이 물속에서 굴절되는 각은 22°가 된다.

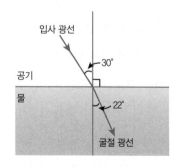

스넬의 법칙은 프레넬의 공식에서 반사에 대한 것으로 삼각함수 중에서 사인을 이용한 것이다. 이처럼 삼각함수는 다양한 분야에서 이용되고 있다.

삼각법은 삼각함수를 이용하여 삼각형의 6요소인 세 변의 길이와 세 각의 크기 사이의 관계를 알아보거나 주어진 조건에 적합한 삼각형을 결정하는 것을 연구하는 것이다. 삼각법은 천문학, 토지 측량과 같은 실용적인 이유로 시작되었기에 그 역사가 매우 길다. 또 삼각법은 천문학에서 유래했기에 평면 삼각법보다는 구면 삼각법이 먼저 시작되었다.

삼각법은 고대 이집트, 바빌로니아, 중국 등에서도 각의 계량이나 삼각법의 단편적 지식 등이 있었으나 삼각법의 창시자는 기원전 150년경에 살았던 히파르코스라 한다. 그는 지구의 반지름 측정법으로 약 5km 높이의 산에 올라가 수평선을 바라보고, 시선과 수선의 각도를 재어 사인값을 구했다. 이것은 직각삼각형에서 삼각비를 구하는 방법과 같다. 히파르코스는 이 방법으로 지구와 달 사이의 거리도 구했다.

삼각법의 오랜 역사에 비하여 삼각비를 나타내는 기호의 사용은 17세기가 돼서야 등장했다. sin, tan 기호는 1624년 영국의 수학자 건터Gunter, E.가 처음으로 사용하였다. 하지만 건터가 두 기호를 독창적으로 고안한 것은 아니다. 건터 이전에도 덴마크의 수학자 핑케Fincke, T.가 'sin.', 'tan.'이라는 거의 동일한 기호를 사용했기 때문이다.

한편, cos 기호는 1729년 스위스의 수학자 오일러Euler, L.가 처음 사용하였다. 오일러 역시 cos 기호를 독창적으로 만든 것은 아니며, 이전에 쓰이던 기호를 개량한 것이다. 1620년에 건터가 라틴어

complementum과 sinus를 합친 'co·sinus'를 제안했고, 1658년 뉴턴Newton, I.이 cosinus로 수정하였다. 이 cosinus가 영어로 cosine으로 번역된 뒤, 오일러가 이를 축약해 cos이라는 기호를 사용하였다.

● ● ● ● 컴퓨터 시대를 대비하는 도로시 – 컴퓨터의 기본, 비트와 바이트

캐서린이 능력을 인정받는 동안, 도로시와 메리도 난관을 뚫고 앞으로 전진한다. 우주 캡슐 방열판 팀에 배정된 메리는 설계 결함을 알아낸다. 능력을 인정받은 메리는 엔지니어 팀으로 가게 되고, 자격 요건인 대학의 심화 과정을 듣기 위해 소송을 한다. 선례가 없다는 판사의 말에 당신의 판결이 '최초'로 기록될 것이라는 감동적인 설득을 한다. 결국 메리는 버지니아대학이 햄프튼고등학교에 개설한 수업을 들을 수 있게 된다.

한편 도로시는 나사가 거대한 IBM 7090 컴퓨터를 설치하는 걸 알게 된다. 그러자 프로그램 언어 포트란에 관한 책을 도서관에서 훔쳐 공부하고, 전담 직원들조차 처음 설치된 컴퓨터에 익숙하지 않아 제대로 작동시키지 못하자 도로시는 그들의 문제를 깔끔하게 해결해준다.

여기서 컴퓨터에 대한 기본적인 내용을 알아보자.

우리가 컴퓨터를 이용하기 위해서 가장 먼저 할 일을 전원 스위치를 켜서 컴퓨터에 전기를 공급하는 것이다. 전기가 들어오면 그때부터 컴퓨터가 작동하는데, 컴퓨터 내부에 있는 어떤 장치에서는 상황에 따

라 전기를 보내기도 하고 보내지 않기도 한다. 그것을 1과 0으로 표현할 수 있는데, 이것을 1비트bit라 한다. 컴퓨터는 1비트에 0과 1 두 가지를 처리할 수 있으며, 2비트는 00, 01, 10, 11의 네 가지의 전기적 신호를 저장할 수 있다.

1개의 비트는 2가지 상태를 나타낼 수 있어서 n개의 비트로는 2^n가지의 상태를 나타낸다. 이와 같은 비트를 정보량의 최소 단위라고 하며, 전기적 신호로 on, off이다. 전기가 들어오는 경우는 1, 전기가 들어오지 않는 경우는 0으로 나타내면 비트를 이진수로 나타낼 수 있다.

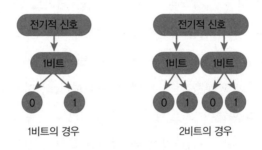

그렇다면 단지 0과 1만 갖고서 얼마나 많은 정보를 저장하고 처리할 수 있을까?

1비트로 표현할 수 있는 수가 너무 적기 때문에 보통 8개의 비트를 한 개로 묶은 1바이트byte를 사용한다. 바이트는 비트 8개를 묶어 사용하는 단위이다.

최초의 개인용 컴퓨터(PC)였던 애플Ⅱ는 8비트 CPU를 사용했다.

그 이후 CPU의 속도가 빨라지고 한 번에 처리할 수 있는 데이터의 크기가 커지면서 한때 XP로 불리던 IBM의 16비트, 486으로 불리던 32비트 CPU를 지나 현재는 64비트 CPU가 대중화되었다. 32비트 CPU와 64비트 CPU가 내장된 컴퓨터는 한 번에 처리할 수 있는 데이터가 각각 32비트와 64비트이다.

32비트와 64비트는 단순히 2배 차이 같지만 실제로는 어마어마한 차이가 난다. 얼마나 차이 나는지 잠깐 계산해 보자. 1바이트가 8비트로 구성되는 경우 비트의 조합은 $2^8 = 256$가지가 되며, 이것을 문자 부호로서 사용하면 알파벳 문자의 대문자와 소문자, 구두점 등 문법 기호 및 일부 특수 기호를 처리할 수 있다.

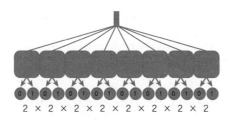

그런데 한글이나 한자는 수천 또는 수만 종류가 있으므로 2바이트 이상의 부호가 필요하다. 16비트 즉, 2바이트는 1바이트가 두 개 있는 것이므로 $2^8 \times 2^8 = 2^{16} = 65536$ 종류의 문자를 처리할 수 있다.

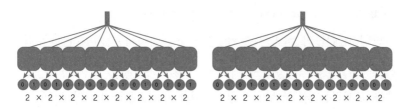

비트의 수가 16비트의 2배인 32비트는 16비트가 2개이므로 처리

할 수 있는 문자의 표현은 다음과 같다.

$$2^{32} = 2^{16} \times 2^{16} = 65536 \times 65536 = 4294967296$$

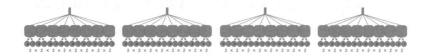

마찬가지로 계산하면 32비트의 2배인 64비트로 처리할 수 있는 문자는 다음과 같다. 즉, 64비트는 1844경 6744조 737억 955만 1616개의 신호를 한 번에 처리할 수 있다

$$2^{64} = 2^{32} \times 2^{32}$$
$$= 4294967296 \times 4294967296$$
$$= 18446744073709551616$$

처리할 수 있는 용량이 다르므로 32비트와 64비트의 CPU가 각각 내장된 컴퓨터의 운영체계도 서로 다르다. 이렇게 컴퓨터가 한 번에 처리할 수 있는 데이터의 크기를 나타내는 단위는 워드word이다. 그래서 32비트 CPU가 장착된 컴퓨터의 1워드는 32비트이고, 64비트 CPU가 장착된 컴퓨터의 1워드는 64비트이다.

한편, CPU의 처리 속도가 빨라지며 데이터를 처리하는 능력이 증가하며 데이터의 용량도 급격히 커졌다. 그래서 바이트만으로 용량을 표시하는 데 한계가 생겼다. 예를 들어, 현금 100만 원으로 컴퓨터를 사러 가는 경우를 생각해보자. 10원짜리 동전으로 100만 원을 가지고 가는 경우와 100만 원짜리 수표 1장을 가지고 가는 경우, 어느 쪽이 편리할까? 마찬가지로 컴퓨터로 데이터를 처리할 때, 용량이 작은 여러 개의 기억장치에 데이터를 저장하는 것이 편리할까? 아니면 큰 용량의 기억장치 1개에 저장하는 것이 편리할까? 그래서 정보에서 사용하는 큰 단위로 킬로바이트(KB:Kilobyte), 메가바이트(MB:Megabyte), 기가바이트(GB:Gigabyte), 테라바이트(TB:Terabyte), 페타바이트(PB:Petabyte)가 사용된다. 1KB는 $2^{10}=1024$바이트이고, 1MB는 1024KB 즉 $2^{20}=1048576$바이트이다. 또 1GB는 1024MB 즉 $2^{30}=1073741820$바이트이고, 1TB는 1024GB 즉 $2^{40}=1099511630000$바이트이다. 마찬가지로 1PB는 1024TB이고, 10진수 단위로 나타내면 $10^{15}=1000000000000000$바이트 즉, 1000조 바이트이다.

이제 컴퓨터가 데이터를 처리하는 속도에 대하여 간단히 알아보자. 컴퓨터가 작업할 때, 아무렇게나 하는 것이 아니라 일정한 박자로 작업을 진행한다. 컴퓨터가 작업할 때 만드는 일정한 박자를 클록clock이라 하고, 클록으로 만들어진 일정한 간격의 틱tick을 펄스pulse 또는 클록 틱clock tick이라 한다. 클록이 일정한 간격의 틱을 만들면 거기에 맞추어 컴퓨터 안의 모든 구성 부품이 작업을 한다.

틱

CPU는 틱에 맞춰 작업을 하는데, 여러 번의 덧셈이나 뺄셈을 한다면 틱 한 번에 한 번의 덧셈 또는 뺄셈이 이루어진다. 이를테면 세 개의 셈 2+3, 3+5, 7-5를 차례로 수행한다면 2+3는 1틱, 3+5는 2 틱, 7-5는 3틱이다.

메모리에서 데이터를 가져오거나 저장할 때도 틱이 발생할 때마다 데이터를 가져오거나 저장한다. CPU는 제품에 따라 성능이 다르기에 CPU의 성능을 나타내기 위하여 헤르츠(Hz)라는 단위를 사용한다. Hz는 CPU가 1초 동안 일을 할 수 있는 능력을 나타낸다. 그런데 CPU는 틱이 발생할 때마다 일하므로 결국 CPU의 성능은 1초 동안 틱이 몇 번 발생하는가에 달려 있다. CPU의 성능은 1초 동안 틱이 1번 일어나면 1Hz, 2번 일어나면 2Hz이다. 또 1000번 일어나면

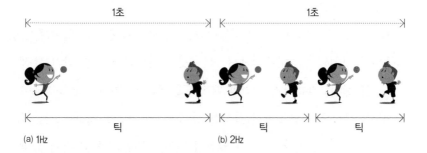

(a) 1Hz (b) 2Hz

1000Hz이고, 1000Hz=1KHz이다.

예를 들어 CPU가 1.8GHz라는 것은 이 CPU가 1초 동안 약 $1.8 \times 10^9 = 1800000000$번 즉, 1초에 약 18억 번의 작업을 할 수 있다는 뜻이다. 또 메모리의 속도가 1.6GHz라는 것은 1초에 약 1.6×10^9번의 틱이 발생하여 저장할 수 있다는 뜻이다.

한편, 컴퓨터 네트워크의 속도를 나타낼 때는 Hz 대신에 bps(bit per second)라는 단위를 사용한다. 이것은 1초 동안 네트워크를 통하여

보낼 수 있는 데이터의 양이다. 우리가 인터넷을 개설할 때, 100MB, 1GB, 5GB 인터넷을 개통하는데, 이것이 바로 네트워크의 속도이다. 이를테면 5GB는 1초 동안 약 50억 개의 데이터를 주고받을 수 있기에 이런 경우가 바로 초고속 인터넷이다.

여기서 잠깐! 크기가 100MB인 파일을 100MB 네트워크인 인터넷을 이용하여 보내면 1초 만에 전송될까? 100MB 파일의 단위는 메가바이트이고, 인터넷의 100MB는 메가비트이다. 8개의 비트가 하나의 바이트가 되므로 100메가바이트는 100메가비트보다 8배가 크다. 게다가 데이터를 보내기 위해 필요한 추가적인 데이터가 필요하므로 실제로는 약 10초의 시간이 필요하다.

이런 컴퓨터의 원리를 누구보다 빨리 파악해낸 도로시는 프로그래밍 부서를 감독하는 정식 책임자로 승진하고, 전산원이던 흑인 동료들도 모두 데려간다. 그리고 뒤에는 NASA 최초의 아프리카계 미국인 감독관으로 일했다. 메리는 공학 학위를 취득하고 NASA 최초의 여성 아프리카계 미국인 엔지니어가 되었다. 캐서린은 아폴로 11호 및 우주 왕복선 임무의 궤적을 계산했고, 2015년에는 대통령 자유훈장을 받았다. 2016년에 NASA는 그녀를 기리기 위해 랭글리 연구 센터의 캐서린 존슨 전산 빌딩(Johnson Computational Building)을 헌정했다. 〈히든 피겨스〉는 이 장한 흑인 여성들의 위대한 궤적을 드라마틱하게 그려냈다.

인간의 상상력은 무한하다

인셉션

- 미로 탈출과 위상수학
- 불가능한 삼각형과 펜 로즈의 계단

인셉션　　미국, 영국, 2010

감독
크리스토퍼 놀란

출연
레오나르도 디카프리오 (코브 역)
와타나베 켄 (사이토 역)
조셉 고든 레빗 (아서 역)
마리옹 꼬띠아르 (맬 역)

● ● ● ● 꿈을 조작하는 것이 가능한 세상이다

일생의 $\frac{1}{3}$은 잠으로 지나간다. 누구나 잠을 자고, 잠을 자면 꿈을 꾼다. 꿈속에서 우리는 누구든 될 수 있고, 무엇이든 할 수 있다. 매일 밤 우리가 깨닫지 못하는 동안 꿈속에선 무한한 세계가 펼쳐진다. 인간의 뇌에 잠들어 있는 기억과 상상력이 만난 산물이 바로 꿈이다. 꿈은 아무런 의미가 없는 것일까? 삶과 꿈은 무의식으로 연관되어 있고, 사람의 머릿속에서 수많은 것들이 창조되며, 내면에 잠재된 것들을 꿈을 통해 알 수 있다는 것들을 반영한 영화가 바로 〈인셉션〉이다.

'꿈에서는 무슨 일이든 가능하다'라는 생각에서 〈인셉션〉은 출발한다. 가까운 미래, 내 꿈은 나만의 것이 아니다. 다른 사람의 꿈속에 침투해 생각을 훔칠 수 있는 기술, 디셉션이 발달한 세상이다. 코브는 이 분야 최고 실력자이지만, 아내 맬을 살해했다는 누명을 쓴 채 FBI에 쫓기고 있는 신세다. 그런 그에게 일본인 기업가 사이토가 접근해 코브의 기술로 자기 기업에 필요한 첩보 임무를 완수해 준다면, 살해 혐의도 벗고 새출발할 수 있는 기회를 주겠다고 제안한다. 사이토의 경쟁 기업 총수인 모리스 피셔의 아들인 로버트 피셔를 움직여 그 기업을 쪼개게 만드는 것이 코브에게 주어진 임무다. 다만 지금까지 해왔던 것처럼 꿈속에서 생각을 '추출(꿈을 꾸는 동안 경계가 허술해진 타인의 무의식 상태에 들어가 생각을 훔치는 것)'해 내는 게 아니라 생각을 심는 '인셉션(타인의 꿈속에 침투해 새로운 생각을 심는 작전. 성공의 여부는 표적의 편견에 달려 있기 때문에 무의식 깊은 곳에 완전히 뿌리내려 그것이 진짜 본인의 생각이라고 믿게 만드는 것이 관건이다.)'이라는 새로운 도전을 해야 한다. 코브는 같이 움직일 동료를 모아 팀을 만든다. 위조꾼 임스, 꿈의 안정성을 돕는 진정제 조제사 유서프, 작전 전체를 사전 조사하고 진행하는 포인트맨 아서, 그리고 복잡하고 정교하게 꿈속 세계를 구축할 설계사 아리아드네가 모인다.

코브는 지금은 '추출자' 역할을 하지만 이전에는 설계에도 능했다. 그런데 아내 맬이 죽은 뒤 코브가 설계한 꿈에는 항상 결정적인 순간에 맬이 등장해 임무를 방해했기에 아리아드네의 역할이 매우 중요했다. 코브는 아리아드네를 훈련시키기 위해 복잡한 미로를 설계하라고 주문하며 실력을 테스트한다. "2분 안에 빠져나올 수 있는 미로를 1분 안에 그릴 수 있도록 해."

코브의 주문으로 미로를 그리고 있는 아리아드네. 〈인셉션〉 중에서.

● ● ●   미로 탈출의 해결사, 아리아드네

여기서 왜 그녀의 이름이 아리아드네이고, 그녀에게 미로의 설계를 맡겼는지 알아보자. 그러려면 먼저 그리스 신화를 알아야 한다.

그리스 신화에 등장하는 최고의 발명가는 누구일까. 세상에서 만들지 못하는 것이 없었던 대장장이의 신, 헤파이스토스였을까? 아니다. 바로 인간인 다이달로스이다. 다이달로스는 '땅 위의 헤파이스토스'라 불릴 정도로 손재주가 좋은 발명가였다. 다이달로스라는 이름은 '쪼아서 만드는 자' 또는 '손재주가 좋은 자'라는 뜻이다. 다이달로스는 파르테논에서 접을 수 있는 돛, 내리막길에서 브레이크를 걸 수 있는 수레, 자루 구멍이 있는 도끼 머리 같은 것을 만들어 이름값을 했다. 그는 건축과 목공과 철공에 두루 능했다.

그런데 다이달로스는 자기 업적에 지나칠 정도의 긍지를 느끼는 사람이어서 자기와 어깨를 겨룰 수 있는 사람이 있다는 것을 견딜 수 없어 했다. 그런 그에게 강력한 경쟁자가 생기게 되었다. 청출어람이라고 했던가. 다이달로스의 제자 중에는 기계 기술을 배우러 온 조카 페르디코스가 있었다. 페르디코스는 재주가 뛰어난 아이인데다 공부에도 큰 관심을 나타내었다. 어느 날은 해변을 걷다가 물고기의 등뼈를 주워, 그것을 견본으로 철판을 잘라 만들었는데 이것이 바로 톱이었다. 또, 도자기를 빚는 녹로도 고안해 냈다. 어린 천재는 두 개의 쇳조각을 붙이고, 그 한 끝은 못으로 고정한 다음 반대편 끝은 뾰족하게 갈아 두 조각을 다시 벌려 원을 그리는 컴퍼스를 발명하기도 했다. 이 컴퍼스의 발명이야말로 수학의 역사에 있어서 매우 중요한 일대 사건이었다. 컴퍼스의 발명이 없었다면 훗날 인류는 기하학은 꿈도 꾸지 못했을 것이다.

다이달로스는 똑똑한 어린 조카의 발명을 질투해 페르디코스를 벼랑 아래로 밀어버렸다. 결국 다이달로스는 살인죄로 법정에 불려가 유죄 판결을 받았고, 아테네 시민에겐 최악의 벌인 추방령을 받았다. 아들 이카루스와 함께 크레타 섬으로 추방당한 그는 왕과 그 가족들의 명을 받들며 살게 되었다.

크레타 섬을 다스리고 있던 왕은 제우스의 아들인 미노스였고, 왕비는 태양신 헬리오스의 딸인 파시파에로 둘은 매우 잘 어울리는 한 쌍이었다. 최고 신인 제우스의 아들이었으므로 미노스 왕은 올림포스의 신들에게 제물을 잘 바쳤는데 어쩐 일인지 바다의 신인 포세이돈에겐 바치지 않았다. 화가 난 포세이돈은 미노스 왕에게 흰 황소를 제물로 바치라고 하고선 삼지창으로 흰 파도를 몰아와 흰 황소로 만들어 주었다. 그런데 포세이돈이 만든 흰 황소가 탐이 난 미노스 왕은 흰 소 대신에 마른 황소를 제물로 바쳤다. 하지만 바다의 신이며 올림포스의 2인자인 포세이돈이 이 일을 모를 리가 없었다. 포세이돈은 아주 특별한 방법으로 미노스 왕을 혼내주기로 결심한다. 왕비 파시파에가 이 황소를 사랑하게 만들어 버렸다. 황소를 너무나 사랑하게 된 왕비는 손재주가 좋은 다이달로스를 불러, 자신이 황소를 사랑한다는 말을 하고 어떻게 하면 좋을지 물었다. 왕비가 불쌍해진 다이달로스는 인간으로서 만들지 않아야 했던 것을 만들고 만다. 다이달로스는 왕비를 위하여 왕비가 들어갈 수 있는 암소 모양을 만들어 황소와 같이 지낼 수 있게 해 준 것이다.

결국 왕비는 미노타우로스라는 괴물을 낳게 되었다. 사람과 황소가 사랑하여 태어난 이 괴물은 머리는 황소 모양이고 몸통은 사람과 같았다. 괴상한 외모에 성격도 포악한 미노타우로스는 사람들을 마구 잡아먹고 다녔다. 이 괴물의 처리를 놓고 고민하던 왕은 다이달로스에게 아무도 빠져 나올 수 없는 미궁을 만들라고 한다.

그래서 솜씨 좋은 다이달로스는 아무도 빠져 나올 수 없는 미궁인 라비린토스를 만들고, 그곳에 미노타우로스를 가두었다. 이렇게 가두긴 했지만 미노타우로스에게 먹이를 주어야 하는 문제가 남아 있었다. 이 괴물의 먹이는 사람이기 때문이다. 미노스 왕은 괴물에게 살아 있는 먹이를 마련해 주기 위해 전쟁을 일으키기로 하고 제일 먼저 아테네로 진격했다. 결국 아테네는 미노스 왕에게 정복당했고, 크레타에 매년 젊은 남자와 여자를 각각 7명씩 바치게 되었다. 이들은 바로 미노타우로스의 먹이가 되었다.

그러나 괴물은 영웅에 의해 퇴치되게 마련이다. 또한 다이달로스가 만든 미궁에서 아무도 빠져 나오지 못했다면 그리스 신화는 재미가 없었을 것이다. 이 미궁을 빠져 나온 사람은 모두 세 명이었는데, 맨 처음 빠져 나온 사람은 당시 아테네 최고의 영웅인 테세우스였다. 그는 미로에 들어가 미노타우로스를 죽이고 무사히 미궁을 빠져 나왔다. 그가 미로를 무사히 빠져 나올 수 있었던 것은 테세우스를 사랑한 이 나라의 공주인 아리아드네가 다이달로스를 졸라서 알아낸 미로의 탈출 방법을 테세우스에게 전해주었기 때문이었다. 탈출 방법은 미로로 들어갈 때 다시 나올 수 있도록 실타래에서 실을 풀며 미로로 들어가는 것이었다. 이로부터 '아리아드네의 실타래'라는 말이 나왔는데, 이는 복잡하게 얽힌 어떤 일이 해결되는 계기가 되는 일을 뜻하게 되었다.

이제 독자들은 영화에서 꿈속에 사용될 미로 설계자의 이름이 왜 아리아드네인지를 짐작하게 되었을 것이다. 그리고 영화의 마지막 장면에 그녀는 '아리아드네의 실타래'를 코브에게 주게 된다. 그것이 무엇인지는 직접 영화를 보고 판단하기 바란다.

● ● ● 미로를 탈출하기 - 위상수학

다이달로스의 최고의 작품은 뭐니 뭐니 해도 아무도 빠졌나올 수 없게 만들었던 미로일 것이다. 미로라고 하면 종이 위에 그려진 퍼즐의 미로나 어린이 공원 같은 데 있는 미로를 생각하겠지만 역사적으로 보면 미로는 인간의 실생활에도 가까이 있다. 실제적인 예는 고대 이집트의 피라미드에서 찾아볼 수 있다. 피라미드 속에는 죽은 왕과 함께 왕이 지니고 있었던 물건 따위의 갖가지 보물들을 넣어 두었는데, 그 보물들을 도적이 훔쳐가지 못하도록 하기 위하여 미로를 만들었다. 모험영화인 〈인디애나 존스〉나 〈미이라〉 등을 보면 미로를 헤매고 다니는 주인공들의 모험은 필수적인 장면으로 등장한다.

이 밖에도 유럽에서는 궁전의 안뜰에 미로를 만들어 공격해 온 적을 안으로 유인하여 전멸시켰다는 전설도 있다. 영국의 브라이트라는 작가는 〈미로〉라는 책을 쓰고, 1971년에 1년에 걸쳐서 1.6km이상 되는 미로 정원을 만들었다고 한다. 그 후, 그는 런던 서쪽 롤리트에 2.8km^2 이상 되는 넓은 땅에 길이 3.2km나 되는 미로를 만들었는데, 도중에 터널과 다리가 있는 이 미로는 현재까지 세계에서 가장 큰 미로로 알려져 있다.

미로와 관련이 있는 수학은 위상수학이다. 위상수학에서는 여러 가지 수학을 다루지만 그중에 한 가지는 어떤 도형을 자르거나 없애지 않고 구부리거나 늘려서 만들 수 있는 것에는 어떤 것들이 있는지를 알아보는 분야이다. 이와 같은 도형을 길이나 모양은 달라도 '위상'이 같다고 한다. 아마도 여러분들 중에는 구멍 뚫린 손잡이가 있는 컵과 도넛

이 같은 '위상'이라는 말을 들어본 적이 있는 사람이 있을 것이다.

위상수학을 수학적으로 좀 더 정확하게 정의하면 공간 속의 점, 선, 면, 그리고 위치 등에 관하여 양이나 크기와는 상관없이 형상이나 위치 관계를 나타내는 분야이다. 이 정의에 따르면 다음 도형들은 늘이거나 줄이거나 또는 구부려서 서로 겹치게 할 수 있기 때문에 그려져 있는 모양은 다르지만 위상은 모두 같다.

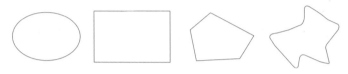

이 도형들은 모양은 다르지만 위상은 같다.

위상수학에서 말하는 위상이 같은지 아닌지를 찾는 문제 중에서 안과 밖을 구분하는 다음과 같은 흥미로운 문제가 있다. 두 개의 그림 중에서 각각 안에 있는 자동차가 밖으로 나갈 수 있는 것은 어떤 것일까?

자동차가 밖으로 못 나가는 미로

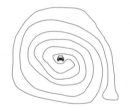

자동차가 밖으로 나갈 수 있는 미로

위의 문제에는 일정한 규칙이 있다. 두 개의 그림 각각에서 자동차로부터 밖으로 직선을 긋는다. 그리고 그려진 직선과 자동차의 길이 몇 번이나 겹쳤는지 세어 보자.

다음 그림에서 알 수 있듯이 홀수 번 겹치는 경우에는 자동차가 밖으로 빠져나가지 못하고, 짝수 번 겹쳤을 경우에는 밖으로 빠져나가는 것을 확인할 수 있다. 그리고 두 그림을 자세히 살펴보면 단지 평범한 소용돌이 모양이 아니고, 원 모양의 도형을 잡아 늘린 것과 같다는 것을 알 수 있다.

따라서 자동차가 원 안에 있으면 곡선과 직선이 한 번 겹치고, 밖에 있으면 겹치지 않기 때문에 홀수 번 겹치는 경우에는 자동차가 밖으로 빠져나가지 못하고, 짝수 번 겹쳤을 경우에는 밖으로 빠져나갈 수 있는 것이다.

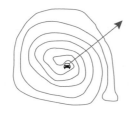

자동차가 밖으로 못 나가는 미로 (7번 겹친다.)

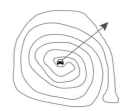

자동차가 밖으로 나갈 수 있는 미로 (6번 겹친다.)

그렇다면 여러분이 흔히 생각할 수 있는 미로에서 길을 쉽게 찾는 방법은 무엇일까? 아무리 복잡한 미로라도 길을 쉽게 찾을 수 있는데, 다음과 같은 미로로 예를 들어 보자.

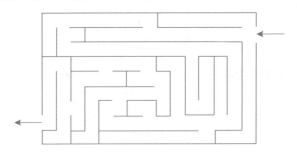

① 3면이 둘러싸인 곳이 있으면 그 곳을 지운다.

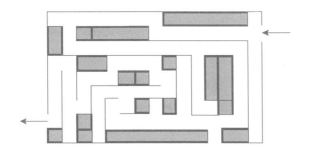

② 지워서 또 3면이 둘러싸인 곳이 생기면 그곳을 다시 지운다.

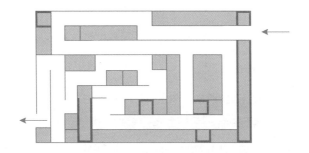

③ 위와 같은 과정을 반복하여 마지막으로 남은 길을 가면 된다.

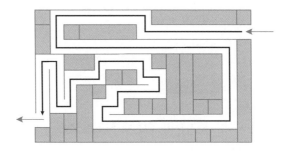

위상수학 가운데 가장 많이 알려져 있는 것이 '한붓그리기'로 쾨니히스베르크의 다리 문제이다. 프로이센의 쾨니히스베르크(지금의 러시

아 칼리닌그라드)에는 프레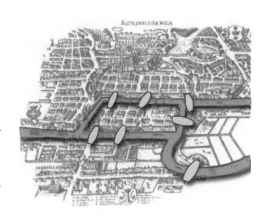
겔 강이 흐르고 있고, 이
강에는 두 개의 큰 섬이
있으며, 이 섬들과 도시
의 나머지 부분을 연결하
는 7개의 다리가 있는데,
이때 7개의 다리들을 한
번만 건너면서 처음 시작
한 위치로 돌아오는 길이 있는가 하는 것이다.

　1735년에 레온하르트 오일러가 이것이 불가능하다는 것을 증명했
다. 오일러는 이 문제를 오른쪽 그림과 같이 연결된 그래프에서 한 점
을 출발하여 그래프의 모든 변을 단 한 번만 지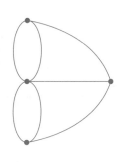
나서 제자리로 돌아오는 문제로 바꾸었다. 이
것이 오늘날 우리가 알고 있는 한붓그리기의
시초인데, 현재는 그래프 이론으로 발전하여
컴퓨터의 네트워크 구성 등에 아주 유용하게
응용되고 있다.

● ● ●　**3차원에서는 불가능한, 영원히 오르는 계단 – 펜 로즈의 삼각형**

　다시 영화로 돌아가보자.
　훈련 과정에서 아리아드네는 코브의 꿈속에 침투해 코브가 설계한

꿈의 미완성 공간인 '림보(원초적이고 무한한 무의식으로 이루어진 꿈의 밑바닥. 꿈을 공유하다 그곳에 갇혔던 사람들의 기억만 존재하는 곳이다. 림보에 빠지면 뇌가 멈출 때까지 헤어나올 수 없다. 림보가 현실이 되면 정작 현실에서는 치매나 정신병에 걸린 사람처럼 보이게 된다)'에 맬이 있음을 알게 된다. 맬은 과거, 꿈속을 빠져나오지 못해 림보를 현실로 인식하고 생을 살게 되었고, 코브가 그녀를 강제로 현실로 돌아오게 하자 정신적 혼란 상태에 빠진다. 결국 맬은 자살하고, 코브는 그녀를 살해했다는 혐의를 받은 것이다. 맬은 사라졌지만, 코브의 의식 속에 자리 잡은 맬이 코브가 설계한 꿈마다 등장하는 것이다.

아리아드네는 맬의 존재를 알게 되는 과정에서 아서의 손에 이끌려 불가능한 계단을 계속해서 오르는 꿈을 꾸기도 한다. 오름과 내림이 있는 계단처럼 보이지만, 실제로 존재할 수 없는 계단을 끊임없이 오르는 것이다.

이 불가능한 계단은 어딘가 이상하게 생겼다. 그런데 처음에는 이상하게 생각되던 디자인이나 그림도 자주 보다보면 결국은 아무도 놀라지 않게 된다. 1958년 〈영국심리학회보〉 2월호에 실린 로저 펜로즈의 불가능한 삼각형도 마찬가지이다. 펜로즈는 이를 3차원의 직각도형이라고 불렀다. 3개의 직각은 모두 정상적으로 그려져 있는 것 같은데, 이는 공

펜로즈의 불가능한 삼각형

간적으로 불가능한 입체이다. 3개의 직각으로 삼각형을 만든 것처럼 보이지만 삼각형은 입체가 아닌 평면도형이고 세 각의 합은 180°이지 270°가 아니다.

펜로즈는 트위스터 이론 탄생의 아버지이기도 하다. 펜로즈는 공간과 시간은 눈에 보이지 않는 트위스터의 상호 작용에 의해 꼬여 있다고 생각했다.

펜로즈의 삼각형이 나온 이후에 이와 유사한 작품들이 많이 나왔는데, 오른쪽 그림은 하이저Hyzer의 착시도이다. 이 그림 역시 수학적으로는 불가능한 그림이다.

하이저의 착시도

특히 위와 같은 착시도를 작품으로 많이 남긴 화가는 네덜란드의 에스헤르(에서)이다. 그의 작품 중에서 1961년 작품 '폭포'를 살펴보면 물길의 흐름이 이상하다. 위에서 아래로 흐르는 자연의 이치와 달리 아래에서 위로 물이 흘러 물레방아를 돌리고 다시 물은 순환한다.

왜 이런 일이 일어난 것일까? 그것은 원근을 무시하고 그렸기 때문이다. 앞쪽에 배치된 기둥과 뒤쪽에 배치된 기둥이 기둥 하나로 연결돼 알파벳 B자 모양으로 물이 순환하는 것 같은 착각이 일어난다. 그런데 이 물길 구조는 삼각형 구조가 세 번 되풀이되는 형상이며, 이 삼각형 구조는 앞에서 보았던 불가능한 삼각형이다.

이 그림에서는 기둥 위에 지

붕 장식으로 표현된 두 가지 다면체가 보인다. 그림 한쪽 기둥의 지붕엔 정육면체 세 개가 서로 교차하는 다면체가 있고, 다른 쪽 기둥의 지붕엔 뿔 모양 여러 개가 결합된 다면체가 그려져 있음을 볼 수 있다.

이 도형들은 실제로 만들 수 있을까? 끈기와 인내심이 있다면 종이로 그림 속의 다면체를 실제로 만들 수 있다. 특히, 뿔 모양 여러 개가 결합된 다면체는 어떻게 만드는지 수학적으로 간단하게 살펴보자. 정육면체를 그린 뒤 정육면체의 대각선이 만나도록 보조선을 그으면 정육면체의 각 면을 밑면으로 갖는 사각뿔을 얻는다.

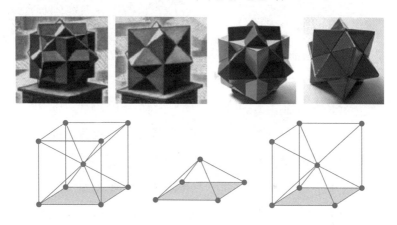

정육면체를 합동인 사각뿔 모양 여섯 개로 분할할 수 있다. 이 사각뿔의 옆면을 구성하는 삼각형은 이등변 삼각형이다. 이제 사각뿔을 세 개씩 붙이면 정육면체를 반쪽 낸 모양을 얻을 수 있다. 이런 모양을 여덟 개 만든 뒤 알맞게 결합하면 그림 속의 뿔 모양 여러 개가 겹친 다면체를 만들 수 있다.

또 에스헤르는 이 영화 〈인셉션〉에 나오는 불가능한 계단을 작품으로 남겼다. 다음 그림은 그가 1960년에 완성한 〈상승과 하강Ascending and Descending〉이라는 작품이다. 〈인셉션〉에서 아서가 아리아드네와 걷고 투영체와 싸우는 과정에서 나왔던, 그 불가능한 계단이 에스헤르의 바로 이 작품에 그려진 계단에서 따온 것이다.

에스헤르의 작품 〈상승과 하강〉, 이를 영화 〈인셉션〉 속에 재현한 장면

다시 영화로 돌아가자. 코브의 팀은 로버트 피셔에게 인셉션을 통해 확실한 생각을 심어주기 위해, 3단 구조의 꿈을 설계한다. 꿈속의 꿈속에 꿈이 있는 구조이다. 그리고 꿈의 안정성을 유지하기 위해 강력한 진정제를 활용하기로 한다. 보통은 꿈속에서 죽게 되면 꿈에서 깨어나지만 진정제 때문에 깨나지 못하고 림보에 빠질 수 있는 위험이 있지만, 살해 혐의를 벗고, 가족도 만나기 위해 코브는 위험을 감수한다. 인위적으로 꿈에서 깨어날 수 있는 '킥'을 정하고 팀원과 동시에 꿈에서 꿈으로 이동하는 장치를 넣었다. 조사와 설계 모든 것이 끝났다. 인셉션 당해야 할 대상, 로버트 피셔에게 작업할 시각은 그가 아버지의 부음 소식을 듣고 찾아가려 비행기를 탑승했을 때다. 코브의 팀은 잘 짜인 각본대로 움직여 곧 로버트 피셔의 꿈속으로 침투한다. 믿을 수 없으리만치 정교하고 완벽한, 현실 같은 꿈이 펼쳐진다. 그들은

'인셉션'을 무사히 성공시키고 안전하게 꿈에서 빠져나올 수 있을까. 코브는 결백한 몸으로 가족들에게 돌아갈 수 있을까. 꿈과 현실을 구분하기 위해 각자의 '토템'을 지니고 잠에 빠져든다. 코브의 토템은 팽이다. 영원히 돌면 꿈이요, 어느 순간 멈추면 현실이다.

그들의 임무는 현실일까? 어디서부터가 꿈일까? 코브의 팽이는 과연 멈출 것인가.

〈인셉션〉에서 토템은 자신이 있는 곳이 꿈속인지 현실인지를 구분해 주는 물건이다. 코브의 토템은 팽이이다. 죽은 아내 맬의 트라우마에서 벗어나지 못하고 뱅뱅 도는 코브를 나타내는 듯하다. 꿈속이라면 팽이는 계속 돌아가고 현실이라면 물리 법칙에 따라 도는 걸 멈추고 쓰러진다.

아뇨, 전 후회하지 않아요
Non, Je Ne Regrett Rien

로버트 피셔에게 인셉션을 하기 위해, 이중 삼중으로 설계한 꿈속으로 침투해야 하는 코브 일행은 꿈에서 빠져나갈 '킥'을 할 때임을 알아채는 장치로 프랑스의 전설적인 여가수 에디트 피아프의 '아뇨, 전 후회하지 않아요 Non, Je Ne Regrett Rien'라는 노래를 사용했다. 어디에선가 '아뇨, 전 후회하지 않아요'가 흘러들어오면 그때 꿈에서 빠져나오는 것이다. 하지만 코브가 임무를 완수하고 꿈에서 무사히 빠져나가는 것을 계속 방해하는 사람이 있으니 바로 그의 아내, 맬이다.
맬을 연기한 마리옹 꼬띠아르는 프랑스의 대표적인 여배우로 2008년 〈라비앙 로즈〉에서 세기의 가수인 에디트 피아프를 연기해 아카데미 여주연상을 받은 바 있다. 〈라비앙 로즈〉에도 에디트 피아프 말년의 대표곡인 'Non, Je Ne Regrett Rien'이 등장한다. 마리옹 꼬띠아르는 〈인셉션〉에선 코브의 임무를 방해하는 맬을, 〈라비앙 로즈〉에선 에디트 피아프를 연기한 것이다. 같은 배우가 다른 영화에서 연기한 가수의 곡을, 이 영화에선 '킥'의 신호로 선택하다니 우연이라기보다는 현실과 꿈의 관계처럼 현실과 영화를 교묘하게 교차한 듯하다.

인간에 대한 환멸로
외계인을 불러들이다
삼체

- 삼체문제
- 차원

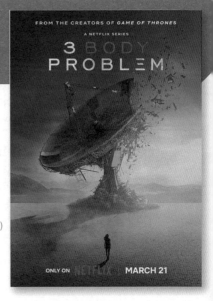

삼체 미국(넷플릭스 드라마, 시즌1), 2024

연출
앤드루 스탠튼, 증국상 등

출연
진 쳉, 로잘린드 차오(예원제 역)
베네딕트 웡(클래런스 시 역)
제스 홍(진 청 역)
벤 슈네처, 조너선 프라이스(마이크 에반스 역)
에이사 곤살레스(오거스티나 살라자르 역)
존 브래들리웨스트(잭 루니 역)
리엄 커닝엄(토마스 웨이드 역)
조반 아데포(사울 듀랜드 역)
알렉스 샤프(윌리엄 다우닝 역)

●●●● 넷플릭스가 영상화한 인간과 우주의 대서사

2024년 3월 21일 넷플릭스에서 오리지널 시리즈 〈삼체〉를 공개했다. 〈니모를 찾아서〉와 〈월-E〉의 앤드류 스탠튼과 〈안녕, 나의 소울메이트〉와 〈소년 시절의 너〉를 만든 중국상 등 뛰어난 감독들이 연출을 맡은 〈삼체〉는 외계인의 지구 침공을 독특한 스타일로 다룬 작품이다. 〈삼체〉는 중국 작가 류츠신이 쓴 SF소설이 원작으로 류츠신은 이 작품으로 아시아인 최초로 휴고상을 받았고, 웹툰, 드라마 등으로 만들어졌다. 여기서 다루는 영상 작품은 넷플릭스가 제작한 드라마이다.

〈삼체〉 중에서 문화대혁명 시기 물리학자 예저타이가 박해받는 장면

〈삼체〉는 중국의 문화대혁명 장면으로 시작한다. 1966년 베이징의 칭화淸華대학교 물리학과 교수 예저타이가 어린 홍위병에게 끌려나온다. 미제국주의에 부역한 아인슈타인의 상대성 이론을 연구하고 가르친 것이 반혁명적이라는 고발이다. 아버지 예저타이가 어이없는 이유로 박해받고 맞아 죽는 것을 목격한 딸 예원제는 국가 나아가 인간에 대한 믿음이 송두리째 사라진다. 그리고 적대적인 외계인의 신호를 받은 뒤 '와라. 내가 너희의 점령을 돕겠다.'며 회신해 그들을 지구로 불러들인다.

원작 소설은 중국의 과학자들이 외계의 침공을 알아차리고 맞서는 중

대한 임무를 맡게 된다. 하지만 넷플릭스에서 제작된 시리즈는 글로벌 시청자를 위해 캐릭터에서 특히 각색을 많이 했다. (중국에서도 〈삼체〉 드라마를 만들었다. 소설의 느낌을 되살리고 싶다면, 중국 드라마를 권한다.) 넷플릭스 〈삼체〉의 중심은 옥스퍼드 대학 5인방이다. 나노 섬유를 개발하는 오거스티나 살라자르, 천재적인 물리학자 진 청, 입자가속기 연구원 사울 듀랜드, 엄청난 성공을 거둔 사업가 잭 루니, 물리학과 교수 윌리엄 다우닝. 옥스퍼드 5인방은 원작의 중국 과학자 왕먀오, 청신, 뤄지, 원톈밍 등을 기반으로 재해석되어 창조된 캐릭터들이다.

2024년, 런던에서 물리학자 사디크 모하메드가 기괴한 모습으로 자살한 사건이 일어난다. 카운트다운을 적은 듯한 숫자와 함께 '그것이 아직 보여.'라는 글귀가 피로 벽에 쓰여 있다. 수사팀은 탁월한 과학자들이 자살한 사건이 연이어 벌어지자 배후에 음모가 있다고 믿는다. 어느 날 갑자기, 오거스티나의 눈에 카운트다운하는 숫자가 나타난다. 오로지

〈삼체〉 중에서 일부 과학자의 눈에만 나타나는 카운트다운 숫자

자신의 눈에만 보인다. 5인방이 모여 해결을 하려 하지만, 도대체 이유를 알 수 없다. 오거스티나는 직감을 따라 나노 연구를 중단한다. 그러자 눈앞에 나타나던 카운트다운이 멈춘다. 지구를 점령하려는 외계인이 이미 지구인의 일거수일투족을 파악하고 개입하고 있는 것이다.

한편 자살한 과학자들의 유품에서 정체를 알 수 없는 VR 게임기가

발견된다. 게임을 시작하면, 실제와 똑같은 감각을 느낄 수 있는 낯선 세계에서 모험이 시작된다. 그곳은 태양이 세 개 있고, 세 개의 태양(삼체)이 동시에 뜨면 세상은 타버리고, 태양이 다 멀어지면 모든 것이 얼어붙는 등 문명 파괴가 반복되는 극한의 환경이다. 게이머들은 삼체의 운행을 정확하게 계산해 미리 대비해야 한다. 사실 수수께끼의 VR 게임은 외계인들이 만든 것이고, '삼체 문제'는 그들 행성의 오래된 난제였다. 세 개의 태양 때문에 더 이상 생존이 불가능한 '삼체인'은 예원제가 보낸 회신으로 그들이 갈 곳으로 지구를 택했고, 양성자를 이용한 인공지능인 지자를 미리 지구로 보내 지구인의 모든 정보를 얻고, 기술 발전을 방해하며 위협을 가하는 일종의 '전자전'을 펼친다.

넷플릭스의 〈삼체〉 1시즌은 3부작으로 구성된 원작 소설의 1부와 2, 3부의 일부 내용을 담고 있다. 소설 1부의 제목이 '삼체문제'이고, 2부와 3부는 각각 '암흑의 숲', '사신의 영생'이다. 2부에서는 지구로 진격해 오는 삼체인과 이에 맞선 지구인들의 대응이 펼쳐지고, 마지막 부분에는 우주에는 삼체인보다 더 발달한 고차원 문명이 있음이 드러난다. 3부에서는 삼체인과 지구인의 싸움으로 태양계의 존재가 전 우주에 노출되어 버린다. 그러자 고차원 문명이 태양계를 파괴하고, 삼체인과 지구인 다 망해버린다. 그리고 소수의 지구인만 먼 우주 어딘가에 살아남는다.

SF소설 〈삼체〉는 광활한 우주와 수천만 년의 시간을 넘나들며, 암흑 물질과 고차원 등 다양한 과학적인 이론들이 접목된 방대한 우주적 사건들을 펼치며 우리의 상상력을 무한으로 확장한다. 또 그동안 할리우드 영화에서 흔히 봐온, 지구를 침공한 외계인의 압도적인 과학기술에 불굴의 의지로 외계인에 맞서며 약점을 파고들어 승리하는 지구인이라는 전형적인 구도를 훌쩍 뛰어넘는다. 한편, 우주는 우호적인가라는 질문도 남긴다. 탁월한 과학적 상상력을 발휘하여 만들어 낸 〈삼체〉의 설정과 스토리는 탄성을 지를 정도로 방대하며 멋지고 뛰어나다. 넷플릭스의 〈삼체〉 시즌 2, 3이 기대되는 이유다.

● ● ●　**그들은 왜 지구로 오는가 – 삼체문제**

영화에서 삼체인들이 지구로 오는 이유는 그들의 행성이 세 개의 항성(태양)을 지닌 천체이기 때문이다. 이 세 개의 항성 주위를 움직이는 행성에 사는 외계인들은 세 항성(태양)의 중력 때문에 멸망하게 된다. 세 개의 항성은 서로의 중력 영향으로 움직임을 예측하기 어렵고, 행성을 끌어당겨 언제 항성에게 잡아먹힐지도 모른다. 아무리 과학이 발전했어도 세 항성의 중력에 대한 문제를 해결할 수 없었던 것이다. 이와 같이 세 개의 항성 또는 행성이 서로에게 어떤 영향을 줄 것인지에 대한 문제를 삼체문제三體問題(three-body problem)라고 한다.

삼체문제는 태양과 지구 그리고 달, 이 세 천체의 궤도에 대한 물음에서 시작되었다. 아이작 뉴턴은 그의 저서 〈프린키피아〉에서 세 개의 물체가 중력을 주고받으며 움직이는 경우에 대해 다루었다. 이후 프랑스의 수학자 달랑베르d'Alembert와 알렉시 클로드 클레로Alexis Claude Clairaut는 적절한 근사를 이용한 삼체문제의 해결법에 관한 논문을 1747년에 프랑스 과학 아카데미에 발표하였다. 라플라스Laplace와 라그랑주Lagrange 등도 삼체문제를 연구하였다. 그러나 이런 연구들은 삼체

문제에 대한 완전한 해답을 제시하지 못하고 극히 일부분의 특별한 경우에 대한 답만을 제공했다. 마침내 1890년에 앙리 푸앵카레는 삼체문제의 일반해를 구하는 것은 불가능하다는 것을 증명하였는데, 이는 훗날 카오스 이론의 모태가 되었다.

원래 삼체문제의 시작은 고전역학에서 상호작용하는 두 물체의 운동을 다루는 이체문제二體問題(two-body problem)에서 시작되었으며, 상호작용은 만유인력과 같은 역제곱 법칙이다. 행성을 공전하는 위성, 항성을 공전하는 행성, 쌍성계 등이 이체문제에 해당한다. 간단히 말하면 이체문제는 태양과 지구만 있을 때, 지구의 궤도는 태양과 지구가 서로 끌어당기는 힘인 중력과 회전하며 생기는 원심력에 의하여 타원 모양이 된다. 결국 이체문제의 해답은 질량이 비슷한 두 천체는 질량 중심 주위를 타원 모양으로 돈다는 것이다.

이체문제에 관한 본격적인 연구는 독일의 천문학자 케플러로부터 시작되었다. 케플러는 스승 브라헤Brahe의 정밀 천체 관측 자료를 분석하여 행성의 운동에 관한 케플러의 세 가지 법칙을 발견하였다. 이후 영국의 물리학자 뉴턴과 핼리 등은 천체 간의 거리의 제곱에 반비례하는 힘으로 케플러의 법칙을 설명할 수 있다는 사실을 발견했고, 뉴턴은 〈프린키피아〉에서 수학적으로 행성들이 타원 궤도를 돈다는 것을 보였다. 뉴턴은 행성의 질량, 위치, 속도 정보를 이용하여 궤도를 계산하는 법을 개발했다. 이후에 오일러는 '행성과 혜성의 운동'에서 천체의 포물선 운동을 수학적으로 보였다.

이처럼 이체문제는 여러 가지 수학적 방법을 통하여 해답을 구할 수 있다. 하지만 삼체문제 이상의 다체문제에서는 특수한 경우를 제외하고는 해답을 구할 수 없고, 어림잡은 근삿값만을 구할 수 있다. 삼체문제는 지금까지도 완전히 해결되지 않은 매우 어려운 문제이다. 〈삼체〉에서도 삼체인이 지구인보다 뛰어난 과학기술을 가지고 있지만 세 항성 사이에 있는 행성의 궤도를 정확히 알 수 없고 언제 항성 쪽으로 끌려갈지 모르기에 자신들의 행성을 탈출하려는 것이다.

● ● ● **지구인과 삼체인, 그리고 그 너머의 존재들 – 차원**

넷플릭스가 〈삼체〉의 추가 시즌 제작을 확정하였기에 시즌1에는 나오지 않지만, 원작 소설 2, 3부의 이야기를 다루려고 한다. 소설 2부에서는 삼체인과 지구인의 끈질긴 싸움이 펼쳐지고, 3부에서는 더 광활한 우주로 서사가 확장된다. 삼체인과 지구인이 아무리 치열하게 싸워도 그들은 3차원 공간의 존재들이다. 그런데 3차원 너머 상위 차원의 어마어마한 존재가 이들을 발견하고, 이들이 아웅다웅하는 태양계 자체를 공격한다. 그 방법은 3차원 공간인 태양계 전체를 2차원 평면으로 만들어 파괴해 버리는 것이다. 소설 3부를 보면 태양계 전체가 2차원으로 변하는, 기괴한 모습이 생생하게 그려진다.

그렇다면 우주는 과연 몇 차원일까? 우주가 몇 차원인지는 아직까지 정확하게 규명되지 않았다. 하지만 그럴듯한 이론은 여럿 있다. 그중에 하나는 금세기의 가장 뛰어난 천체물리학자로 일컬어지는 영국의 스티븐 호킹이 주장한 '막우주론'이다.

막우주론은 11차원으로 이뤄진 우주 중간에 우리가 살고 있는 4차원

의 세계(전-후, 좌-우, 상-하, 시간)로 이뤄
진 얇은 막이 형성돼 있고, 이 막에 우주 만물
이 붙어 있다는 가설이다. 즉, 11차원인 우주
에 4차원 막에 있는데, 우리는 그 막에 붙어
있다는 것이다. 막우주론이 등장하기 이전에
는 11차원인 우주에서 보이지 않는 7차원은 4
차원 세계와 공존하지만 단지 그 차원이 원자
핵보다 더 작게 말려 있어서 보이지 않는다고

NASA에서 스티븐 호킹의 모습

해석했었다. 그러나 막우주론에 의하면 7차원이 4차원 막 밖에 존재하
므로 빛조차 막 밖으로 빠져나가지 못하는 상태에서는 눈으로 보는 일
자체가 불가능하다고 설명한다. 결국 우주는 11차원이고, 우리는 그 안
의 4차원 세계에 살고 있다는 뜻이다. 여기서 시간의 축을 빼면 실제로
우리가 사는 세상은 3차원이다.

그렇다면 차원은 무엇일까?

우선 0차원부터 4차원까지 엄격한 학문적인 정의보다는 직관적으로
알아보자.

수학에서 0차원은 움직일 수도 없고 크기도 없이 단지 위치만 차지
하고 있는 하나의 점이다. 0차원인 이 점에 잉크를 채워서 한 방향으로
일정하게 끌어서 늘리면 1차원인 선분이 된다. 마찬가지 방법으로 선
분에 잉크를 채우고 한 방향으로 일정하게 끌어서 늘리면 다음 그림과
같이 2차원 도형인 평면이 된다. 다시 2차원 평면에 잉크를 채우고 수
직 방향으로 일정하게 끌면 3차원 도형인 정육면체가 된다.

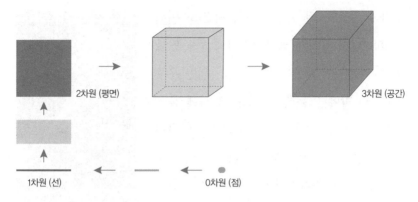

2차원 (평면)　　　　　　　3차원 (공간)

1차원 (선)　　　0차원 (점)

이쯤 되면 3차원 정육면체에 잉크를 채워 수직으로 끌면 4차원 도형이 될 것이라는 것을 상상할 수 있다. 그리고 우리는 그렇게 해서 얻은 4차원 입체도형을 '초입방체'라고 한다.

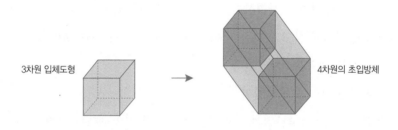

3차원 입체도형　　　　　　　　　　4차원의 초입방체

그런데 과연 위에 그림이 4차원의 도형을 정확하게 그린 것일까?

사실 3차원 입체도형인 정육면체의 그림조차도 정확하지 않다. 왜냐하면 3차원 공간에 있는 도형을 2차원 평면에 그리려면 한 차원을 낮춰야 하기 때문이다. 그래서 정육면체는 실제와 다르게 앞면과 뒷면만이 정사각형이고 나머지는 정사각형이 아닌 평행사변형으로 그려서 시각화한 것이다. 즉, 실제 정육면체는 각 면에 있는 모든 각이 직각이어야 하지만 오른쪽 그림

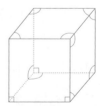

앞면과 뒷면만 정사각형이고 나머지는 평행사변형이므로 직각이 아닌 각이 있다.

과 같이 두 면을 제외하고 나머지 4개의 면에는 직각이 없다.

3차원 도형을 2차원 평면에 그리려면 그림을 약간 왜곡하여 한 차원만 확장하면 되지만 4차원 도형을 2차원 평면에 그리려면 두 개의 차원을 확장해야 한다. 따라서 우리가 눈으로 보는 것에는 한계가 있을 수밖에 없다.

소설 〈삼체〉의 막바지에 우주의 어떤 구성원이 3차원인 우리 세계를 2차원으로 낮추게 된다. 이때 2차원에 갇힌 우리는 어떻게 살아갈까?

3차원에 사는 우리는 2차원 평면과 1차원 직선 그리고 0차원 점을 직접 볼 수는 없으나 경험할 수는 있다. 하지만 우리가 4차원의 세계를 인지하지 못하는 것과 같이 2차원에 사는 사람은 3차원을 인지하지 못한다. 더욱이 2차원 사람들은 자신들의 차원인 2차원조차도 인지하지 못하고 1차원까지만 볼 수 있게 된다.

예를 들어보자. 3차원에서 몸매 기준 미인대회를 연다면 출전자의 키, 가슴둘레, 허리둘레 등

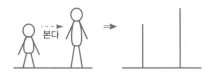

과 같은 입체적인 몸매가 기준이다. 2차원에서는 어떤 기준일까? 2차원은 평면의 세계이므로 높이 즉 볼륨은 볼 수 없다. 그런데 2차원 사람들은 2차원 평면에 붙어 있기에 다른 사람의 넓이를 알아챌 수 없고 단지 길이인 키만 알 수 있다. 그 사람의 넓이를 보려면 높이가 있어야 하기에 3차원에 사는 우리만 볼 수 있고, 2차원 사람들은 서로를 길이로만 알아볼 수 있다. 우리가 서로 벽에 붙어서 상대를 바라보는 경우를 생각하면 이해가 될 것이다. 따라서 미인대회의 우승자는 아마도 키가 가장 큰 사람이 될 것이다. 왜냐하면 다른 기준은 설정할 수 없으므로.

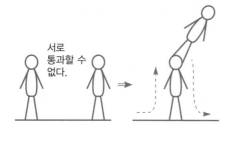

서로
통과할 수
없다.

3차원 세상에서 두 사람이 마주보며 걸어오다가 서로 만나는 순간에 비켜서 지나가면 된다. 그러나 2차원에서는 그럴 수 없다. 2차원은 평면이므로 두 사람이 마주보며 걸어오다가 서로 만나면 한 사람이 다른 사람을 타고 넘어가야 한다. 우리가 벽에 붙어서 절대 떨어지지 않고 서로 지나가지 못하는 것과 같다. 이때는 그림과 같이 한 사람이 다른 사람을 타고 넘어가야 한다.

그런데 더 큰 문제는 우리가 지금과 같은 방식으로는 음식을 먹을 수 없다는 것이다. 3차원 공간에 사는 우리는 입으로 음식을 섭취하여 위와 장을 거쳐 항문으로 찌꺼기를 배설한다. 즉, 입에서 위, 장, 항문은 서로 연결된 관과 같다. 이건 3차원 이상에서만 가능한 구조이다. 2차원에서는 부피나 높이가 없으므로 입으로 음식을 섭취하여 항문으로 내보낼 수 없다. 만약 그렇게 된다면 우리는 둘로 나눠지게 된다. 2차원 세상에 사는 사람들은 영양분을 섭취할 방법이 없다. 있다면 경계선에 소화기관과 호흡기 등이 붙어 있어서 음식을 몸의 경계에 붙일 수 있을 뿐이다.

즉, 〈삼체〉 소설에서처럼 3차원 공간이 갑자기 2차원 평면으로 바뀐다면 이런 간단한 원리로 봐도 2차원적 신체 구조로는 생존할 수 없다는 것이다.

이번에는 3차원 사람들이 2차원 세상에 방문했을 때, 2차원 세상 사람들은 3차원 사람들이 어떻게 보일까? 2차원 사람들은 3차원 사람들을 발바닥 두 개의 길이인 두 선분으로 볼 것이다. 이때 3차원 사람이 발을 하나 들었다면 2차원 사람들은 갑자기 자신들의 세상에서 하나가 사라진 것으로 알게 된다. 또 3차원 사람이 팔짝 뛰어 다른 곳으로 옮긴다면 2차원 사람들은 갑자기 사라졌다 다른 지역에 나타났다고 생각할 것이다. 이처럼 차원 하나의 차이가 나도 전혀 경험하지 못했던 일들이 벌어진다. 그러니 3차원에 사는 우리는 4차원, 5차원,⋯ 11차원은 알 수도 없고 경험할 수도 없다. 차원은 수학에서도 매우 복잡한 문제이다.

소설 〈삼체〉에서는 이처럼 난해한 차원 문제를 서사로 만들어 개연성 있게 풀어낸다. 작가의 무한 상상력이 우리를 자극함으로써 열혈 독자들을 만들어냈고, 그 상상력을 넷플릭스는 영상으로 화려하게 펼쳐냈다. 과학과 예술의 멋진 만남이라 할 수 있다.

차원의 정의

차원의 수학적 정의에 대하여 알아보자.

직선 위의 점은 오른쪽 그림처럼 적당히 좌표계를 정하면 하나의 실수 x로 표시된다. 또 평면 위의 점은 적당한 좌표계를 취하면 2개의 실수의 쌍

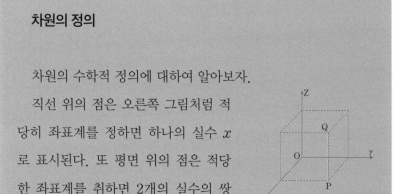

P(x,y)로 표시되고, 공간의 점은 적당한 좌표계를 취하면 3개의 실수의 짝 Q(x,y,z)로 표시된다. 이런 의미에서 직선은 1차원, 평면은 2차원, 공간은 3차원이라고 한다. 이와 같은 방법으로 자연스럽게 n차원을 생각할 수 있으며, n차원 공간에 있는 점은 n개의 실수 쌍 $(x_1, x_2, x_3, \cdots, x_n)$으로 나타낼 수 있다. 참고로 점은 위치만 있고 크기가 없기 때문에 수학에서는 0차원으로 정의한다.

이렇게 정의한 차원은 0, 1, 2, 3, 4, $\cdots$, n과 같이 모두 정수다. 그렇다면 1보다 작은 소수를 차원으로 갖는 공간도 있을까? 또 1보다는 크지만 2보다는 작은 소수를 차원으로 갖는 공간이 있을까? 그런 경우는 프랙털에서 찾아볼 수 있다.

프랙털은 '철저히 조각난 도형'을 뜻하며, 1970년대 후반 망델브로가 '아무리 확대해도 들쭉날쭉한 것이 계속되는 도형'이라고 정의한 바 있다. 예를 들어 아래의 코흐 곡선(Koch curve)은 프랙털 도형의 한 예다.

코흐 곡선   코흐 눈송이

정의에서 짐작하건대 프랙털 도형은 아무리 확대해도 그 모양

이 들쭉날쭉하므로 1차원의 곡선이 아니고, 자를 이용해 그 길이를 측정할 수도 없다. 그렇다면 2차원일까? 그러나 평면은 아니므로 2차원보다는 낮은 차원이다. 이에 망델브로는 1차원과 2차원의 중간 차원이라는 새로운 차원의 개념을 도입했다. 이것이 이른바 '하우스도르프 차원(Hausdorff dimension)'이다.

원래 n차원 유클리드 공간에 그려진 하우스도르프 차원 D는 모서리를 길이가 $\varepsilon = \dfrac{1}{n}$인 선분으로 나누었을 때 작은 도형의 개수 $N = (\dfrac{1}{\epsilon})^n$에 대해 다음과 같다.

$$D = \log_n N = \frac{\ln N}{\ln n} = \frac{\ln N}{\ln \dfrac{1}{\epsilon}} = -\frac{\ln N}{\ln \epsilon}$$

이것이 수학적 정의이긴 하지만 어려우므로 좀 더 간단한 방법으로 알아보자.

정사각형 한 변의 길이를 2배로 확장하여 새로운 정사각형을 만들면, 처음 정사각형에 비해 큰 정사각형의 둘레는 2배, 넓이는 $4(=2^2)$배가 된다.

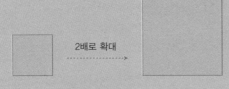

2배로 확대

변의 총 길이 : $2(=2^1)$배
넓이 : $4(=2^2)$배

이번에는 정육면체 한 모서리의 길이를 2배로 확대해 보자. 그러면 새로 만들어진 커다란 정육면체는 처음 정육면체에 비해 모서리의 길이는 2배가 되고, 부피는 처음 정육면체의 $8(=2^3)$배가 된다.

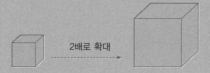

변의 총 길이 : 2(=2^1)배
겉넓이 : 4(=2^2)배
부피 : 8(=2^3)배

2배로 확대

이때 2는 2를 1번 곱한 수이므로 2^1배, 4는 2를 2번 곱한 수이므로 2^2배, 8은 2를 3번 곱한 수이므로 2^3배라고 쓸 수 있다. 즉 늘어난 길이 2배가 곱해진 횟수 1, 2, 3은 바로 선이 나타내는 1차원, 평면이 나타내는 2차원, 공간이 나타내는 3차원과 같다. 이와 같이 도형을 x배로 확대하여 어떤 양이 x^n배가 될 때, 확대한 도형을 'n차원 도형'이라고 한다.

이 정의를 이용하여 코흐의 눈송이의 차원을 구해보자.

코흐의 눈송이를 다음 그림과 같이 3배로 확대하면 원래 길이의 4배만큼 늘어난다. 이는 변의 총 길이가 처음 도형에 비해 4배가 되었음을 뜻한다. 따라서 $3^n=4$에서 n을 구하면 된다. $3^1=3$, $3^2=9$이므로 n은 1과 2 사이의 어떤 값임을 짐작할 수 있다. 실제로 이 값을 구하면 $n \approx 1.266$ 정도이다. 즉 $3^{1.266} \approx 4$이므로 코흐의 눈송이는 약 1.266차원임을 알 수 있다.

3배로 확대

변의 총 길이 : 4배

참고 문헌

김현철 외 5명, 『중학교 정보 자습서』, 천재교육, 2013.

라파엘 로젠 저, 김성훈 역, 『세상을 움직이는 수학 개념』, 반니, 2015, pp 45~46.

보이어, 메르츠바흐(C. B. Boyer, U. C. Merzbach) 저, 양영오, 조윤동 역, 『수학의 역사 상·하』, 경문사, 2004.

신항균 외 6명, 『중학교 수학 1, 2, 3』, 지학사, 2014.

신항균 외 11명, 『고등학교 수학 I·II, 미적분 I·II, 확률과 통계, 기하와 벡터』, 지학사, 2014.

아디트야 바르가바 저, 김도형 역, 『그림으로 개념을 이해하는 알고리즘』, 한빛아카데미, 2017.

이광연 감수, 『선생님도 놀란 초등수학 뒤집기 시리즈』, 성우주니어, 2008.

이브스(H Eves) 저, 이우영, 신항균 역, 『수학사』, 경문사, 1995.

조성래, 이민정, 강은지, 이형수, 『컴퓨팅 사고와 문제 해결』, 생능출판, 2016.

채성수, 오동환, 『컴퓨팅 사고력』, 현북스, 2017.

카이 버드, 마틴 셔윈 저, 최형섭 역, 『아메리칸 프로메테우스』, 사이언스 북스, 2023.

허경용, 『C포자를 위한 본격 C언어 프로그래밍』, 제이펍, 2017.

허민, 『수학자의 뒷모습 I·II·III·IV』, 경문사, 2008.

황선욱 외 6명, 『중학교 수학 1, 2, 3』, 미래엔, 2018.

황선욱 외 8명, 『고등학교 수학· 수학I·II ·미적분 · 기하 · 확률과 통계』, 미래엔, 2018.

Conway, J. H." The Weird and Wonderful Chemistry of Audioactive Decay." Eureka 46, 5-18, 1986.

EBS, 『수학과 함께하는 AI 기초』, EBS, 2020.

국제 수학 연맹 홈페이지(https://www.mathunion.org/)

Wikipedia(www.wikipedia.org)

영상 예술에 숨은 수학 이야기

시네마 수학

지은이 이광연, 김봉석
발행일 2013년 8월 10일 초판 1쇄 발행, 개정판 1쇄 발행 2024년 8월 10일
발행인 신미희
발행처 투비북스
등록 2010년 7월 22일 제13-91호
주소 경기도 성남시 분당구 수내로 206
전화 02-501-4880 **팩스** 02-6499-0104 **이메일** tobebooks@naver.com
디자인 여백커뮤니케이션 **제작** 한영미디어

ISBN 9788998286088
값 18,500원